上海市人民政府
发展研究中心

强化城市功能研究
系列丛书

上海强化科技创新策源功能研究

Research on Strengthening
Shanghai's Source Function of
Science and Technology Innovation

上海市人民政府发展研究中心
—著—

格致出版社　上海人民出版社

总　序

城市是由多重功能复合而成的生命有机体,其发展过程是城市功能持续变化、持续叠加、持续完善的过程,不同的城市往往具有不同的功能特征表现。城市的核心是人,建设人民城市,完善城市功能,提高生活品质,是做好城市工作的根本途径。上海作为全球城市网络体系中的核心节点,除了具有城市的基本功能之外,还承载着其他城市所不可复制、难以取代的核心功能,需要践行人民城市理念,不断丰富和完善城市功能。

习近平总书记从世界百年未有之大变局、中华民族伟大复兴战略全局高度擘画上海城市发展蓝图,提出要全面强化全球资源配置功能、科技创新策源功能、高端产业引领功能、开放枢纽门户功能,不断提升城市能级和核心竞争力,引领全国实现高质量发展。这是上海建设成为具有世界影响力的社会主义现代化国际大都市的内在要求,也是代表国家参与国际竞争的战略举措。

近年来,上海按照习近平总书记的指示要求,聚焦"五个中心"建设,着力实施"三大任务一大平台",全力打响"四大品牌",以深化供给侧结构性改革为牵引,加快推进"三大变革",做大做强"五型经济"。扎实推进城市数字化转型,持续培育产业新动能,着力促进城市高质量发展,不断提升城市现代化水平;以建设更高水平开放型经济新体制为牵引,持续深化对外开放,巩固提升流量经济枢纽地位,不断提升城市的国际化水平;以构筑国际最高标准、最好水平的营商环境为牵引,持续推进"放管服"改革,不断提升城市的国际影响力和竞争力,更好融入和服务新发展格局。在此背景下,上海城市核心功能不断增强,全球卓越制造基地加快形成,国际消费中心城市初步成型,社会主义国际文化大都市影响力日渐提升。但是,与纽约、伦敦、东京等领先的全球城市相比,上海城市核心功能的能级仍待进一步提升,城市的影响力、创新力、辐射力和竞争力仍需进一步增强。

当前,"两个一百年"奋斗目标实现了历史交汇,建设社会主义现代化强国的新征程已经开启。上海作为中国共产党的诞生地,孕育了伟大建党精神,为党的百年辉煌业绩作出了应有的贡献。面对百年变局和新冠肺炎疫情,上海要深入贯彻习近平总书记对上海发展的要求,胸怀"两个大局"、心怀"国之大者",准确把握新发展阶段,深入贯彻新发展理念,加快构建新发展格局,围绕国内大循环中心节点和国内国外双循环战略链接的目标,继续着力增强城市核心功能。在这一背景下,上海市人民政府发展研究中心围绕上海"四大功能"组织研究,形成系列研究报告,并在此基础上撰写完成"强化城市功能研究系列丛书",希望为上海强化"四大功能"提供有益的思考和启示。

是为序。

上海市人民政府发展研究中心党组书记、主任

2022 年 1 月

本书撰写团队

组　长

祁　彦

副组长

周国平　严　军　徐　诤

成　员

钱　智　吴也白　朱　咏　宋　清　王斐然

宋　琰　李玲娟　常旭华　李远勤　张　宇

谭新雨　付建军　郭丽阁　黄光灿　许　鑫

衣春波　叶丁菱　李　汉　刘春燕　赵玮佳

陈　蕾　李斯林

前　言

　　科技创新策源功能是国际大都市全球影响力和竞争力的重要体现。习近平总书记指出,上海要强化科技创新策源功能,努力实现科学新发现、技术新发明、产业新方向、发展新理念从无到有的跨越,成为科学规律第一发现者、技术发明第一创造者、创新产业第一开拓者、创新理念第一实践者。近年来,上海通过谋布局、搭框架、打基础,不断夯实具有全球影响力的科技创新中心"四梁八柱",科技创新策源功能进一步增强,科技创新实力位居前列,国际影响力不断提升;国家实验室建设取得重要进展,世界级大科学设施集群初具规模,高水平研究机构加快集聚发展;基础前沿领域成果不断涌现,战略性新兴产业重大技术加快突破,研发与转化功能性平台支撑效应逐步显现,科技创新环境吸引力稳步增强。然而,上海的基础研究水平还有待提升,科技创新成果向现实生产力转化仍需提速,创新资源配置效率需要提高,全球创新合作优势有待加强,建设具有全球影响力的科技创新中心任重道远。

　　放眼全球,当前新一轮科技革命和产业变单加速推进,多学科、多领域、大跨度、深层次的交叉渗透和跨界融合成为第四次工业革命的核心驱动力。生产智能化、服务无人化、万物互联化为强化科技创新策源功能带来了新的机遇。在全球新冠肺炎疫情的冲击下,百年未有之大变局加速演进,发达国家和地区进一步加快新兴科技领域布局,持续强化对发展中国家和地区的技术封锁,国际科技创新合作面临新的挑战,国际科技创新格局面临深度调整。为应对全球性挑战和满足国家重大需求,中国对原始创新成果的需求更加迫切。上海作为全国改革开放排头兵、创新发展先行者,要通过强化科技创新策源功能,努力为国家实施创新驱动发展战略、加快建设科技强国贡献上海智慧、上海力量和上海样本。

在上述背景下,上海市人民政府发展研究中心组织开展"上海强化科技创新策源功能研究",并在此基础上编撰成书。本书在深入诠释科技创新策源功能内涵特征的基础上,立足上海科技创新策源功能的现实基础,围绕新时代、新环境、新要求,提出了上海强化科技创新策源功能的愿景目标和总体思路,并针对科学创新、技术创新、产业创新、区域创新、创新人才、创新文化等具体战略进行了详细分析论述。需要声明的是,本书中的观点仅限于学术讨论范围,不代表上海市政府的观点与政策倾向。不足之处,敬请指正。

目　录

第 1 章

强化科技创新策源功能的内涵和特征

在世界科技革命和产业变革的演进历程中,国际大都市扮演着越来越重要的角色,科技创新越来越成为其体现全球影响力和竞争力的核心功能。纽约、伦敦、东京、旧金山、新加坡等城市,凭借雄厚的科技资源、丰富的人才储备、通达的市场传播、完善的配套服务、优越的生活环境,在全球创新体系中日益占据主导地位,成为科学创新、技术创新和产业创新的关键策源地。

1.1 科技创新策源功能的基本内涵

科技创新策源功能是指在全球经济格局演化和大国崛起过程中,原创性知识集聚、技术创新和产业引领的根本能力。强化科技创新策源功能,关键是凸显引领、示范、开放三种特性。其中,引领性强调的是科学新发现、技术新发明、产业新方向和发展新理念的"从无到有""从 0 到 1",形成一批原创性成果,突破一批"卡脖子"的关键核心技术;示范性强调的是拥有具有世界影响力的标志性成果、机构、企业、人才及创新生态,形成具有自身特色的创新驱动发展示范模式,在国家或区域中起到示范作用;开放性强调的是加快由封闭创新向开放融合创新转变,由单一创

1

新向跨领域全面创新转变。据此,科技创新策源功能的内涵可进一步归纳为以下四个方面,即汇聚配置资源、激发创造活力、促进成果转化、引领发展升级。

专栏 1.1 创新策源概念的源流

根据《辞海》的定义,"策"有"驱使、督促、推动"之意;"源"则有"根本、由来"之意。"策源地"本指"战争、社会运动等策动、起源的地方"。

国内较早将"策源"一词与创新紧密联系在一起,提出创新策源相关理念的是上海市人民政府发展研究中心课题组,其在《科学发展》(2015 年第 4 期)上发表了《上海建设具有全球影响力科技创新中心战略研究》。文章指出,欧美等发达国家和地区凭借雄厚的科技资源、丰富的人才储备在全球创新体系中占据主导地位,成为科技创新和产业变革的策源地;在创新策源上,从大公司为主向跨国公司和中小企业协作并举转变。文章还提出了创新思想的策源功能等新理念。

同济大学陈强教授在《打造科创中心,应在"策""源"上下功夫》一文中指出:"策源"强调的是学术新思想、科学新发现、技术新发明、产业新方向的"从无到有";从行动逻辑来理解,"策源"可分解为"策"与"源"两个具体的行动方向,共同构成创新策源能力建设的一体两面。其中,"源"主要指向条件建设,指的是通过合理的政策设计和制度安排,吸引集聚人才、机构、技术、金融资本、社会资本、管理等各方面的创新资源,并按照一定的逻辑,构建科技创新的基础条件和框架体系。"策"更多强调的是行动,即通过策划、组织和开展各种活动,将"源"所蕴藏的能量释放出来。文中最后总结提出:"策"与"源"是辩证统一的关系,"源"积累到一定程度,可以形成"策"的前提和条件;"策"进展至特定阶段,可以激发场效应,催生科技创新成果,并进一步推动"源"的内涵深化与能级提升。

中国科学院科技战略咨询研究院余江等在《以跨学科大纵深研究策源重大原始创新:新一代集成电路光刻系统突破的启示》一文中提出,策源重大原始创新,必须依托跨学科、大纵深、开创性的研发。如何聚焦核心科学问题,提升源头

创新供给,打造跨学科、大纵深人才高地,形成多元主体协同创新的高效组织,成为策源"从 0 到 1"的重大原始创新的关键。以重大战略需求目标为牵引,聚焦核心科学问题和技术研发。策源重大原始创新,需要以重大需求的目标为牵引,通过科学系统的降维分解,识别其所涉及的一系列核心科学技术难题,阐释亟待突破的新机制和新机理,为重大创新突破提供新概念和新方向。策源重大原始创新,需要有效组织大尺度、跨领域、融合型的研究团队进行联合攻关,建立多元主体协同创新的高效组织模式。在策源重大原始创新中,国家要进一步加强制度创新,推动"开放共享、深度协同"组织模式。

资料来源:根据相关资料整理。

1.1.1　汇聚配置资源

汇聚配置资源是通过政策、平台和空间载体等汇聚各类创新资源,运用市场机制优化配置创新要素的过程。要让科技企业与资本市场对接更顺畅,让科技研发所需要的数据资源能够交换共享,让科技好项目能够及时获得落地空间。科技创新的主体是人才,必须充分激发人才的创造力。要以海纳百川的胸怀吸纳人才,广聚天下英才而用之。持续打造让人才纷至沓来的大舞台,以平台引才、以事业聚才、以产业育才。对创新创业人才要给足"阳光雨露",助力其"茁壮成长"。

1.1.2　激发创造活力

激发创造活力功能体现在通过科技体制机制的改革,让科技创新活力更足、合力更强。要强化创新攻关协同,组织实施好重大科技专项,形成更为紧密高效的产、学、研、用一体化机制,提高科技创新体系应急、应变、应对能力。持续推出让人才得到激励的好政策,深化科技成果使用权、处置权和收益权改革,让科研机构和人员拥有更大自主权。持续提供让人才感到舒心的服务,提供更宜居的环境、更多的创业空间,让科学家、企业家、投资者、创业者的"朋友圈"越来越大、创新活力越来越强。

1.1.3 促进成果转化

促进成果转化功能体现在把创新成果转化为现实生产力,催生新模式、新业态、新产品。要顺势而为、乘势而上,加强政策引导,特别是加大数据、场景开放力度,助力前沿科技跑出加速度。要以科技赋能经济加速转型,加快新基建投资布局,加快在线新经济率先成势。以创新的思路来抓创新,积极探索把研发作为产业来做、把技术作为商品来做的有效路径。要以科技创新创造品质生活,让城市治理更聪明、更智慧,让创新成果更好满足人们对美好生活的追求。

1.1.4 引领发展升级

引领发展升级功能体现在突破关键核心技术,主动对接国家战略需求,加紧凝练一批前沿领域重大科学问题,找准基础研究主攻方向,以源头突破引领技术突破;加紧布局一批重大科技创新平台,打造世界级大科学设施集群,集聚更多高水平研究机构;加紧突破一批关键核心技术,聚焦集成电路、人工智能、生物医药等,强化关键环节、关键领域、关键产品保障能力,为打好产业基础高级化、产业链现代化的攻坚战贡献上海力量。

1.2 上海科技创新策源功能的核心构成

2019 年,习近平总书记在上海考察时指出,上海要强化"四大功能",即强化全球资源配置功能,强化科技创新策源功能,强化高端产业引领功能,强化开放枢纽门户功能。其中,在谈到强化科技创新策源功能时明确,要努力实现科学新发现、技术新发明、产业新方向、发展新理念从无到有的跨越,成为科学规律的第一发现者、技术发明的第一创造者、创新产业的第一开拓者、创新理念的第一实践者。上述指示和要求点明了上海科技创新策源功能的核心要义。

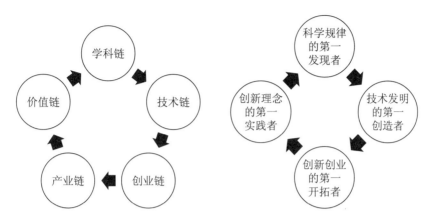

图 1.1　上海科技创新策源功能的核心构成

1.2.1　科学规律的第一发现者

科学规律源于科学问题,提出一个科学问题是发现科学规律的第一步。科学问题大部分是科研工作者根据经济社会发展的现实情况提出的,并经过学术共同体和相关机构共同评估确定。科学问题都承载着科研工作者对科学前沿的深度把握和理解,需要科学工作者的持续学习与积累、长期的数据分析,进而发现相应的规律。从科学问题的选择到科学规律的发现,是一个逻辑严谨、反复试错、普适化的过程。因此,上海想要成为科学规律的第一发现者,第一要务即需要打造创新人才培育集聚平台,吸纳更多全球顶尖的科研创新人才,包括国内外科技创新领域的殿堂级大师、世界一流的科学家、大量从事底层创新的高端技术人员,以及富有创新精神的企业家和庞大的创业者群体,并鼓励他们大胆创新,抓住重大时代命题和科学前沿,提出原创性科学问题,开辟新的研究领域,从中孕育、形成原始创新成果。

1.2.2　技术发明的第一创造者

技术发明源于科学规律,属于科学规律的应用阶段,是科技创新的第二步。这一步重在触发应用创新,直接引领创新产业的发展和创新产品的出现,进而推动由技术改革引起的社会进步和发展,这是科技创新策源功能至关重要的一步。上海要想成为技术发明的第一创造者,最重要的是构筑科技创新知识和思想催发的平台,创造一切机会、条件和政策优势,拥有具有世界影响力的科技创新研发机构和企业形成创新集群,拥有一批世界一流水平的大学和学科及在全球有一定声誉的基础科学研究机构(实验室、研究中心),拥有一批具有核心技术的高科技龙头企业和中小微高成长性企业等创新主体。

1.2.3 创新产业的第一开拓者

创新产业是技术创新的直接载体,是承接了学科链、技术链之后,科学技术创新的直接转换阶段,属于科技创新的第三步,是科技创新策源功能中最具经济价值和现实意义的发展阶段。上海想要成为创新产业的第一开拓者,务必要策动科技创新成果高效转化,加强制造业反哺研发,积极打造创新技术集聚、交易、扩散、推广、转化的重要平台,通过创新成果的辐射,提升国内产业体系竞争力。通过打造先进的科研基础设施,包括大科学装置、重要科学研究设备、高端科学试剂、数据中心等硬件设施,以及大数据、云计算、基础算法、科研和工业软件等软件设施,为开展基础研究和前沿科学研究提供物质保障。

1.2.4 创新理念的第一实践者

创新理念实践既是终点也是起点。创新理念的诞生植根于创新产业实践和创新价值的形成,属于从实践到理论的升华阶段,为创新产业升级和社会进步提出优化战略。创新理念实践是科技创新策源功能实现的第四步,通过实践来不断优化创新理念,促成新的科学规律发现和验证,从而又开始新一轮的创新循环。上海想要成为创新理念的第一实践者,需要做到以下几点:具有充满活力的创新创业生态环境,包括国内良好的人才教育和培养体系;具备能激发和促进科技创新活动的公共服务和扶持政策体系,激励创新的收入分配机制,以及宽松良好的创新文化氛围;完善要素市场,使人、技术、专利等创新资源得以自由流动、高效配置、集成增值,让国际科技交流与合作更加顺畅;能够协调与规范国内外创新活动组织,有较为完善的创新成果交易转化等方面的法律制度,形成思想活跃、活力突出、开放包容的创新环境。

1.3　强化科技创新策源功能的主要特征

在科技创新上发挥策动和源泉的作用,要求以科学发明发现、科技创新合作、科技成果传播等为主要途径,通过科学研究的首创性、突破性应用,策动新科技新产业发展方向,占据全球产业链、价值链高端。城市科技创新策源功能具有四方面特征,即应用研究与基础研究并重、集成创新与原始创新并重、自主创新与开放创新并重、创新枢纽与创新网络并重。

1.3.1　应用研究与基础研究并重

强化科技创新策源功能,不仅要注重市场可预见效益比较强的应用研究,更要在基础研究上下功夫。要立足基础研究领域,形成以基础研究为源头、以应用研究为主体的研究创新产业的体系化、规模化范式。在围绕重点产业开展应用研究的同时,加大基础研究力量布局,积极打造一批领先的基础学科;坚持"长周期、低频次、少干预、看能力"的原则,加强青年人才队伍建设;营造良好的基础研究环境,加大前沿创新和底层技术、关键技术领域的基础研究投入,鼓励并支持有条件的企业强化基础领域研究,改变"两头在外"的科学研究模式,打造新知识、新理论的催生地。

1.3.2　集成创新与原始创新并重

强化科技创新策源功能,不仅要注重集成创新,更要强调原始创新。在重大知识发现、基础科学发明、前沿科技研发、关键技术突破、主导全球科技发展方向等方面体现较强的引领地位。要想实现"从 0 到 1"的突破就必须坚持概念创新、技术创新、模式创新。以往的创新模式主要是集成创新,将现有的科学原理和相关技术成果融合汇聚,形成新技术、新产品。历史证明,仅有集成创新是根基不稳的,未来的创新资源尤其是人才、设备等更多需要内部供给,必须立足原始创新,鼓励自由、探索的科学家精神,培育青年科学家,关注交叉学科和新兴学科发展,对创新尤其是源头创新要减少对成果数量的考核与激励,更加注重创新预见性和产业预见力,打造新发现、新发明的发源地。

1.3.3 自主创新与开放创新并重

强化科技创新策源功能,必须秉持自主创新与开放创新并重的原则,不仅是要依靠自主创新,着重形成自主知识产权,更要树立开放创新的重要地位,形成自主创新的有力支撑和坚强后盾。历史经验表明,因循守旧实现不了创新,关起门来搞不了创新,需要加大改革开放力度,实施开放创新战略,才能打好关键核心技术攻坚战、加速科技成果向现实生产力转化、提升产业链水平。要树立自主创新和开放创新并重的信心和定力,充分发挥市场机制和科技企业的作用,促进关键技术突破和产业生态培育等环节紧密结合,提升体系化的源头创新能力,形成有生命力、自主可控的创新突破,打造新技术、新产品的开拓地。

1.3.4 创新枢纽与创新网络并重

强化科技创新策源功能,需要创新枢纽与创新网络并重,以更主动积极的态度和手段拓展科技创新合作。立足本土复杂产品系统产业的创新需求,提升核心节点企业的技术创新能力,构建复合的创新生态系统,增强产业协同创新网络的枢纽功能。加快区域创新中心建设,提升不同创新主体跨部门跨区域协同行动能力,促进长三角区域创新要素融合流动,增强区域协同创新网络的枢纽功能。与更多国家和地区在更大范围内加强科技合作,提高全球创新人才集聚度、跨国公司网络连接度、国际金融服务水平和生产性服务业发达程度,打造国际国内创新资源和创新网络的枢纽地。

专栏 1.2　区域创新网络

所谓区域创新网络,是指某一特定区域内的开放系统,这一系统由地理位置上相对集中、互相联系的利益相关多元主体共同参与组成,以技术创新和制度创新为导向、以横向联络为特征。区域创新网络既包括把各类行为主体联结起来的一般联系,更体现为系统内资产、信息、人才、技术流动等具体形式之上的经济主体间的交互关系。区域创新网络的形成与发展,加深了各主体间技术联系,由此形成的复杂网络化关系可提高网络中各主体的竞争实力,促进区域乃至国家的经济社会发展。国外的区域创新网络建设最典型的案例就是硅谷。

资料来源:王光辉,《以区域创新网络支撑中国科创崛起》,《光明日报》2021 年 6 月 22 日。

第 2 章

上海强化科技创新策源功能的形势和要求

当今世界正在经历百年未有之大变局,新冠肺炎疫情影响日益加重,"逆全球化"思潮、民粹势力和保守主义此起彼伏,新一轮科技革命和产业变革深入发展,主要经济体加快争夺科技创新制高点、抢占未来产业竞争先机,全球科技创新合作环境错综复杂。在新的历史条件下,上海加快建设国际科技创新中心、强化科技创新策源功能是立足新发展阶段、贯彻新发展理念、构建新发展格局、推动经济高质量发展、实现高品质生活、全面建设社会主义现代化强国的需要,必须坚持面向世界科技前沿、面向经济主战场、面向国家重要需求、面向人民生命健康,全方位服务国家发展战略。

2.1　上海强化科技创新策源功能面临的国际新形势

世界经济秩序格局的变迁为国际科技创新、产业分工合作带来诸多不确定性和前所未有的挑战,发达国家在前沿关键科学技术领域对中国的规锁和垄断日益加强,为上海强化科技创新策源功能、加快科技创新追赶带来巨大的竞争压力。

2.1.1　新科技革命和产业变革重塑世界经济格局

经济周期与创新周期紧密相连,科技创新是经济增长周期的先导。纵观人类社会历史,每次经济危机都加快了科技革命的步伐,每次走出经济危机都是依靠科技创新引领。正是科技上的重大突破和创新,推动经济结构的重大调整,提供新的增长引擎,使经济重新恢复平衡,并提升到更高的水平。因此,科技革命产生的重大技术突破及其引发的一系列产业变革和制度创新,往往是带动全球经济走出衰退、进入新一轮增长周期,进而实现世界经济周期转换和世界经济格局重塑的根本途径。

21 世纪以来,全球科技创新进入空前密集活跃时期,新一轮科技革命和产业变革正在重构全球创新版图、重塑全球经济结构。新科技革命和产业变革具有数字化、智能化、网络化等新特征,正深刻影响生产生活方式,将重塑世界经济格局。依托新一代信息通信技术,人工智能、智能制造、数字经济等新兴领域正在蓬勃发展。2020 年中国数字经济规模达到 5.4 万亿美元,约占全球数字经济的 16.6%,位居全球第二位。由于前沿科技的巨大潜力和深远影响,世界主要国家不约而同地着手未来,加强对未来产业的布局,以期赢得未来全球产业发展的先机,抢占世界科技竞争的制高点。上海应在人工智能、新材料、生物医药等诸多前沿领域继续保持优势,推动科技创新赋能生产制造和产业变革,为构建高质量开放发展体系铺垫产业基础。

伴随着新一轮科技革命和产业变革在全球范围的孕育兴起,颠覆性技术不断涌现,产业化进程加速推进,新的产业组织形态和商业模式层出不穷。亚洲正处于新一轮科技革命和产业变革的活跃地带,在全球生产网络中的枢纽地位已经确立并将持续巩固,在世界经济空间体系中正从边缘向核心区域过渡,包括创新资源在内的全球高级要素正呈现出系统性东移的趋势。在此背景下,亚洲必将诞生一批世界级的科技创新中心,从而深度影响世界政治经济和科技版图的重构。全球科技创新中心由美欧向亚太、由大西洋向太平洋扩散的趋势总体上将持续下去,未来

20—30 年,北美、东亚、欧盟三个世界创新中心将鼎足而立,主导全球创新及经济发展格局。

2.1.2 科技创新产业链面临更多不确定性

当今世界单边主义和保护主义抬头,世界经济发展疲软,加之新冠肺炎疫情的影响,全球科技创新产业链面临重塑,尤其是离散模块复杂产品制造业和连续流程技术产品制造将面临更多的不确定性。伴随着全球产业链、供应链的不稳定性加大,全球价值链的"碎片化"和"区域化"趋势加强,深刻影响科技创新的产业发展基础,使国际科技创新中心建设的困难增多,但是也孕育着"以我为主"的创新链、产业链和价值链构建机遇。

从国际经验看,全球布局研发机构和构建研发网络是科技创新策源的重要途径。近年来,美国进一步扩大《外商投资和国家安全法案》的管辖范围,限制中资企业对美方"敏感领域",尤其是人工智能、半导体、机器人、先进材料等重大工业技术领域的投资并购活动,对小额持股、对初创企业的早期投资、与美国公司成立合资企业等非控制性的投资行为进行更严格的审查。同时,极限施压重点产业,通过限制采购中国高科技产品、补贴制造业回流美国、阻碍中国高科技企业在美正常经营等方式,联合盟友遏制中资高科技企业在美、日、英、澳和新西兰等的市场扩张,不断扩大产业链和创新链的封锁范围。因此,美国引导的封锁,将会导致中国科研机构、科技企业与国际创新链、产业链的部分脱钩,中资企业海外投资并购不断受限,科研机构和高科技企业的成长受到制约,难以实现科研资源的全球配置、高效配置,制约上海科研机构、科技企业的成长和发展。上海创新主体的实力和能力还需要进一步提升,增强需求端对创新策源的牵引。

作为改革开放排头兵和创新发展先行者,上海要与时俱进,适当调整发展思路和路径,进一步强化科技创新策源功能,稳步推进具有全球影响力的科技创新中心建设,引导本地数字、绿色、生物等科技创新产业链组团协同开放,积极推动国外创新链、产业链链主和关键环节入沪共同发展。

2.1.3 全球科技创新合作面临更多挑战

随着新冠肺炎疫情的持续蔓延,世界科技竞争环境愈发紧张。部分国家的社会矛盾加剧,全球经济明显陷入衰退,国际经济合作出现困境,严重阻碍了全球科技创新合作与经贸人文往来,创新融资在全球危机中呈现下滑趋势。全球科技创新合作体系加速解构,高技术出口管制日益增强,科研基础条件保障、升级的不确定性加大。国际社会在科技创新标准和知识产权保护方面有待形成进一步共识。上海增强科技创新策源功能的基础设施条件面临较大威胁,必须加快破解瓶颈,提升自主创新的保障能力。

美、欧、日等主要发达国家纷纷以国家安全名义,针对科技创新重点领域出台更多封锁措施。截至 2020 年 6 月,美国展开了 2 000 多项次关于盗窃美国基础技术的经济调查,项次数较 10 年前增长 13 倍。美国不断以国家安全为由对中国高科技企业、机构等发起制裁,持续加大通过立法对中国加强出口管制的力度,把人工智能、量子计算等 14 个领域的产品及技术纳入出口管制目录,实施严格监管和审查。近两年来,美国商务部工业与安全局已将超过 100 家的中国企业和机构加入出口管制的"实体清单",其中包括华为、中芯国际等高科技企业,以及大批科研院校和超算领域的知名机构等。美方全面限制重要原材料、设备、开发工具与软件的出口,不断扩大制裁范围和限制出口产品、技术范围,实施前所未有的技术封锁,切断科研供应链。一些科学装置、仪器设备的引进和后续使用、维护等可能会陆续受到影响,大量的实验室耗材和试剂、科研和工业软件等面临的不确定性也越来越大。欧盟则试图实现"技术独立",利用多边机制就关键技术出口中国进行管控,并出台方案审查和限制对中国香港出口"特定的敏感设备和技术";部分欧盟成员国采取抵制政策,对华为、中兴和字节跳动等中国高技术企业进行封锁和打压。日本拟通过制定安全保障战略,防止尖端技术人才和信息外泄;加强对可转为军事用途的出口商品的管制,限制外国企业投资高端技术领域;试图立法限制引进中国高技术产品,排除中国高技术企业参与本国市场等。

专栏 2.1　美国"实体清单"及其影响

"实体清单"是美国为维护其国家安全利益而设立的出口管制条例。在未得到许可证前,美国各出口商不得帮助这些名单上的企业获取受本条例管辖的任何物项。简单地说,"实体清单"就是一份"黑名单",一旦进入此榜单实际上是剥夺了相关企业在美国的贸易机会。美国将中国企业或者机构列入"美国实体清单",这意味着进入名单的企业无法与美国有着任何商业交易,这是赤裸裸地实施打压。被列入"实体清单"的主要影响是供应链限制。如果某个实体在供应链上并不依赖美国设备、零部件、软件或技术,则列入"实体清单"对该实体的影响很小。反之,如果某实体在较大程度上依赖于美国供应链,则列入"实体清单"可能对其经营甚至存亡造成重大影响。

资料来源:根据相关资料整理。

交流合作是科技创新的"生态密码"。世界正进入多项科学技术爆发的时代,新技术正在赋能生产、生活的各个方面,由此引发的科技创新合作需求日益增加,在国际科技合作途径日趋收窄的背景下,越来越多的合作问题也将暴露,全球科技创新合作面临着产业升级和经济治理的双重挑战。从上海参与国际科技合作的情况来看,还未形成充分开放、协同的科技创新合作格局,在科技创新前沿领域的国际合作还缺乏广度和深度。因此,要坚持跟踪全球科技创新动态,加大改革开放力度,向更多国家拓展创新资源,促进长三角区域创新元素加速融合,以更主动积极的态度谋求更大范围的科技合作,在科技创新重点领域积极参与国际合作,吸引全球人才来沪发展,支持本地人才参与国际科技创新合作,打造国际国内创新资源和创新网络的枢纽地。

2.1.4　关键核心科技受制于国外

中国科技创新遵循着"进口依赖—模仿跟随—自主研发"的自身规律,随着在各领域的快速追赶,开始进入"并跑""领跑"阶段,模仿创新所带来的边际效用很小,或是出现了无创新可模仿的境况,再加上国外垄断实体的不断打压,中国科技创新的自立自强、自主可控成为时代要求,必须更加突出科技的原创性,更多地发展新兴的高科技产业。

高科技制造业是中国"卡脖子"的重灾区。近年来,美国对中兴等中国企业的制裁更让国人意识到加强基础研究、夯实工业发展基础的重要性。中国工业基础的现状是大而不强,原因有很多,主要是缺乏核心和关键共性技术,缺乏关键基础零部件(元器件)、关键基础材料、先进基础工艺及相应的产业技术基础。这些已经成为制约中国工业由大变强的关键,也是中国提高技术创新能力和全球竞争力的瓶颈所在。究其根本原因,在于基础研究薄弱。2021 年 3 月,十三届全国人大四次会议上,国务院总理李克强在政府工作报告中提到,基础研究是科技创新的源头,要健全稳定支持机制,大幅增加投入,中央本级基础研究支出增长 10.6%,落实扩大经费使用自主权政策,完善项目评审和人才评价机制,切实减轻科研人员不合理负担,使他们能够沉下心来致力科学探索,以"十年磨一剑"精神在关键核心领域实现重大突破。

表 2.1　中国被"卡脖子"的 35 项关键科技

光刻机	核心工业软件	微球
芯片	ITO 靶材	水下连接器
操作系统	核心算法	燃料电池关键材料
航空发动机短舱	航空钢材	高端焊接电源
触觉传感器	铣刀	锂电池隔膜
真空蒸镀机	高端轴承钢	医学影像设备元器件
手机射频器件	高压柱塞泵	超精密抛光工艺
iCLIP 技术	航空设计软件	环氧树脂
重型燃气轮机	光刻胶	高强度不锈钢
激光雷达	高压共轨系统	数据库管理系统
适航标准	透射式电镜	扫描电镜
高端电容电阻	掘进机主轴承	

资料来源:《科技日报》系列报道文章。

强化科技创新策源功能主要将依靠自主创新,着重形成自主知识产权,鼓励并支持有条件的企业强化基础领域研究,从应用研究为主向应用研究与基础研究并重转变,改变"两头在外"的科学研究模式,打造新知识、新理论的催生地,充分发挥市场机制和科技企业的作用,促进关键技术突破和产业生态培育等环节紧密结合,提升体系化的源头创新能力,形成有生命力、自主可控的创新突破,打造新技术、新产品的开拓地,切实解决关键核心科技被国外垄断的问题。上海在人工智能、集成电路、生物医药、机械设备等领域走在全国前列,但仍在部分高端生产环节和关键核心技术方面受制于国外垄断,中高技术的模块化中间投入品进口风险尤为明显。国内科技创新发展既要考虑自主可控的时代要求,又要在持续的改革开放中加强国际间水平分工合作,吸引全球优质要素汇聚上海进行联合攻关和共同治理,通过科技创新反促产业链安全与效率。

2.1.5 全球加快科技创新中心建设步伐

全球科技创新中心格局正在发生变迁,以中国、越南、印度为代表的中等收入经济体正在快速追赶,但是与发达地区间的发展差距依然存在,北美和欧洲仍为全球科技创新中心。新冠肺炎疫情发生后,科技创新在各国疫情防控和疾病救治中发挥了重要的作用,世界主要发达国家对科技的重视度明显提高,纷纷在科技前沿领域加快战略布局,试图抢占科技抗疫制高点。据不完全统计,自 2021 年 2 月以来,美国白宫、国会、国防部、国立卫生研究院等累计发布科技经济战略部署文件或报告 28 份,主要包括人工智能、量子科技、5G/6G、能源、先进计算、云计算、生物医药、太空技术等方向。欧盟自 2021 年 2 月以来发布科技经济战略 12 份,包括人工智能、量子科技、5G/6G、网络安全、关键原材料、电池生态系统等领域,试图在绿色经济和数字化经济中掌控关键材料技术,在国防中保护成员国安全,以及在推动美欧共性技术合作上做出努力。英国发布科技经济战略 5 份,在量子科技、网络安全、人工智能、尖端技术改造农业、合成生物学、石墨烯等领域有所布局。日本则试图加快 5G 基础设施建设并开始布局 6G,目标是用 10 年时间改变 5G 研发上不占优势的现状并在 6G 上实现反超,同时进行量子科技八大领域基地建设,推动量子技术实用化。韩国则主要关注人工智能、大数据、区块链、5G/6G、生物健康、清洁能源、量子技术、"无接触"经济、支持中小企业发展等。

尽管世界经济发展与地缘政治形势面临诸多挑战,但中国、东南亚等新兴经济体却通过融入全球价值链和创新网络不断进步。全球排名靠前的科学技术集群主要集中在日本、中国和韩国所在的东亚地区。东南亚的泰国在商业研发方

专栏 2.2　全球创新网络格局正在加速重构

全球创新指数由世界知识产权组织和 Portulans 研究所合作发布。自 2007 年首次推出以来,全球创新指数塑造了衡量创新的议程,并成为经济决策的基石,越来越多的政府对其年度全球创新指数结果展开系统性分析,并制定政策措施以改善其表现。

2021 年全球创新指数在对全球经济体创新能力和创新产出的年度排名中显示,仅有少数经济体(大多为高收入经济体)始终名列前茅。不过,包括中国、土耳其、越南、印度、菲律宾在内的部分中等收入经济体正在迎头赶上并改变创新格局。瑞士、瑞典、美国和英国继续领跑创新排名,在过去三年内均位列前五。韩国于 2021 年首次跻身全球创新指数前五,此外,新加坡排名第 8,中国排名第 12,日本排名第 13。美洲和欧洲继续在全球创新格局中遥遥领先。东南亚、东亚和大洋洲的创新表现在过去十年中最为活跃,是唯一与领先者缩小差距的地区。

中国仍是前 30 位中唯一的中等收入经济体。自 2013 年以来,中国的全球创新指数排名稳步上升,已经确立了作为全球创新领先者的地位,接近前十名。中国拥有 19 个全球领先的科技集群,其中深圳—香港—广州和北京分别位居第二和第三。

资料来源:世界知识产权组织,《2021 年全球创新指数报告》,日内瓦,2021 年 9 月 20 日。

面,马来西亚在高科技净出口方面均保持着全球范围的优势。印度提出"启动印度"倡议和"加速新印度创新的增长"计划,试图通过建立培育创新的生态系统来全方位建设科技创新发展的国家环境,巩固其作为全球创新和知识中心的地位。巴西成立了创新创业动员中心,以确保创新资源的发展能够改善巴西较为落后的一面。

和世界级科技创新中心相比,北京、上海、粤港澳大湾区最明显的短板是基础科学研究成果储备有限,以及基础科学研究的能力体系较为薄弱。这些短板背后更关键的差距是这三个城市或地区尚未成为世界级人才最向往的地方。上海应充分依托自身科技创新资源,深度挖掘全球的高级创新要素,立足"科创+"赋能产业开放发展,建设上海特色化的国际科技创新中心。

2.2　上海强化科技创新策源功能面临的国内新形势

尽管世界经济发展和全球合作遇到诸多困难,但中国改革开放和现代产业体系的构建为科技创新中心提供良好建设基础,利益攸关方积极协同推进,人才政策得到保障,国内多区域竞相加快科技创新发展步伐,上海强化科技创新策源功能的机遇和挑战并存。

2.2.1　国家发展战略引领科技创新发展方向

2016 年 5 月 20 日,中共中央、国务院印发了《国家创新驱动发展战略纲要》,把创新驱动放在前所未有的战略高度。党的十八大以来,创新驱动发展成为中国迈向高质量发展的重要战略,科技创新投入持续加大,投入金额从 2016 年的 15 500 亿元上升到 2019 年的 21 737 亿元,其中基础研究经费为 1 209 亿元,创新投入年均增长率保持在 10% 以上。在高强度的科技创新投入体系下,中国在整体层面的创新能力不断攀升。"十四五"规划建议中提出,布局建设综合性国家科学中心和区域性创新高地,支持北京、上海和粤港澳大湾区形成国际科技创新中心,全面发挥科学研究功能、技术创新功能、产业驱动功能和文化引领功能。

政府引导、市场主导是中国经济社会开放发展的重要经验。党中央坚持把科技创新摆在国家发展的核心位置,党的十九大提出了到 2035 年跻身创新型国家前列的战略目标。国家正在积极实施科教兴国战略、人才强国战略和创新驱动发展战略,加强科创板资本市场服务实体经济能力,协同推进科技创新强国建设,加快经济社会高质量发展。通过政府的公共服务供给进行创新发展战略的顶层设计,引领科技创新工作服务于中华民族的伟大复兴和世界人民的福祉谋求。国家在科学和技术领域进行明确、有效和持续的投资,2004 年以来的研发增长率显著高于 GDP 增长率,2020 年全国研发经费同比增长 10.2%,经费投入强度为 2.4%,上海的这一投入强度更是达到 4.1%。

国家出台多项科技创新发展战略,规划国际科技创新中心建设,这些都是挖掘中国科技和经济社会发展新动能的重大抉择,有效弥补了市场自身漫长演变的不足,加快推动了科技创新发展步伐。在层出不穷的新科技领域,政府的有形之手与市场的无形之手如何协调推进,如何重塑创新型经济的低成本优势,将成为经济和科技体制机制改革的紧迫课题,也是贯彻落实创新驱动发展战略的重中之重。

2.2.2　现代产业体系为科技创新提供衍生基础

拥有成熟的现代产业体系意味着创新能力要世界领先,在研发投入强度、科技论文发表量、专利申请量和授权量、专利转让收入及产业整体技术水平等方面居于世界前列,不仅具有强大的模仿创新、消化吸收再创新能力,而且具有强大的原始创新能力,在高科技和战略性新兴产业等方面具有较强的国际话语权,成为国际产业技术标准和规则的主要制定者,创新和科技进步而不是要素的投入成为经济增长的主要推动力。实体经济的发展需要科技创新提供源源不断的动力,同时实体经济的发展壮大、转型升级也为科技创新提供了肥沃的土壤,使科技创新能够在产业化的过程中不断得到完善。

专栏 2.3　现代产业体系及其构建意义

现代产业体系是以智慧经济（含数字经济）为主导、大健康产业为核心、现代农业为基础、通过五大产业（农业、工业、服务业、信息业、知识业）的融合实现产业升级、经济高质量发展的产业形态。现代产业体系是现代化经济体系中的宏观产业结构。高附加值是现代产业体系的灵魂；创新性、再生性、生态性、系统性、规模性、精准性是现代产业体系的本质特征。现代产业体系既是发达国家可持续发展的产业形态，也是智慧经济时代发展中国家实现赶超战略的产业形态。

资料来源：中国高新技术产业经济研究院，《现代产业体系构建》，www.achie.org/yw/jkqyj/20150730201.html。

新一轮科技革命和产业变革是世界未来发展的重大趋势，全球主要经济体试图争先抢占科技创新和产业变革的制高点。纵观历史经验，科技革命和产业变革率先爆发在工业基础雄厚且体系完备的经济体中，尤其是在制造业价值创造和吸纳规模化的国家或地区中。改革开放以来，中国制造业保持快速、持续、强劲的发展态势，逐步有序地建立了联合国工业发展组织认定的门类齐全、独立完整的制造业产业体系，有力推动国家工业化和现代化进程，综合国力明显增强。2010年中国制造业产出占到全球制造业总产出的19.8%，超过美国，跃居制造业世界第一大国。目前，中国在500多种主要工业产品中，超过220种的产量位居世界第一。国内日趋丰富的现代产业体系、规模巨大的消费市场、梯度互补的区域产业园区为应对新一轮科技革命和产业变革奠定了基础。

中国多数制造业的价值创造是由价值链低端环节和个别行业贡献的，部分关键的中间投入品仍受制于发达国家，存在"大而不强"的困境。与此同时，中美贸易争端导致一些有技术含量的工业企业开始从中国迁出，科技创新发展的产业母体存在流失现象。近年来，越南对美、对华贸易逆差均上涨了近四成，这反映出中国制造业在向东南亚地区转移。上海具有引领性的产业主体，可为科技创新的发展提供衍生基础和产业母体,应立足国际国内双循环的产业供给端,持续打造高质量的现代产业体系,为科技创新深入发展提供产业基础和应用场景。

2.2.3　多方协同加快科技创新成果转化

整合多方利益主体协同开展科技创新成果的转移转化和产业化,是创新驱动发展的重要任务,是科技创新策源的"最后一公里",是科技与经济紧密结合的关键环节。2016年4月,国务院办公厅印发《促进科技成果转移转化行动方案》,此举与修订《中华人民共和国促进科技成果转化法》、出台《实施〈中华人民共和国促进科技成果转化法〉若干规定》,形成了科技成果转移转化工作的"三部曲"。2017年9月,国务院印发《国家技术转移体系建设方案》,第一次提出建设国家技术转移体系和分"两步走"的目标任务,即到2020年基本建成适应新形势的国家技术转移体系,到2025年全面建成结构合理、功能完善、体制健全、运行高效的国家技术转移体系。

自上述法规和方案实施以来,各地在打通科技创新"最后一公里"、促进科技成果转化为现实生产力上取得明显成效,但也存在着科技成果供给的规模和结构不尽合理、转移转化政策相互协同落实不够顺畅、专业化第三方转移转化机构能力有限、科技经纪等专业人才队伍有待加强、转移转化基地有待优化建设等问题。需要各部门、各地方与高校院所共同努力,遵循科技创新规律,坚持正确的科技成果评价导向,完善转化激励机制,激发科技人员积极性;需要加强统筹协调,提高政策执行和专业服务能力,有效促进科技成果转化;需要加大知识产权保护,为科技创新及成果转化创造良好的法治环境和社会生态。

科技创新成果转移转化不仅仅是原始成果的产业化,重点在后面的集成技术,需要紧紧围绕经济社会发展所关注的重大科学问题和产业关键技术进行突破发展,其中多利益攸关方协同参与的合作体系是关键。上海强化科技创新策源功能需要立足服务全国,注重科技成果的转化和产业化。要大力推进高校协同创新体系建设,增强高校科技创新源动力;完善科研基地体系建设,推动科研院所平台对技术攻关和成果转化的机制保障;加强制造业反哺研发,积极打造创新技术集聚、交易、扩散、推广、转化的重要平台；通过创新成果的辐射、扩散，带动兄弟省市形成面向全球的集研发、制造、服务于一体的价值链体系，打造新技术、新成果、新产业的集散地。

2.2.4 国内科技创新中心建设差异化竞争

全球科技创新中心城市要发挥科技创新策源功能，需要具备四大核心支撑要素，即拥有全球顶尖的科研创新人才、具有世界影响力的科技创新研发机构和企业、先进的科研基础设施、充满活力的创新创业生态环境。这些是激发源头创新的根本前提。

京津冀地区、长三角地区、粤港澳大湾区、长江经济带中游地区、成渝城市群、关中城市群等，依托当地较为丰富的科研院所资源、市场活力和高素质人才，纷纷加快推进国际、国家或省区市级科技创新中心建设。京津冀地区凭借其制度优势、众多的科研院所和上市公司积极建设国际科技创新中心；长三角地区依靠开放包容优势、产业腹地协同和产业全业态积极建设具有全球影响力的科技创新中心；粤港澳大湾区则充分协同香港、澳门面向世界的优势，全力打造具有全球影响力的国际科技创新中心。而长江经济带中游地区凭借后发优势大力吸纳优质要素，西部地区依托重工业雄厚基础和丰富的科研院所，纷纷打造国家科技创新中心的核心承载区。

国内科技创新中心建设步伐持续加快，差异化竞争态势显现。上海应加快长三角科技创新协同发展，以高质量产业为支撑，在国际前沿科技和国家攻关领域持续发力，打造具有上海功能、国家特色、全球影响的国际科技创新中心。

专栏2.4 国内科创中心建设态势

北京正在坚持和强化全国科技创新中心地位，在创新驱动发展战略实施和京津冀协同发展中发挥引领示范和核心支撑作用，强化原始创新，打造世界知名科研中心，推进京津冀协同创新，培育世界级创新型城市群，加强全球合作，构筑开放创新高地，成为全球科技创新引领者、高端经济增长极、创新人才聚集地、文化创新先行区和生态建设示范城。

上海加快建设具有全球影响力的科技创新中心,对标国际领先水平,不断提升上海在世界科技创新和产业变革中的影响力和竞争力,当好全国改革开放排头兵、创新发展先行者,成为全球创新网络的重要枢纽和国际性重大科学发展、原创技术和高新科技产业的重要策源地之一,跻身全球重要的创新城市行列。

粤港澳大湾区要建成具有全球影响力的创新湾区,构建开放型融合发展的区域协同创新共同体,打造高水平科技创新载体和平台,集聚国际创新资源,着力提升科技成果转化能力,形成以创新为主要动力和支撑的经济体系,成为全国科技体制改革先行区、国际科技创新中心和新兴产业重要承载区。

成渝地区双城经济圈将打造成具有全球影响力的科技创新集聚地,加快建立区域协同创新体制机制。加强成渝地区各类创新要素的交流、合作、对接、共享,聚焦重点领域和关键技术,促进创新资源综合集成;加快区域创新平台建设,推进全面创新改革试验,激发企业、大学和科研机构创新活力,强化科研成果转化,推动军民融合发展,建设成为西部创新驱动先导区。

武汉、合肥、西安、南京、杭州、兰州、哈尔滨、长春等中心城市将依托丰富的科教资源,培育具有广泛区域影响力和雄厚新兴产业基础的国家级科技创新中心,形成一批具有全国乃至国际影响力的科学技术重要发源地和新兴产业策源地,在优势产业、优势领域形成全球竞争力。

资料来源:丁明磊、王革,《中国的全球科创中心建设:战略与路径》,《人民论坛·学术前沿》2020年第6期。

2.3 上海强化科技创新策源功能的具体要求

习近平总书记在2020年9月11日召开的科学家座谈会上指出:"坚持面向世界科技前沿、面向经济主战场、面向国家重大需求、面向人民生命健康,不断向科学技术广度和深度进军。"这一重要论断对于上海强化科技创新策源功能具有重要的指导意义。"四个面向"要求科技创新既要"顶天",面向世界科技前沿,致力于未来发展;又要"立地",面向国家重大需求,实现关键核心技术安全、自主、可控;同时还要"惠民",面向经济主战场和面向人民生命健康,驱动经济高质量发展,为人民创造福祉。

2.3.1 面向世界科技前沿

习近平总书记强调:"科学技术是世界性的、时代性的,发展科学技术必须具有全球视野。不拒众流,方为江海。自主创新是开放环境下的创新,绝不能关起门来搞,而是要聚四海之气、借八方之力。"关键核心技术是要不来、买不来、讨不来的。只有把关键核心技术掌握在自己手中,才能解决"卡脖子"的问题。要想在关键领域、"卡脖子"的地方取得突破,就必须面向世界科技前沿进行创新。一味跟随模仿只会导致在关键技术领域受制于他国,对于当下开放发展转型的中国而言,这样做是没有出路的。面向世界科技前沿是上海强化科技创新策源功能的基础要求和长远要求。

改革开放 40 多年来,中国从进口替代转为模仿学习,再到如今的自主创新,国家科技创新实力在稳步、快速提升,甚至在一些关键领域触碰到他国利益,竞争管控日趋严格,模仿世界前沿科技的边际收益快速递减。与发达的科技强国相比,中国在关键的前沿科技领域和基础研究方面存在一定的差距,自主研发实力尚未强大,这既是中国科技创新的发展问题,也是未来面向世界科技前沿的发展机遇。当今,以信息、生命、纳米、材料为基础的系统集成创新蓬勃兴起;大数据、先进制造、量子调控、人造生命突飞猛进;绿色科技、生态产业、人工智能、海洋开发一日千里,飞速发展。未来几年,新一代人工智能、信息与通信技术、生物技术、前沿材料、先进储能技术等领域将实现重大突破,而抢占未来科技发展制高点,就要超前研究,提前布局,牢牢把握新兴科技发展趋势。

强化创新策源功能要以全球视野展望世界科技发展大势,立足本土现实禀赋,加强自主创新和安全可控,不断向世界科技前沿探索前进。瞄准世界前沿科技发展方向和攻关领域,在重大关键技术和可能引领新一轮科技产业变革的新事物方面着重发力,积极培育基础研究和自主创新能力,推动世界前沿科技基础研究在上海开花结果,把世界最先进、最前沿的科学技术应用研究转化为现实生产力,服务国家发展战略。要在日趋激烈的科技创新竞争中率先占领制高点,必须为上海科技创新发展提供更为包容、开放和前沿的生态环境,切实调动各方面的积极性,为上海建设具有全球影响力的科技创新中心贡献原创力量。

2.3.2　面向经济主战场

科技创新需要服务于经济社会发展,为社会生产带来变革,为人民生活增进福祉。这就要求强化科技创新策源功能必须面向经济主战场。只有面向经济主战场,科技创新发展的根本目的和服务人民生产生活的效能才会更好地被体现。上海强化科技创新策源功能不是空中楼阁,而是从科技创新源头上推动科技创新中心建设和科技成果转化,以服务于经济社会发展,并让经济社会检验科技创新策源功能的效力。

面向经济主战场为上海强化科技创新策源功能提出了务实且极具挑战性的现实要求。加强科技创新成果转化、优化科技创新供给生态是实现经济社会发展新动能转换的一项具体措施。研发经费支出一直是推动科学技术转化为现实生产力的重要动力,而基础研究是推动经济新动能转换的内源动力。数字经济蓬勃发展,数字科技方兴未艾,新经济、新模式、新业态急需数字科技的爆发式发展来支撑,而现实生产力的提升则依赖底层科技的颠覆性、基础性、原创性变革,还依赖科技成果转化体制机制的创新。这就要求上海在技术和制度两个层面强化策源功能以持续推动经济社会进步。

强化科技创新策源功能必须以供给侧结构性改革为主线,从生产端、供给侧入手,调整供给结构,促进产业链和创新链深度融合,建立以核心高端技术为主导的全球价值链,从处于全球价值链的中低端环节攀升至中高端环节,为实现经济高质量发展寻求新路径。加大市级财政向基础研究的投入力度,引导企业加大对基础研究的支持,鼓励社会以捐赠和建立基金等方式多渠道投入,形成持续稳定的资金投入支持机制。大力加强科技创新统筹协调,深化多方利益主体的产学研合作,强化基础科学研究、实验室转化、推广复制研究各环节的协调与承接,打通科技强、产业强、经济强、国家强的通道,依靠创新驱动,加速科技成果转化,不断催生新产业、新业态和新模式,推动经济社会高质量发展,使创新活力得到充分涌现和释放,使创新引领经济社会发展的动力得到充分激发,使科技创新经济主战场的价值得到充分体现。

2.3.3　面向国家重大需求

坚持面向国家重大需求是中国科技创新事业发展的基本要求,也是中国科技工作者一直践行的优良作风。坚持面向国家重大需求,就是坚持需求导向和问题导向。当前,中国经济社会发展、民生改善、国防建设面临一些需要解决的短板和弱项,国家对战略科技支撑的需求比以往任何时期都更加迫切。一些关键工业技术、部分关键元器件和重要装备、新能源技术等关系国家急迫需要和长远需求的领域,就是中国科技发展的重点研究方向。只有把国家重大战略需求放在首位,使科技创新与国家的发展、民族的需要、人民的利益同向同行,才能让科技创新走在符合国家核心利益和重大需求的光荣之路上,为国家发展和民族复兴做出卓越贡献。

在目前新一轮科技革命和产业变革浪潮中,中国正在航空发动机、量子通信、智能制造和机器人、深空深海探测、重点新材料、脑科学、健康保障等领域,部署实施一批重大科技项目,开辟新的产业发展方向和重点领域,培育新的经济增长点,这对于打破重大关键核心技术受制于人的局面意义重大。显然,在这新一批的体现国家战略意图的重大科技项目中,更应该发挥市场经济条件下新型举国体制优势,集中力量、协同攻关、勇攀战略制高点。坚持面向国家重大需求,国家的安全和人民的安康就有了坚实的保障。科技是国之利器,国家赖之以强,企业赖之以赢,人民生活赖之以好。党的十八大以来,中国在面向国家重大需求的科技创新重大项目中取得了举世瞩目的成就。"北斗""天宫""神舟""嫦娥""长征""蛟龙""天眼",在一系列"萌萌哒"的名字背后,是一颗颗充分展现中国综合实力的科技硕果。

中国现阶段的科研水平、创新能力和经济基础决定了短期内不能也无法在所有领域齐头并进、全面开花的现实。要采取"非对称"创新战略,明确中国科技创新主攻方向和突破口,在关键领域、"卡脖子"的地方下大功夫,着力解决技术软肋和制约创新突破的问题,拥有非对称性"杀手锏"。

上海始终是中国改革开放的前沿阵地,在经济、社会、科技、民生等改革创新领域作出过突出贡献。在世界各国争先发展科技创新的大背景下,上海强化科技创新策源功能也必须走在全国前列,面向国家重大需求和服务顶层战略。在量子科技、人工智能、生命科学等基础研究和脑机接口、机器人、自主智能系统等前沿战略技术方面,充分发挥好科技创新中心的策源功能。

第 3 章

上海强化科技创新策源功能的目标和思路

　　以城市为载体,积极谋划建设科技创新中心、强化科技创新策源功能日益成为世界上许多国家应对新一轮科技革命挑战和增强国家竞争力的重要举措。纽约、伦敦、东京、旧金山、新加坡等国际经济中心城市,在全球创新体系中日益占据主导地位,成为科技创新、产业变革的关键策源地,进而成为影响全球经济格局转化、全球科技竞争成败、全球产业布局调整的重要力量。上海有必要在借鉴这些城市发展经验的基础上,结合自身优势,确立强化科技创新策源功能的目标,构建强化科技创新策源功能的思路与关键内容。

3.1　主要城市强化科技创新策源功能的基本经验与启示

　　纽约、伦敦、东京、旧金山、新加坡等全球主要城市围绕强化科技创新策源功能开展了诸多实践,对于这些城市的发展和转型产生了深远影响。因此,探讨上海强化科技创新策源功能,需要对已有经验进行梳理和总结,尤其需要分析这些经验对上海的启示。

3.1.1　主要城市强化科技创新策源功能的基本经验

1. 普遍重视高科技人才吸引工作,产生了高科技人才高度集聚的竞争效应

人才资源是创新活动中最为活跃、最为积极的因素,创新驱动实质上是人才驱动。可以说,具备科技创新策源功能的城市就是一个知识和高科技人才高度集聚的空间。高科技人才既包括国内外科技创新领域的殿堂级大师,世界一流的科学家、发明家和工程师团队,也包括大量从事底层创新的高端技术人员,以及富有创新精神的企业家和庞大的创业者群体。

从世界范围看,具备科技创新策源功能的城市普遍重视高科技人才吸引工作。美国“旧金山湾区”依托硅谷地区知识与资本的外溢和辐射、圣何塞的高技术产业群、奥克兰的高端制造业,以及旧金山的专业服务(如金融和旅游业),通过长期发展构筑了一个“科技(辐射)＋产业(网络)＋制度(环境)”的全球创新中心。其显著特征是具有大量高素质、多样化的人才,包括工程师、科学家、企业家、投资家及专业金融和法律服务人员。德国柏林转型成功最关键的因素是依靠蓬勃发展的文化创意产业、包容开发的城市氛围吸引了全球具有创意和冒险精神的人才。其通过多种模式的创新实验室,如大众实验室、共享办公空间、企业能力中心、孵化器/加速器等,与初创企业、中小型企业、高等院校、科研机构形成了一个创新人才的吸纳体系。

2. 建立非常完善的科技服务支撑体系,形成了具有显著优势的制度政策体系

具有科技创新策源功能的城市,在创新生态环境上也具有明显特征。譬如,在人才和服务保障方面,普遍拥有相对良好的人才教育和培养体系,能激发和促进科技创新活动的公共服务和扶持政策体系,激励创新的收入分配机制,以及具有宽松良好的创新文化氛围。在科技创新体制方面,普遍具有要素市场完善,人、技术、专利等创新资源流动自由、配置高效,国际科技交流与合作顺畅等特征。在科技创新网络和成果转化方面,能够协调与规范国内外创新活动组织,拥有较为完善的创新成果交易转化等方面的法律制度,形成思想活跃、活力突出、开放包容的创新环境。

从伦敦、东京、旧金山湾区等地的实践来看,它们都建立了公平竞争、保护产权的市场体系,培育了开放合作、多元融合、宽容失败的文化氛围,降低了企业制度性交易成本,以此吸引创新要素集聚。例如,伦敦依靠自由开放环境下的市场机制和自身深厚的科研积淀,凭借"知识(服务)＋创意(文化)＋市场(枢纽)"模式使大伦敦地区成为强化科技创新策源功能的佼佼者。日本东京的科技创新策源功能建设属于典型的政府主导型模式,更多地体现为集群模式与国际枢纽模式的融合。东京逐渐从战后的传统工业城市转变为现代化的创新型城市,形成了独具一格的"工业(集群)＋研发(基地)＋政府(立法)"的创新模式,使得东京成为集制造业基地、金融中心、信息中心、航运中心、科研和文化教育中心及人才高地于一体的科技创新中心。旧金山湾区构建了非常完善的科技服务支撑体系,多样、畅通的融资渠道使硅谷的企业尤其是新建企业更易取得资本支持。

3. 具备开放协同的创新网络与环境,集聚了具有世界影响力的科技创新研发机构和企业

城市科技创新策源功能的强化是一个构建协同开发创新网络的过程。一方面,引进和培育创新型企业并形成集聚效应。创新型企业作为创新的引领者和财富的创造者,不仅是全球科技创新中心的标志,更是其成长的发动机。另一方面,积极构建产学研深度融合的区域创新生态,促进技术、人才、资本等创新要素,以及科学研究、技术开发、产品设计、生产制造等创新活动在一定地理空间中集聚并相互作用。可以看到,绝大多数具备科技创新策源功能的城市都具有较多数量和高质量的大学和科研院所,有一批世界一流水平的大学和学科,以及在全球有一定声誉的基础科学研究机构(实验室、研究中心),集成创新能力强的跨国公司、拥有核心技术的高科技龙头企业、拥有领先技术的中小微高成长性企业等各类创新主体。例如,在旧金山湾区,由斯坦福大学师生或校友创建的企业产值占硅谷总产值的50％—60％,产学研集群效应显著。湾区高校、企业、研发机构、风险资本和各类中介机构紧密互动,形成了开放创新资源网络,为新技术、新商业模式的诞生提供最佳的土壤。

专栏 3.1　美国橡树岭国家实验室

橡树岭国家实验室(ORNL)是隶属于美国能源部的一个大型国家实验室,位于田纳西州橡树岭。其大科学设施在学界与商界都得到了较有效的利用,每年来自世界各地的大学、实验室和私营企业的 3 200 多名科学家在 ORNL 科研用户设施进行实验。参与这些项目的国家和机构数普遍较多,并且与其他国家相同领域的先进的大科学设施之间有诸多合作。例如,ORNL 不仅应用自己的散裂中子源,还会共享法国格勒诺布尔劳厄-朗之万研究所(ILL)的世界上最强的中子源。ORNL 的设施不仅提供给联邦政府进行科学研究,也向非联邦机构(比如私人企业、大学及非营利机构)开放。

为了培养下一代伟大的科学家和工程师,ORNL 与美国东南部主要研究型大学建立了合作关系。ORNL 的职业发展机会包括实习、本科生及研究生毕业生工作机会、博士后项目、杰出研究员奖学金、商业和技术专业人员招聘、全职研究人员和联合教师招聘,有工作人员专门协助解决外籍人士的美国签证问题。关于合作人才培养,ORNL 提供有竞争力的薪酬和福利,关照员工各方面的生活,包括 401K 储蓄计划、缴费型养老金计划医疗、牙科和眼科保险、人寿保险、带薪假期、员工健康计划和现场健身中心、教育援助、搬迁援助、弹性工作时间等。

资料来源:于紫月,《橡树岭国家实验室:从原子弹"摇篮"到军民两用研究基地》,《科技日报》2019 年 3 月 18 日。

3.1.2　主要城市强化科技创新策源功能的启示

从全球主要城市强化自身科技创新策源功能的基本经验出发,虽然不同城市的实践重心和路径存在差异,但也存在共性之处,这些共性对上海强化科技创新策源功能具有重要的启示价值。

1. 强化城市科技创新策源功能应结合城市的特点和发展历程

城市科技创新策源功能的强化模式并不是一成不变的,对于具备不同特点的城市科技创新体系而言,科技创新策源功能的构建也应该量身定制,有所侧重。可以看到,世界主要城市在推进科技创新策源功能建设的过程中,都在努力结合城市自身的资源优势和发展需求,分阶段制定行动目标和计划。因此,在强化科技创新策源功能的进程中,确定正确的目标和方向是首要任务。要确立科学的科技创新策源功能建设目标,关键是要符合城市本身的资源特征。要根据城市的资源条件,确定不同城市的科技创新策源功能定位,选择各自所依托的关键产业和技术。

2. 强化城市科技创新策源功能应提升城市创新基础设施的共享水平

创新基础设施是强化科技创新策源功能的载体,是保障创新活动开展和科技创新策源功能有效运转的重要基础。可以看到,已经具备科技创新策源功能的主要城市不仅都拥有包括大科学装置、重要科学研究设备、数据中心等硬件设施和大数据、云计算、基础算法、科研和工业软件等软件设施的先进基础研究设施,而且在共享这些基础设置的水平方面都具有一定优势。比较而言,国内很多城市产业集中度低,产学研之间有机结合的机制尚不健全,创新基础设施过于分散,造成部门机构之间的基础信息共享程度差、低水平重复建设现象严重。可以说,高水平的基础设施共享不仅有利于科技人员进行创新活动,更重要的是有利于培育城市集群环境,加强产学研之间的紧密合作。因此,加强创新平台、信息网络、共享数据库等基础设施的建设,提高创新基础设施的共享水平是强化科技创新策源功能的必经之路。

3. 强化科技创新策源功能应加快形成产学研相结合的科创共同体

产学研高度协同是促进创新资源集中和发挥集成效应、显示科技创新整体活力的重要举措。世界主要城市强化其科技创新策源功能离不开完善的产学研一体化。没有大学和科研结构的支撑,就没有科研成果的转化,没有不断创新的科研成果,企业就很难保持创新动力。所以,建立产学研合作的新体系,对调整科技成果的供求关系及结构,促进科技成果的转化,以及形成技术创新的内在机制,具有重要的战略意义。

4. 强化科技创新策源功能应确立以企业为核心的科技创新转化机制

从世界主要城市的科技创新实践看,强化科技创新策源功能的重要载体是园区和产业,而园区或产业都是由企业集聚形成的。政府的政策支持针对的是企业,大学和科研机构的科研成果最终由企业进行应用和转化。因此,城市科技创新策源功能的强化与转化最终仍然需要由企业作为核心主体来完成。科技创新的应用主体是企业,所以应把企业的技术需求作为各类科技计划项目的主要来源,将确立和形成企业技术创新的核心地位作为城市科技创新策源功能建设的突破口,引导企业成为科技成果的吸纳者、知识产权和核心技术的拥有者、创新人才和创新资金的投入者、产业发展先导技术的引领者。

5. 强化科技创新策源功能应努力营造创新文化氛围

强化城市的科技创新策源功能,既是一个丰富物质文明的过程,也是一个丰富精神文明的过程。世界主要城市在推动科技创新策源功能建设过程中,都强调对原始创新文化的引导和鼓励,强调对突破性创新成果的尊重和激励。只有形成了浓郁创新文化的城市,才能在科技创新活动中保持旺盛的生命力,真正实现本区域的最大利益。为此,需要全社会共同营造有利于创新,尤其是有利于原始创新和突破性创新的文化氛围。

3.2　上海强化科技创新策源功能的优势基础和目标设想

近年来,上海不断夯实科技创新的"四梁八柱",具有全球影响力的科技创新中心的基本框架已经形成,为强化科技创新策源功能奠定了良好的基础和一定的比较优势。要确立上海强化科技创新策源功能的目标,有必要对这些比较优势和前期基础进行系统梳理,在此基础上构建上海强化科技创新策源功能的目标体系。

3.2.1　上海强化科技创新策源功能的优势与基础

上海强化科技创新策源功能的优势与基础主要可以归纳为具有较强的基础科

学研究能力储备,在相关产业领域具备产出重大原始创新成果的潜质,构建的国际国内科技创新共同体日益壮大,科技创新的体制机制和外部环境氛围持续优化等四个方面。

1. 具有较强的基础科学研究能力储备

第一,近年来上海持续产出了一批重大原创成果。面向世界科技前沿,上海涌现出全球首个节律紊乱疾病克隆猴模型、全球首例人工单染色体真核细胞、世界首次 10 拍瓦激光放大输出等一批成果。2020 年,上海科学家在国际顶尖学术期刊《科学》《自然》《细胞》等发表论文 124 篇,占全国总数的 32%,获得 2019 年国家科学技术奖 52 项,占全国总数的 16.9%。2020 年,上海全社会研发经费支出相当于全市生产总值的比例达到 4.1% 左右,每万人口发明专利拥有量达到 60.2 件,发明权利授权 24 208 件,PCT 专利申请受理量 3 558 件。

表 3.1　全球科研论文产出质量和增量的前 10 城市

排名	城　市	2019 年高被引论文数量	城　市	2015—2019 年高被引论文增量
1	北　京	1 916	北　京	907
2	伦　敦	1 323	上　海	549
3	纽　约	1 240	武　汉	451
4	波士顿	1 140	广　州	419
5	上　海	976	南　京	388
6	华盛顿	932	纽　约	238
7	南　京	743	伦　敦	218
8	巴　黎	712	首　尔	187
9	武　汉	699	波士顿	156
10	广　州	656	墨尔本	156

资料来源:上海市人民政府发展研究中心,《固长板补短板,加快提升知识创新策源能力》,《专家反映》2021 年第 2 期。

第二,上海拥有一支高层次人才队伍。截至 2020 年底,在沪的两院院士共有 178 名,领军人才"地方队"培养计划累计 1 617 人,东方学者累计 1 027 人,曙光学者累计 1 338 人,超级博士后激励计划累计 1 157 人,青年启明星计划累计 3 065 人。此外,上海还大力引进全球科创人才,目前已累计发放外国人工作许可证 26 万余份,核发外国高端人才工作许可证数量约 5 万份,连续 8 年蝉联"外籍人才眼中最具吸引力的中国城市",成为全球科学家在中国发展事业的首选城市。

第三,上海在国家战略科技平台建设持续发力。近年来,上海发起了"全脑介观神经联接图谱"国际大科学计划,深度参与了平方公里阵列射电望远镜、国际大洋发现计划等大科学计划和工程,建成了上海人工智能实验室、期智研究院、脑科学与类脑研究中心、上海应用数学中心等一批代表世界科技前沿发展方向的高水平研究机构。值得注意的是,张江综合性国家科学中心的集中度、显示度不断提升,建成和在建的国家重大科技基础设施有 14 个,初步形成全球规模最大、种类最全、综合能力最强的光子重大科技基础设施群。张江综合性国家科学中心自启动建设以来,实现了从重大科技基础设施群到顶尖创新平台,再到张江科学城的诸多突破,正成为上海强化科技创新策源功能的强大引擎。

2. 在集成电路、人工智能和生物医药等高端产业领域具备产生重大原始创新成果的潜质

上海在集成电路、生物医药、人工智能等重点领域的关键核心技术加快突破,2019 年集成电路产业规模占全国比重超过 20%,生物医药产业创新药获批上市量约占全国总量的 1/3,人工智能产业集聚全国约 1/3 的相关人才。各类创新主体能级持续提升,高新技术企业数量超过 1.7 万家,一批细分领域"隐形冠军"加快涌现。研发与转化功能型平台近 20 个,带动产业产值上百亿元。国家大学科技园 14 家,众创空间 500 余家,在孵和服务中小科技企业和团队近 3 万家(个)。累计引进跨国公司地区总部 771 家,外资研发中心 481 家,数量居全国第一。多层次资本市场加快构建,科创板设立并试点注册制,截至 2020 年底,累计上市企业 215 家,募集资金总额超过 3 000 亿元,总市值近 3.5 万亿元。其中,在科创板上市的上海企业 37 家,募集资金和市值均居全国首位。

3. 国际国内科技创新共同体网络日益壮大

一方面,上海与国际科创力量的创新合作网络持续扩大。与其他城市相比,上海推动科技创新的一个重要特色是以全球视野推动科技创新。目前,上海已经累

计与 20 多个国家和地区签订了政府间国际科技合作,拥有英国、以色列、白俄罗斯、智利等 10 个国家级合作伙伴。在合作平台方面,上海已累计建设国际联合实验室 22 家,国际技术转移服务布局国家 9 个。此外,上海还建立了浦江创新论坛、世界顶尖科学家论坛、世界人工智能大会、国际创新创业大赛等国际交流平台,上海国际科技创新中心的全球影响力、号召力和吸引力得到提升。目前,已经有 5 家国际知名科技组织落户上海。到 2020 年底,在沪外资研发中心达到 481 家。另一方面,长三角科技创新共同体正在形成。上海作为长三角科技创新领头雁,配合科技部编制了《长三角科技创新共同体建设发展规划》,发布了《长三角 G60 科创走廊建设方案》,牵头发起并建立了长三角国家技术创新中心,签订了《推进上海西部五区科技和产业协同发展实现与长三角 G60 科创走廊联动发展的战略合作框架协议》。

4. 科技创新的体制机制和外部环境氛围持续优化

一是科技创新体制改革成果显著。持续构建符合科技创新规律的法规政策体系,出台落实"科创 22 条"、"科改 25 条"、《上海市促进科技成果转化条例》《上海市推进科技创新中心建设条例》等政策法规。全面创新改革试验成效显著,围绕科技成果转化、科技金融等领域,先后出台 70 余个地方配套政策、170 余项改革举措。二是科创行政服务效能不断提升。借鉴国际经验推进科技创新行政服务效能改革,推动全市科创行政服务持续优化。上海探索并推广实施了"证照分离"等改革,开办企业全流程便利度大幅提升,"准入不准营"难题逐步解决。推出办事大厅"综合窗口"、窗口无否决权等创新举措,全面提升了政务大厅窗口服务效率。以全程通办、全网通办、全市通办、只跑一次、一次办成为目标,对政务服务进行革命性流程再造,成立了市大数据中心,建成"一网通办"总平台。

当然,需要看到,上海在基础研发能力、创新资源集散、创新激励等方面存在着比较明显的短板。譬如,尚未形成高水平创新供给的能力优势,基础科学、关键核心技术、基础工艺和软件等方面仍有短板,城市高质量发展缺乏后劲。尚未形成产业需求对科技创新的牵引优势,产业创新主体在创新实力、资源配置、提出创新需求等方面的能力和动力不足,创新链产业链融合有待提升。尚未形成全球合作的开放优势,开放创新的广度和深度有待拓展,协同创新的新机制新模式亟待完善,鼓励创新、宽容失败的环境氛围仍需优化。

3.2.2 上海强化科技创新策源功能的目标设想

对于一个城市来说,具备了科技创新策源地位,就意味着这个城市在全球科技创新中能够发挥出策动和源泉作用。这种策动和源泉作用体现在科技创新成果上就是做到四个"第一",即科学规律的第一发现者、技术发明的第一创造者、创新产业的第一开拓者和创新理念的第一实践者。由此出发,上海强化科技创新策源功能的目标应该与上述四个"第一"保持一致。未来具备科技创新策源功能的上海至少有四个方面的显著特征和影响力:一是成为重大基础研究成果产出的中心节点,二是成为重大原始创新成果突破的核心推手,三是成为科技创新成果产业转化的引领主力,四是成为全球科创理念汇聚共享的思想高地。

1. 成为重大基础研究成果产出的中心节点

上海成为重大基础研究成果产出的中心节点,意味着上海已经在前沿优势领域形成了一批基础研究和应用基础研究的原创性成果,在若干重要基础研究领域成为世界领跑者,成为全球科学发现的新高地。具体来说,成为重大基础研究成果产出的中心节点,意味着上海在顶尖论文和专利等基础研究产出总量和人均比例方面进入世界第一方阵,人才、学科和研究机构数量跃升至世界顶尖水平,对基础研究的投入力度进入世界前列。

2. 成为重大原始创新成果突破的核心推手

上海成为重大原始创新成果突破的推动力量,意味着上海将持续涌现全球重大技术创新,其攻克关键共性技术、前沿引领技术、现代工程技术、颠覆性技术的能力显著提升,在若干战略必争领域和优势领域掌握一批关键核心技术。具体来说,上海作为重大原始创新成果突破的推手,将在引领性、原始性科技攻关方面获得突破,即在集成电路、生物医药、人工智能等高端产业领域形成具有世界竞争力的原始创新成果,城市 PCT 专利申请量和高价值发明专利拥有量进入世界主要城市排

表 3.2 上海科技创新中心"十四五"规划部分指标内容

序号	指标(预期性)	2025 目标值
1	全社会研发经费支出相当于全市生产总值的比例	4.5%左右
2	基础研究经费支出占全社会研发经费支出的比例	12%左右
3	高新技术企业数量	2.6 万家
4	通过《专利合作条约》(PCT)途径提交的国际专利年度申请量	5 000 件左右
5	每万人口高价值发明专利拥有量	30 件左右
6	战略性新兴产业增加值占全市生产总值的比例	20%左右
7	技术合同成交额占全市生产总值的比例	6%左右
8	外资研发中心数量	累计 560 家左右

资料来源:《上海市建设具有全球影响力的科技创新中心"十四五"规划》,2021 年 9 月 29 日。

名的第一方阵。

3. 成为科技创新成果产业转化的引领主力

上海成为科技创新成果产业转化的引领主体,意味着上海需基本建立具有高附加值的高科技产业体系,新产业、新业态、新模式持续显现,创新型经济发展活跃,涌现一批引领全球创新产业潮流的创新型企业。创新产出的总体规模进入世界第一梯队,在创新产出的质量方面具有全球竞争力,能够做到同类最优和行业首创。

4. 成为全球科技创新理念汇聚共享的思想高地

上海成为全球科技创新理念汇聚共享的思想高地,意味着上海需要在科技体制机制改革方面取得突破,科技创新治理体系和治理能力现代化水平显著提高,创新生态持续优化,高端创新资源规模性集聚,创新空间布局更趋合理,创新环境的吸引力和竞争力不断提升,法规、机制科学、高效,不断更新与升级。为此,上海需要在坚持自主创新的基础上处理好国际与国内两个创新网络和系统的关系。

从强化科技创新策源功能目标的实现周期来看,未来 15 年是具有全球影响力的科技创新中心功能全面升级的关键跃升期。到 2035 年,上海要成为具有全球科技创新策源影响力的第一梯队城市,成为世界创新人才、科技要素和高新科技企业集聚度高地,全球创新网络的重要枢纽,国际性重大科学发展、原创技术和高新科技产业的重要策源地。

3.3　上海强化科技创新策源功能的总体思路与重点领域

上海强化科技创新策源功能的总体思路主要体现为"四个坚持",即坚持基础研究、坚持原始创新、坚持开放协同、坚持应用导向。在此基础上,重点聚焦16项关键内容。

3.3.1　上海强化科技创新策源功能的总体思路

上海强化科技创新策源功能,要坚持科技自立自强,按照"四个面向""四个新""四个第一"的新要求,以提升基础研究能力和突破关键核心技术为主攻方向,以自主创新与开放协同为推进路径,以深化科技体制机制改革为根本动力,持续"四个坚持",加快构筑新阶段上海创新发展的战略优势,构建具有全球影响力的科技创新策源功能。

1. 坚持基础研究,构筑科技创新策源基石

基础研究是构筑科技创新策源功能的基石。上海需加大基础研究力量布局,加大前沿创新和底层技术、关键技术领域的基础研究投入,鼓励并支持有条件的企业强化基础领域研究,改变"两头在外"的科学研究模式,打造新知识、新理论的催生地。要以优化科技创新资源投入和配置为关键,持续加大基础研究投入力度,稳步提升基础研究和应用基础研究的能力,加快实现从无到有的基础性、理论性科学突破,为科技创新提供高质量的源头理论支撑。

2. 坚持原始创新,提升科技创新策源能级

原始创新是评判一个国家科技创新实力的核心标准,把追求原始创新作为上海科技创新策源导向的主线,是上海强化科技竞争能力的内在要求。要坚持国家战略需求牵引,以国家重大战略项目、市级科技重大专项、大科学计划和大科学工

程等为重要突破口,系统性布局"全球—国家—上海"梯次接续的原创性基础重大战略项目。

3. 坚持开放协同,优化科技创新策源生态

从国际科创环境看,当下国际科技合作的途径日趋收窄,尤其是自中美贸易摩擦发生以来,美国对华政策已经从"接触＋遏制"转向全面遏制,中美科技存在着选择性"脱钩"的风险,两国之间的科技竞争将呈现常态化、复杂化、长期化的特征,通过引进和交流合作获得技术和科技资源将越来越困难。从自身的实际情况看,上海还未形成充分开放、协同的科技创新格局。在这个背景下,上海不仅不能关闭创新的大门,反而应该以更主动积极的态度跟踪全球科技创新动态,寻求合作,向中东欧等更多国家拓展创新资源,在更大范围内谋求科技合作。此外,上海还应该整合国际国内两个创新网络,加快促进长三角区域创新元素加速融合,打造国际国内创新资源和创新网络的枢纽地。

4. 坚持应用导向,加速科技创新策源转化

停留在理论和技术层面的科技创新策源不是最终目的,科技创新策源功能应该回应国家和社会发展中的重大问题和需求,实现城市高质量发展和满足人民对美好生活的向往。这就要求坚持推进成果转化,加速科技创新策源的变现。从实际情况看,上海目前的科技创新主要集中在研发领域,而新形势下需要更多发挥创新策源的作用,要立足服务全国,更为注重成果的转化和产业化,通过创新成果的辐射、扩散形成面向全球的研发、制造、服务于一体的价值链体系。

3.3.2　上海强化科技创新策源功能的重点领域

1. 加强基础研究投入与布局

一是鼓励社会资本进入基础科研领域。推进科技创新中心与国际金融中心联动发展,强化科创板牵引作用,推动科技金融产品和服务创新,加大创业资本的多渠道供给,形成科技信贷总量显著提升、风险投资加速集聚、科技保险成效显现、社会资本投入多元、多层次资本市场高效协同的科技金融可持续发展生态。借鉴美

国纽约、硅谷的做法,通过信息披露、分散风险等手段为科技创新提供更加匹配的资金保障和支持。通过政府引导、政府跟投、财税政策等方式,引导带动社会资本投入科技创新,鼓励企业、社会组织等以共建新型研发机构、联合资助、公益捐赠等途径开展基础领域科研攻关。鼓励国有创投公司进入源头科创领域,探索更加市场化的国有创投机构激励机制,对于一定金额以下的国有创投企业参股创业企业和创投企业的投资事项,由国资监管机构直接监管企业及其所属企业自主决策,进一步简化国有创投企业股权投资退出程序。

专栏 3.2　国际上利用资本市场支持科技创新的主要经验

综观全球资本市场对科创企业的服务举措,上市制度包容、市场层次多元、增值服务丰富、创投机构发达、长期资金充沛、交易机制灵活及中介勤勉尽责是境外市场争夺科创企业上市资源、打造科创企业上市高地的七项制胜关键。

调整上市制度以满足新经济企业上市需求

为满足研发费用较高、尚未盈利企业的融资需求,纽交所于 2014 年新增了"市值"标准,简化非盈利企业的上市标准,取消原有的四个非盈利指标;2018 年启动"直接上市"新方案,使规模较大的"独角兽"企业可以绕过首次公开发行环节直接上市。韩交所放宽 KOSDAQ 市场上市审核条件,企业只需满足总市值和股东权益要求即可申请上市。

增加市场板块以适应不同企业多元化发展

伦交所通过成立 techMARK 高科技行情交易板块,服务具有技术创新、研究开发特点的创新型公司;泛欧交易所通过开设自由市场 Euronext Access,为中小企业及科创企业提供上市和宣传服务;德交所推出新兴市场 Scale,吸引全球中小创新企业赴德上市;韩交所建设 KONEX 市场,专门支持创业初期的中小企业上市发展。同时,尝试开设场外私募市场,为初创科技类公司提供股票交易平台,拓展非上市企业的融资渠道,并与拟上市企业形成良好的伙伴关系。例如,纳斯达克于2014年开设私募股权市场(NPM)，未上市公司可通过NPM进行融资、股权交易及管理员工期权等一切股权相关活动。德交所于2015年4月推出非公开的在线平台"风投网"(Venture Network)，为年轻的高增长企业提供筹资、培训和社交等全方位服务。

丰富上市增值服务以增加上市资源的黏性

伦交所推出ELITE精英品牌项目，形成ELITE Growth、ELITE Connect和ELITE Club Deal三个特色服务项目，打造富有活力的全球社区，吸引世界各地近千家新经济企业；泛欧交易所搭建基于企业上市前、上市中、上市后的全流程服务体系，并形成TechShare和IPOready两个明星培训项目，为科创企业上市做好前期准备工作；新加坡交易所设立高管领航项目、卓越董事会项目和全球投资者推广服务，涵盖数据研究、内部治理和投资者关系维护等方面。

吸引发达的创业创投服务机构

美国旧金山湾区和德国柏林创业企业每年获得的风险投资规模约占国内总额的一半。2015年，美国约有273亿美元的风险投资投向旧金山湾区的初创企业，占整个加利福尼亚州风险投资总额的81.2%，占全美风险投资总额的46.5%；德国约有3.48亿欧元的风险投资流向柏林，占德国当年风险投资总额(7.8亿欧元)的44.6%。又如，欧洲成立时间最长、投资规模最大的新型科技企业孵化器——种子营(Seedcamp)，总部位于英国伦敦，但辐射到了全球各大创新行业，成立五年内孵化了来自35个国家和地区的近200个创业企业。

拥有庞大的长期投资者群体

美国长期投资者的持股规模非常庞大。美联储数据显示，2018年底，美国共同基金、养老金、国外资金和保险资金直接持有股票的规模分别达到9.7万亿美元、5.1万亿美元、6.5万亿美元和0.93万亿美元，合计达到22.2万亿美元，占到美国股票总市值的52%，远超家庭等个人投资者的占比(36%)。长期投资者通常采取逆周期投资操作，在美股的健康稳步发展中扮演着定海神针的重要作用。

1999—2002 年互联网泡沫破灭期间,美国养老金的市值占比由 23％增加至 28％;在 2008—2017 年的十年大牛市中,美国养老金的市值占比由 26％降至 21％。通过动态调整,长期资金的持仓市值保持了预设区间内的相对稳定,这客观上有助于熨平市场的过度波动,也有利于科创企业的长期健康发展。

建立多空平衡的交易机制与产品体系

境外主要交易所均允许 T＋0 交易,且绝大多数市场实施无限制的 T＋0 交易。同时,境外市场普遍拥有灵活高效的证券借贷机制,融券来源广泛,市场化程度很高,且衍生品市场也十分发达,既有以 ETF、结构化产品为代表的现货衍生品,又有以期货、期权为代表的标准衍生品,产品体系完备。因此,境外市场多空平衡机制顺畅,买卖交易总体均衡,投资者既可做多,也能做空,且做多、做空成本相对较低。无论市场涨跌,投资者皆可能获利或亏损,市场活跃度与涨跌基本无关。即便市场下跌,投资者也可以有效对冲交易风险。

充分发挥中介机构"看门人"职责

强化保荐机构职责。德国监管当局要求保荐机构作为发行人的共同申请人,对招股说明书披露内容承担法律责任;伦交所绝大部分市场板块均要求发行人配有上市保荐人,创业板 AIM 市场实行终身保荐制度;韩交所在其创业板 KOSDAQ 市场实行保荐机构强制跟投制度,要求保荐机构以自有资金按发行价格认购一定比例(3％或 5％)的新发行股票,并设有一定的锁定期(3 个月、6 个月或 1 年)。同时,各种中介机构形成了各司其职、相互制约的运作机制。例如,境外上市项目中,普遍由律师负责法律问题及招股说明书文件的起草,有助于对信息披露进行严格的质量控制。

资料来源:上海市人民政府发展研究中心,《借鉴国际经验,利用科创板强化上海科创策源功能》,《决策参考信息》2020 年第 53 期。

二是全面加强高校基础学科建设。支持上海高校调整招生人数限制,适当向数学、物理、化学、生物等基础学科倾斜。支持综合性大学进一步发展理工科专业,推动调整高校学科布局,强化基础研究,增加符合上海未来发展方向的学科,如脑智科学、智能制造、仿生合成等。对高校人才引进设置学科大类人数上限,向基础研究倾斜。为高校提供人才引进的指导性意见,以人数上限的宽松式限制引导高校人才引进,避免高校对热门领域的人才过度引进或研究领域过于分散。

三是全面加强基础学科平台建设。在科学与工程研究类基地方面,要通过争取国家重点实验室、基础科学中心、数学中心及市重点实验室等基础研究类基地布局,全面夯实数理、化学、天文与空间、地球科学、环境、生物学、医药、公共卫生、信息、材料、制造、工程、能源、海洋等学科领域的科研基础。聚焦物理、天文、量子等基础前沿领域,以及集成电路、生物医药、人工智能、航天航空、船舶与海洋工程等重点领域,持续推进李政道研究所、上海量子科学研究中心、上海脑科学与类脑研究中心、上海清华国际创新中心、上海人工智能创新中心、上海期智研究院、上海树图区块链研究院、浙江大学上海高等研究院等新型高水平研究机构建设,推进重大基础前沿科学研究。

四是充分解放基层科学研究人才的创新能力。把人才作为创新的第一资源,集聚一批站在行业科技前沿、具有国际视野和产业化能力的领军人才和团队。优化高层次科技创新人才培养机制,加大对科技领军人才团队的稳定支持,发挥各类科技人才计划作用,打造具有全球竞争力的高层次科技创新人才队伍。依托高水平科研机构和新型研发机构,对标国际通行规则和标准,优化完善管理运行机制,为世界一流创新团队提供事业平台,打造一批面向新兴、前沿领域的交叉融合创新团队。大力引进培育企业急需的应用型高科技创新人才,充分发挥企业家在推进技术创新和科技成果产业化中的重要作用,打通科技人才便捷流动、优化配置的通道,建立更为灵活的人才管理机制,强化分配激励,鼓励人才创新创造。

2. 加强原始创新能力建设

一是探索"自主、原创、效率"的创新导向和考核体系。完善以国家使命和创新绩效为导向的科研机构差异化管理和稳定支持机制,深化扩大机构管理、人事和薪酬等自主权,推进章程式管理。对从事战略性、前瞻性、颠覆性、交叉性领域研究的事业单位类新型研发机构,不定行政级别,不定编制,不受岗位设置和工资总额限制,实行综合预算管理,探索实施经费使用负面清单管理,构建充分体现知识、技术等创新要素价值的收益分配机制,完善相应的机构注册、资产配置等机制。促进企业类和社会组织类新型研发机构繁荣发展,建立完善企业类和社会组织类新型研发机构认定和动态管理机制,实施新型研发机构绩效评价和择优补助机制。

专栏 3.3　上海张江综合性国家科学中心治理架构

上海张江综合性国家科学中心是中国首个获批的科学中心,建设和发展侧重于基础研究与应用研究相结合,聚焦生命、材料、环境、能源、物质等科学领域,集中布局和规划建设重大科技基础设施,提升中国在交叉前沿领域的源头创新能力和科技综合实力,代表国家在更高层次参与全球科技竞争与合作。

上海张江综合性国家科学中心由"四大支柱"构成。第一大支柱是张江综合性实验室,以重大科技基础设施群为依托,是建设国家科学中心的核心力量和基础支撑,主要构架是"1＋若干研究方向","1"指一个大科学设施群,"若干研究方向"指光子科学与技术、生命科学、能源科技、类脑智能、纳米科技、计算科学等。第二大支柱是创新单元、研究机构与研发平台,重点开展系统性强、开放协同程度高的研发活动,是建设国家科学中心的重要主体和载体。第三大支柱是创新网络,从点、线、面上布局网络化协同创新,是建设国家科学中心的放大器和倍增器。第四大支柱是大型科技行动计划,积极组织、主导、参与全球科技竞争与合作计划,是建设国家科学中心的巨大牵引力和推动力。上海张江综合性国家科学中心在 2020 年基本形成基础框架,基本建成自由开放的科学研究和技术创新制度环境、科学合理的组织管理架构和运行机制,形成围绕重大科技基础设施群的国际化前沿科学研究和技术研发机构群,产生一批初具全球影响力的科技成果。上海张江综合性国家科学中心计划在 2030 年跻身世界一流实验室行列。

资料来源:上海市人民政府发展研究中心,《科技创新策源功能与高质量发展研究》,格致出版社 2020 年版。

二是统筹布局和提升重大科研设施和平台能级。围绕国家实验室建设,优化上海全市各类科技创新基地布局,加强科学数据中心、科考观测站、产业创新中心、技术实验装置等战略引领性科学基础设施的超前谋划和布局。借鉴欧盟和美国的模式,结合国情和科研领域需求,实行分级管理、分批资助。成立由管理专家、战略专家、领域专家、企业家,以及国际专家组成的战略咨询委员会,在着力解决最重要的科学问题的同时,带来科学发现以外的政治、经济等方面的效益。加强对运行团队和科研人才的激励,鼓励依托重大科研基础设施开展前沿交叉研究,布局大科学工程,加强原创性知识生产和技术供给。大力发展新型研发机构,建立与国际接轨的研发组织方式,构建跨学科、前瞻性产业技术创新战略联盟,组织协同攻关,在若干前沿性、关键性、共性技术领域实现重大突破。

三是加强关键核心技术战略性攻关。建立健全重大技术攻关项目的形成和组织实施机制。对原创性课题开通项目申报、评审绿色通道,建立随时申报的机制,对在重大原创性突破研究领域急需解决的关键问题实行滚动立项。委托专业机构

表3.3　揭榜挂帅制度与传统科技计划组织模式的比较

对比项	传统科技计划组织模式	揭榜挂帅制度
适用项目类型	普通科技项目	重点领域关键核心技术攻关、产业发展急需等
项目目的与目标	目的较分散、目标较宽泛、针对性与结果导向性不强	目的明确、目标清晰、针对性与结果导向性强
项目主体范围	面向省区市内研究机构、企业等	技术需求、成果转化面向省区市内企业,技术解决、转化需求面向全国研究机构
解决问题	较单一,多为解决政府关注的技术问题	解决政府关注的重点科技问题,解决企业所需的关键技术问题,解决研究机构重大成果的转化问题
成果应用	一般不易直接实现应用	多可直接实现应用或产业化
资金支持	一般为政府投入	企业、社会、政府等多方投入
科技主管部门作用	偏向项目组织与过程管理	除项目管理外,更多地提供沟通交流平台与政策机制保障
总体评价	更适用于解决探索性、创新性、长期性的科技问题	更易于统筹资源集中力量解决重点与关键问题,实现多方协同攻关

资料来源:根据相关资料整理。

管理科研项目,赋予科研人员技术路线决策权,在不改变研究方向和降低考核指标的前提下,允许研究人员中途调整研究方案和技术路线。充分应用"揭榜挂帅"、众包众筹等方式,赋予新型研发组织更大发展空间,促进科研竞赛、技术竞争和团队竞合。支持设计拥有自主知识产权的高端工业软件,加大军民融合关键技术攻关的支持力度,不断夯实突破核心技术短板的基础。加快推进上海在国际上参与和发起大科学计划和大科学工程,提升在战略前沿领域的国际影响力。

四是加强对科创型中小企业的支持力度。强化科技创新策源功能是一个系统工程,关键是始终坚持自主创新,既要加强"从0到1"的基础研究,强化源头创新,

---

专栏3.4　"全脑介观神经联接图谱"大科学计划

由上海科学家领衔,发动和汇聚全球顶尖科学家与团队,塑造上海脑科学的全球领导力,在全球脑科学与类脑智能领域占据领先地位。

主要任务:(1)构建全脑基因表达与细胞分类图谱。建立高通量高精度解析全脑基因表达与细胞分类的新方法,构建与脑功能相关基因在全脑表达的时空信息图谱,阐明各类神经元的突触传递重要分子的全脑细胞分布。(2)解析全脑介观神经联接结构与功能。绘制各种类型神经元输出和输入神经联接图谱,建立自动化、标准化、高通量的神经联接三维重构技术和分析手段,解析不同类型神经元联接的功能和认知行为意义。(3)观测与调控全脑介观神经元活动。研发同时观测多脑区数千以上神经元电活动的新型电极阵列,研发新一代对细胞膜电位变化敏感、有高信噪比、能分辨单个神经脉冲的荧光分子或纳米粒子探针,研制新型无线的微型荧光显微内窥镜,观测深部脑区神经元集群电活动。(4)建立全脑介观神经联接图谱大数据处理和分享共享平台。具备数据自动化采集、处理、存储、展示等重要功能,建立有多国参与的统一数据平台,以便于协调任务进展、数据集成和共享。

资料来源:《上海市建设具有全球影响力的科技创新中心"十四五"规划》,2021年9月29日。

加快培育世界一流的大学和科研院所,更要立足本土企业和民营企业,聚焦应用基础研究,加快培育科创型中小企业。未来上海应以产业地图为引领,聚焦集成电路、人工智能、生物医药等重点领域,加快培育重视战略性新兴产业的科创型中小企业。围绕科创板促进资本市场和科技创新深度融合的目标,增加科创型中小企业在科创板的比例。支持科创型中小企业联合行业上下游、产学研科研力量组建创新联合体,推动产业链、供应链、创新链升级。通过企业研发资助、创新产品政府采购和首购订购等多元方式,支持全链条科创型中小企业快速发展。强化对技术出口的知识产权保护、法律法规适用、出口审核批准等具体措施的研究分析,为科创型中小企业推动海外标准申请等事项提供海外发展急需的支持和服务。

3. 加强科技创新生态网络建设

一是建设多模式、多载体、多渠道的国际创新协同载体。建成以上海为枢纽,链接国际与长三角、中西部、"一带一路"沿线国家和地区的国际创新合作网络,为来自全球的创新活动者提供最佳的创新创业生态系统。第一,布局全球科技研发和服务网络。建设一批海外创新中心、联合实验室、联合研究中心等国际科技合作平台载体,开展联合创新研发、双向技术转移与创业孵化,参与科技领域的国际治理。做实做强国家级国际科技合作基地,探索建立上海市国际科技合作基地,积极引入国际科技创新资源。第二,建设全球跨境技术贸易中心。借助临港新片区的制度优势,通过搭建基于区块链的跨境技术贸易存证系统,推动跨境技术所有权交易的结算便利化。第三,建设联合国开发计划署全球金融科技创新中心。以金融和科技赋能可持续发展,利用科技创新解决全球性的可持续发展问题,牵头制定可持续金融的国际化标准,通过联合国的资源和平台,为全球可持续发展提供中国参考范式。

二是建立多层次、多类型的国际合作网络。搭建多主体、多层次、多类型对外科技合作交流网络,推动更深层次、更宽领域、更大力度的全方位高水平开放合作创新。第一,加强与欧美及其他发达国家和地区的合作,围绕热点、重点科技领域开展对话交流。第二,利用上海友好城市网络等,巩固和拓展政府间科技创新合作,切实落实政府间科技合作协议。鼓励企业、高校、科研院所等各类创新主体积极主动融入全球创新网络。第三,优化联合研究布局,打造若干"精品"国际联合实验室。加强技术转移平台建设,推出若干"优质"技术转移中心。第四,深入实施"一带一路"科技创新合作专项行动方案,加强科技人文交流,推进在"一带一路"沿线建设绿色技术分支机构。

三是打造全球顶尖科学家社区和科技人才特区。高起点建设自由贸易试验区临港新片区"国际创新协同区",推动世界顶尖科学家社区(WLC)全面启动,创设2—3家由诺贝尔奖等得主领衔的一流实验室,释放国际大科学合作"强磁场",延揽国内外科学家进驻。探索设立"全球科技人才特区","特区"内通行中英双语,教育、医疗等设施参照国外发达国家水平,国外人才在"特区"内拥有与国外相差不大的生活方式和生活配套设施。"特区"内实行特殊人才绿卡试点,借鉴美国技术移民政策吸引外国科研人才的做法,实施更加宽松的绿卡政策。针对大量在国外生活

专栏3.5　世界顶尖科学家论坛

"世界顶尖科学家论坛"(World Laureates Forum)是由世界顶尖科学家协会发起的论坛,每年10月底,邀请一批诺贝尔奖、沃尔夫奖、拉斯克奖、图灵奖、麦克阿瑟天才奖等全球顶尖科学奖项得主,与中国两院院士科学家、全球顶尖青年科学家共同讨论人类当前与未来面临的科技挑战、人类命运的可持续发展等宏大主题。该论坛聚焦基础科学和源头创新,发布最顶尖科技成果与思想理念,逐步成为科技创新的起源地与创新思想的策源地,以及具有全球影响力的国际科学交流平台。2020年10月30日,第三届世界顶尖科学家论坛在上海召开,国家主席习近平向论坛作视频致辞。2021年11月1日,第四届世界顶尖科学家论坛在中国(上海)自由贸易试验区临港新片区开幕,包括68位诺贝尔奖得主在内的130多位世界顶尖科学奖项获得者参会。

资料来源:张静,《世界顶尖科学家论坛开幕,跨越全球百城14个时区》,澎湃新闻,2021年11月1日。

或居留的海外华人科技人才,只要能证明自己是海外华人后代,就可在国内申请特殊人才绿卡。

四是加快建设长三角科技创新共同体。建设长三角科技创新共同体,健全共享合作机制,联合开展重大科学问题研究和关键核心技术攻关,完善跨区域协同创新机制,加强创新资源互联互通和开放共享,推动创新链、产业链深度融合,构筑全球创新高地,共同打造科技创新主引擎。以国家实验室建设为牵引,协同推进重大科技基础设施集群建设与重大创新基地平台建设,加快建设长三角国家技术创新中心,全面强化源头技术供给和成果转化。共同实施一批关键核心技术攻关项目,加强长三角创新链、产业链协同,产生一批填补国内外空白的重大技术突破和创新成果。深化长三角G60科创走廊建设,建成产城一体化发展的先行先试走廊,推动建立长三角G60科创走廊与沪西五区协同联动机制。

专栏3.6 长三角科技创新共同体建设目标

2025年,形成现代化、国际化的科技创新共同体。长三角地区科技创新规划、政策的协同机制初步形成,制约创新要素自由流动的行政壁垒基本破除。涌现一批科技领军人才、创新型企业家和创业投资企业家,培育形成一批具有国际影响力的高校、科研机构和创新型企业。研发投入强度超过3%,长三角地区合作发表的国际科技论文篇数达到2.5万篇,每万人有效发明专利达到35件,PCT国际专利申请量达到3万件,长三角地区跨省域国内发明专利合作申请量达到3 500件,跨省域专利转移数量超过1.5万件。2035年,全面建成全球领先的科技创新共同体。一体化的区域创新体系基本建成,集聚一批世界一流高校、科研机构和创新型企业。各类创新要素高效便捷流通,科技资源实现高水平开放共享,科技实力、经济实力大幅跃升,成为全球科技创新高地的引领者、国际创新网络的重要枢纽、世界科技强国和知识产权强国的战略支柱。

资料来源:上海市人民政府发展研究中心,《科技创新策源功能与高质量发展研究》,格致出版社2020年版。

4. 加强科技创新成果转化应用

一是推进科技成果转化体制机制改革创新。结合上海市新一轮全面创新改革试点,推进高校、科研院所科技成果转化能力提升和政策落地,强化系统集成、协同高效。推进国有企业、医疗机构开展科技成果转化改革试点,深化科技成果权益分配等方面的制度改革。推进职务科技成果权属改革试点,探索试点单位通过奖励、有偿转让等方式与成果完成人约定所有权分配比例或赋予成果完成人成果长期使用权,推动试点单位建立健全相应的决策机制、管理制度和工作流程。支持开展科技成果转化专项改革试点,加强科技成果转化与国资管理、税收政策、知识产权等制度体系的衔接统筹。

二是完善创新成果加速转移转化体系。加快探索开展赋予科研人员职务科技成果所有权或长期使用权的改革试点,支持科技成果通过协议定价、在技术交易市场挂牌交易、拍卖等市场化方式确定价格。试点取消职务科技成果资产评估、备案管理程序,建立符合科技成果转化规律的国有技术类无形资产投资监管机制。对于具有运用前景,但市场尚未形成的科技成果,加快破除技术标准、市场准入等方面的障碍。大力发展技术市场,提升国家技术转移中心的服务能级,整合集聚技术资源,完善技术交易制度,建成国内外科技成果转移推广的关键平台。设立上海科研成果路演平台,定期举办科研成果路演、竞赛及科研成果推介会等。

三是强化共性技术研发与产业创新的协同联动。依托研发与转化功能型平台,推动成立所在行业的产业技术创新联盟,为生产企业、高等院校和科研院所搭建联合协作和技术攻关平台。推动产业技术创新联盟与产业技术研究院等共性技术研发服务平台开展研发合作,按照"项目＋课题"的形式进行组织。建立人才链、技术链、应用链"三链融通"的共性技术研究架构,强化应用技术和产业化的统筹衔接。探索共性技术研究机构"一院两制",同时赋予"事业法人"和"企业法人"地位,在强化基础公益性研究的同时,提升技术开发转化效率。完善多元化的共性技术研发投入支撑体系,探索筹建关键共性技术研发基金,由共性技术研发平台、金融机构和企业等共同出资建立上海产业共性技术发展基金。

　　四是推动科技创新成果转移转化示范区建设。启动建设一批科技创新成果转移转化示范区,逐步选择重点科技园区开展科技成果转移转化改革先行先试,探索"市级统筹、园区主导"的管理机制,将更多项目、资金、成果、人才等创新资源向示范区聚焦,把更多的改革试点任务布局到示范区。在示范区打造高标准、高水平、国际化的技术转移交流展示平台,探索成果转移转化突破性政策。优化成果转化类基地运营管理机制,提升市场化、专业化运行程度,加强与孵化器、园区、资本的联动和系统集成。

第 4 章

加强科学创新，提升基础前沿实力

科学创新是人类社会进步的不竭动力，是强化科技创新策源功能的源头活水。广大科学工作者要瞄准国家战略需求，加强科学创新，努力攀登世界科学高峰。持之以恒加强基础研究是实现科学创新的必要前提，是国家科技自立自强的必然要求。着力培育国家战略科技力量是实现科学创新的重要抓手，建设大科学设施是推进科学创新的利器，发起大科学计划是加速科学创新的捷径。

4.1　深化基础科学研究

大力发展基础研究既符合国家对上海的战略定位，也契合区域发展的内在要求。2019 年 11 月，习近平总书记在上海考察时提出，上海要强化科技创新策源功能，形成一批基础研究和应用基础研究的原创性成果，突破一批"卡脖子"的关键核心技术。为加强基础研究，上海已经采取了一系列举措。2021 年 9 月 18 日，上海市政府印发《关于加快推动基础研究高质量发展的若干意见》，以"在若干重要基础研究领域成为世界领跑者和科学发现新高地"为目标导向，从完善布局、夯实能力、壮大队伍、强化支撑、深化合作和优化环境六个方面，提出 20 项任务举措，全面推动

专栏 4.1　党中央、国务院高度重视基础研究工作

2020 年 1 月,科技部、发展改革委、教育部等印发《加强"从 0 到 1"基础研究工作方案》。2020 年 4 月,科技部、财政部、教育部等印发《新形势下加强基础研究若干重点举措》。2021 年初发布的《中华人民共和国国民经济和社会发展第十四个五年规划和 2035 年远景目标纲要》明确提出要"持之以恒加强基础研究"。2021 年 5 月 28 日,习近平总书记在两院院士大会、中国科协十大上深刻指出"加强基础研究是科技自立自强的必然要求",并特别强调要"加快制定基础研究十年行动方案",还在同年 9 月举行的中央人才工作会议上要求"制定实施基础研究人才专项"。李克强总理也在 2021 年 7 月 19 日考察国家自然科学基金委员会时强调:"我们到了要大声疾呼加强基础研究的关键时刻。"

资料来源:根据相关资料整理。

上海做强创新引擎。同年 9 月 29 日,《上海市建设具有全球影响力的科技创新中心"十四五"规划》发布,也对基础研究进行了重点和系统布局,明确提出"加强基础研究前瞻布局"。面向未来,上海作为承载国家科技战略的前沿阵地,着眼于打造具有全球影响力的科技创新中心,需要进一步强化基础研究工作,为应对国际新竞争新态势,实现国内国际"双循环"发展格局提供区域保障。

4.1.1　基础研究的治理框架和系统特征

基础科学研究是一个长期积累与发展的过程。经济合作与发展组织(OECD)把基础研究定义为"一种实验性或理论性的工作,主要是为了获得关于现象和可观察事实的基本原理及新知识,它不以任何特定的应用或使用为目的"。美国学者范内瓦·布什在其极具影响力的报告《科学:无尽的前沿》中指出,基础研究的实施不考虑实际结果;另一学者 D.E.斯托克斯也指出"基础研究确切的本质,是拓宽人们对某一科学领域的现象的认识"。基础研究的根本在于"增进对某一科学领域的基本认识",基础研究与应用技术之间存在张力。基础研究具有很高的不确定性,甚至在很大程度上存在失败的可能性。当前,为更好地促进基础研究,需要明确有利于开展基础研究的系统环境。

1. 基础研究的治理框架

从区域层面来看,基础研究的过程是一个复杂、庞大的系统过程。一方面,系统中包括诸多要素,并且要素之间相互联系、相互作用。另一方面,这一系统也表现出一定的开放性,通过与外部进行合作、交互,更好地实现系统性目标。区域基础研究的系统要素可以分为三个具体层次。

第一个层次是基础研究的核心要素,主要包括人才、资金、设施、学科等方面。基础研究旨在解决科学难题、探索基础理论,对研究人员的创造性有很高的要求,必须聚拢一批一流人才,才有可能实现突破。基础研究由于路径的不可估计,很有可能失败,研究投入或许毫无产出,但是仍然需要不断投入更多资金进行基础研究,甚至"试错";基础研究不断向微观粒子、宏观宇宙、生命起源等方向深入,这些领域的研究仅仅依靠人眼观察是不可能实现的,表现出越来越依靠大装置、大平台的特征;基础研究重大成果的产出也大多具有鲜明的学科交叉研究特征。科学研究要解决的问题越来越复杂,单一学科的理念、知识、方法、工具等已不足以破解重大的科学难题,学科交叉研究已成为大势所趋,同时学科也会动态演变。

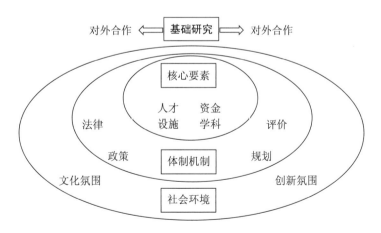

图 4.1 区域基础研究治理框架分析

资料来源:根据相关资料整理。

第二个层次是基础研究体制机制层面的要素,主要包括法律、政策,具体涉及规划、评价等方面。如今,基础研究注重制度优化与法律保障,美国、欧盟、英国、俄罗斯、日本、韩国等对基础研究高度重视,不断推出发展战略,调整科技政策,增加科技投入。美国连续三次发布国家创新战略;欧盟启动地平线欧洲计划;英国注重研究与创新的整体化设计,将基础研究、商业创新等纳入统一资助框架;俄罗斯出台科技发展战略;日本强调以国际化视野推进基础研究,支持风险高、挑战大的研究,拓展多元投入;韩国提出到2022年基础研究预算翻番,注重建设科技创新生态系统。美国国家科学基金会、英国研究与创新机构、德国研究联合会、日本学术振兴会等主要科学资助机构也纷纷强化支持基础研究的战略部署。

第三个层次是基础研究社会环境方面的要素,主要涉及文化氛围、创新氛围等。社会环境是加强基础研究发展的"软环境"建设,对于基础研究高质量发展至关重要。

2. 基础研究的系统特征和关键支柱

运行良好的基础研究系统具有一定的内在特征。从美国基础研究体系的发展历程看,基础研究已经演变成一个高度复杂和动态的系统,表现出许多自由事业的特征。一是基础研究体系是分散的、多元化的,有各种各样的研究人员、公司、机构和资助机构。二是基础研究具有竞争性,要求研究人员和组织为资金、人才、职位、出版物和其他奖励而竞争。三是基础研究是精英管理的,通过一个内置的质量控制系统的同行评议,给那些有高度竞争力的想法和有能力的人更多的奖励。四是基础研究是创业型的,允许冒险,敢于直面可能的失败,从而获得潜在的巨大回报。这种复杂性和活力是基础研究事业取得成功的基础,但是人们对基础研究的许多组成部分之间的关系知之甚少,这意味着有些改革(例如,倾向于某些科学学科,以增加具有商业价值的研究发现的产出)并不会带来理想的效果。

基础研究取得成果需要三个关键支柱。

一是才华横溢且相互联系的人才资源。人才培育不仅包括科学、技术、工程和数学(STEM)教育和研究培训,还包括许多其他方面,比如激励青年从事STEM职业，吸引具有技术技能的移民，发展专业网络和伙伴关系，以及支持培养天才研究人员创造力和激情的研究环境。训练有素的人才对维持一个国家的科研事业至关重要。人们通过创造知识，通过大学、出版物和其他方式传播知识，通过具有不同观点和创造性想法的个人网络来改造知识，来扩大和加快国家的创新能力。如果缺乏一批熟悉前沿研究的科学家和工程师，科学研究及其产品的开发和应用很难为社会创造价值。人才不仅受益于科学和工程方面的传统教育和研究训练，还受益于外来移民、合作伙伴关系、支持性的研究环境，以及研究人员与他人建立联系、发展专业关系及共享思想和科学资源的全球网络，国际合作的重要性愈发凸显。

　　二是稳定充分的资助和充足可靠的资源。稳定和可预期的资助能够鼓励青年学者追求科学职业生涯，以及使得研究人员愿意持续从事科学研究工作，并且吸引和留住外国优秀人才。稳定的资助同样表现为对研究机构及必要科学基础设施的支持，基础研究的开展依赖于充足和可靠的资金，充足和可靠的资源为研究过程提供关键支持。这些资源包括获得科学基础设施的机会，比如在国家实验室和其他类型实验室、世界一流的研究型大学及其他研究机构进行实验，使用世界一流的研究仪器（如哈勃望远镜）等。充足稳定的投资有助于维持尖端的信息技术和其他科学基础设施，获得最优秀的人才库，进而维持世界一流科学机构的运行。

　　三是主要科学领域中多个基础研究的齐头并进。真正具有变革性的科学发现通常取决于多个领域的研究，研究人员也需要具备广泛的专业知识才可以产生科学发现。此外，国家的竞争优势可能不在于最先产生科学发现，而是在于能够更有效地利用科学发现来开发新技术和其他创新。科学研究系统的最终经济和社会影响在很大程度上取决于对每　个支柱的有效投资和管理。"主要科学领域"是指广泛的科学学科及其主要分支学科，以及新兴科学领域。在基础研究中，研究人员的想法主要是为了理解基本原理和新知识，而不一定是为了技术目标或其他应用，但基础研究可以通过直接产生新技术和其他创新来推进国家目标，正如应用研究偶尔会带来科学理解的根本性进展一样。所有主要科学领域的世界级基础研究都很重要。

3. 基础研究系统应嵌入并适应全球化带来的国际竞争

基础研究体系必须嵌入并适应全球化带来的激烈竞争,并与产业和市场结构一起演变。这就涉及科学系统与创新系统之间的各种转换,系统中包括衍生产品、初创企业、技术转移活动、概念研究及公私合作或区域伙伴关系等。上海是支撑中国实体经济发展、建设国家现代化经济体系的创新中心,无论是科学研究还是技术创新,最终都要围绕支撑实体经济、围绕建设现代产业体系来创新。

第一,要区分研究系统与创新系统,强调科学治理与创新治理的衔接。只有深入了解大学研究活动和产业创新活动的区别,才能更好地理解基础研究治理和创新治理的区别。研究活动是知识驱动的,为了知识而生产知识。大学研究活动往往强调学术自由,研究成果则通过开放获取而使社会各界受益。而创新活动的知识生产是利益驱动的,知识管理活动严格服务于产品的研发和利润的实现。创新活动是为了维持企业的核心竞争力,知识以保密为主、有限披露为辅。

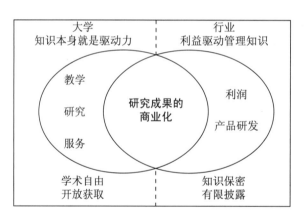

图4.2　研究与创新的关系

资料来源:根据相关资料整理。

第二,要重视跨越基础研究与创新鸿沟的概念验证研究。许多旨在未来开发和商业化的研究及发现必须首先跨越所谓的"死亡之谷"。这就涉及概念验证研究。概念验证研究通常会带来高昂的成本和风险。政府支持概念验证研究,为企业提供鼓励从事长期或高风险研究的政策,这有助于支持从研究到创新的实现。在高风险的情况下，行业通常不愿意为概念验证研究提供资金。在某些情况下，开发一个概念或发明所需的产业和风险资本支持远远超过了对研究本身的资助。以美国为例，在当前的环境下，许多联邦研究资助机构承担了更多的责任来支持应用基础研究，特别是高风险和概念验证研究，政府对概念验证研究的支持可能至关重要。

专栏 4.2　概念验证研究

概念验证研究是通过实现某一方法或思想来证明其可行性，或是为了证明某一概念或理论具有实践潜力而进行的原则性论证。概念验证研究这一名词最早出现于 1967 年，现今已广泛应用于自然科学、工程技术、医学及社会科学领域。概念验证研究绝不是国内科技成果转化政策中所理解的科技成果的开发或转移，而是基础研究思想、知识等的可技术化、潜在商业性的证成阶段。

资料来源：National Research Council，2014，*Furthering America's Research Enterprise*，Washington，DC：The National Academies Press.

第三，政府应加强科学与技术转换环节的资助。科学研究事业是一个必须与创新体系相联系的系统，在这个体系中所产生的发现被用来开发新技术和其他创新。如果没有这种系统层面的理解，政策聚焦于相对狭隘的目标，如增加大学专利和研究发现的许可，或减少对某些学科或研究类型的资助，均可能产生不良后果。无论如何，政府在支持高风险研究方面有着独特的责任，因为其关注社会整体的潜在长期利益。中国政府通过科研合同的形式，对应用研究中的很多项目提供直接资助，填补了行业缺乏激励措施的空白。其中，自由探索类研究主要由国家自然科学基金主导，研究人员、机构等通过参与竞争的方式获得资助，而管理机构通过内置的同行评议制度择优筛选。战略导向型基础研究在中国当前的基础研究治理机构中被弱化，该部分的资助体系部分体现在国家重大研发计划中。由于国家重大研发计划主要是全链条导向的，导致无法立即产生成果的研究被忽略掉。总体来看，现有基础研究治理结构缺乏冒险性和活力，对于基础研究和其他类型研究在科

研合同签订上并没有进行区分,对于研究和开发交接点的支持还不充分。对于基础研究(尤其是战略导向方面)可能出现研究失败缺乏容忍性,需要建立充满活力、富有效率的基础研究治理结构。因此,可以借鉴国外先进经验,加强科学与技术转换环节的支持。

专栏 4.3 美国在科学与技术转换环节的做法

美国通过国家科学基金会的 I-Corps 项目,着力帮助工业界弥合研究和开发之间的差距,I-Corps 要求学术研究人员与企业家组成团队,拥有将一项发明成功推向市场所需的技能和知识。此外,2020 年,美国国会提出《无尽前沿法案》草案,该草案建议对美国国家科学基金会进行重组,包括将其更名为国家科学与技术基金会,增设技术部门和增设技术顾问委员会,推动决策实施,以及将在未来五年内,增加基金会投资,用于关键技术领域研究。

资料来源:www.young.senate.gov/imo/media/doc/EFA%20Summary%2005.26.2020.pdf.

4.1.2 上海基础研究核心要素的现状与问题

上海是中国国际科创中心和综合性国家科学中心,在基础研究方面拥有相对较好的经济基础和资源、平台优势。但是,仍然还存在一定的制约问题需要改进完善。

1. 基础研究资源投入规模和机制有待优化

第一,上海研究与试验发展(R&D)经费中的基础研究投入较少。2014 年以来,上海在基础研究领域的投入逐年增加,2018 年上海基础研究经费支出首次突破百亿元,投入比例从 2014 年的 7.1% 增长到 2019 年的 8.88%。但是,在基础研究经费支出总量大幅增长的同时,上海基础研究经费占 R&D 经费支出比重的增长速度相对缓慢,基础研究占 R&D 经费支出的比例低于试验发展,研发经费更多投入到试验开发等创新链后端环节,而对创新链前端的基础研究和应用基础研究的投入不高。纽约、伦敦、东京、新加坡等全球城市经济活动的一大共同特征是研究与试验发

展的投入占 GDP 比重稳步增长，且同一般城市相比，在促进创新相关的要素集聚与
跨界联动方面更具竞争力，上海应进一步从资金层面保障对基础研究的投入。

表 4.1　2014—2019 年上海 R&D 经费支出与科技经费支出情况

年份	R&D 经费支出（亿元）	R&D 经费支出占全市 GDP 比重（%）	地方财政科技经费支出（亿元）	科技经费支出占地方财政支出比重（%）
2014	861.95	3.41	262.29	5.3
2015	936.14	3.48	271.85	4.4
2016	1 049.32	3.51	341.71	4.9
2017	1 205.21	3.66	389.9	5.2
2018	1 359.20	3.77	426.37	5.1
2019	1 524.55	4.00	389.54	8.6

资料来源：《上海统计年鉴》。

表 4.2　2014—2019 年主要城市 R&D 投入对比

年份	上　海		北　京		深　圳		全国
	金额（亿元）	占全市 GDP 比重（%）	金额（亿元）	占全市 GDP 比重（%）	金额（亿元）	占全市 GDP 比重（%）	占全国 GDP 比重（%）
2014	861.95	3.411 0	1 268.80	2.019 9	640.07	5.534 3	3.811 0
2015	936.14	3.481 8	1 384.57	2.064 8	732.39	5.587 6	3.972 4
2016	1 049.32	3.511 0	1 484.58	2.108 8	842.97	5.490 1	4.075 1
2017	1 205.21	3.660 5	1 579.65	2.117 7	976.94	5.286 1	4.196 5
2018	1 359.20	3.774 3	1 870.77	2.152 2	1 163.54	5.650 8	4.605 1
2019	1 524.55	3.995 6	2 233.59	2.240 1	1 328.28	6.314 7	4.932 9

资料来源：《中国统计年鉴》《上海统计年鉴》《北京统计年鉴》《深圳统计年鉴》。

表 4.3　2014—2019 年上海 R&D 经费的投入分布

	2014 年	2015 年	2016 年	2017 年	2018 年	2019 年
基础研究经费（亿元）	61.20	76.95	77.63	92.51	105.69	135.31
基础研究经费占 R&D 经费比重（%）	7.10	8.22	7.40	7.68	7.78	8.88
应用研究经费（亿元）	104.43	127.84	131.13	152.32	169.45	199.03
占 R&D 经费比重（%）	12.12	13.66	12.50	12.64	12.47	13.05
试验发展经费（亿元）	696.32	731.35	840.56	960.38	1 084.07	1 190.22
占 R&D 经费比重（%）	80.78	78.12	80.11	79.69	79.76	78.07

资料来源：《上海统计年鉴》。

表 4.4　2014—2019 年主要城市基础研究投入比较

年份	上　海		北　京		深　圳		全国
	金额 (亿元)	占全市 GDP 比重(%)	金额 (亿元)	占全市 GDP 比重(%)	金额 (亿元)	占全市 GDP 比重(%)	占全国 GDP 比重(%)
2014	61.20	0.242 2	159.49	0.695 7	5.76	0.034 3	0.095 2
2015	76.95	0.286 2	190.99	0.770 8	6.73	0.036 5	0.104 3
2016	77.63	0.259 7	211.17	0.780 9	24.34	0.117 7	0.110 7
2017	92.51	0.281 0	232.36	0.777 6	30.63	0.131 6	0.117 3
2018	105.69	0.293 5	277.78	0.839 0	30.95	0.122 5	0.119 3
2019	135.31	0.354 6	355.45	1.004 9	34.40	0.127 7	0.135 1

资料来源:同表 4.2。

第二,从开展基础研究的组织机构的结构来看,以高等学校和科研机构为主,企业投入的人员和经费较少,基础研究经费支持主体单一。上海在高水平大学和国家科研机构方面具有较好优势,2019 年上海高等学校和科研机构用于基础研究的研发经费内部支出分别为 83.73 亿元、46.62 亿元。企业及其他社会组织的基础研究投入相对较少,2019 年规模以上工业企业用于基础研究的研发经费内部支出仅为 0.37 亿元,未形成财政支持为主、社会力量支持为辅的基础研究多元投入机制。而在一些发达国家,中央政府财政投入占整个基础研究的比例不足 50%,企业投入将近 20%,还有其他社会力量的投入。例如,日本基础研究的执行主体呈现多元化格局,大学和企业是基础研究的主要执行部门,大学基础研究经费支出占基础研究经费总量的 45%—50%,企业基础研究经费支出占比为 30%—40%,大学强化基础研究提高了日本科技竞争力,企业重视基础研究为产业尖端技术突破奠定了坚实基础。近年来,日本学者频频获取诺贝尔奖,表明其在基础研究领域的强大实力,其中有不少获奖者来自企业。

2. 基础研究合作网络存在孤岛现象

第一,上海基础研究融入国际学术合作网络的能力不强。根据 Web of Science 核心合集数据库 2019 年以来的机构共现图谱分析,在人才交流和项目合作方面,上海高校和科研院所融入国际学术网络方面的能力较弱,只与加利福尼亚大学伯克利分校有较多联系。2019 年加利福尼亚大学伯克利分校在上海市论文合作网络中处于核心节点位置，2020 年南京大学在上海市合作网络中较为突出，而中国科学院、山东大学和中山大学则始终处于一个"桥"的位置，为各校之间的合作和资源交换提供机会。

表 4.5　不同机构的基础研究情况

		2000 年	2010 年	2018 年	2019 年
科研机构	R&D 人员全时当量（人年）	19 802	23 241	29 055	31 311
	♯基础研究	2 675	3 781	4 913	6 997
	应用研究	8 873	8 771	10 353	10 096
	试验发展	8 254	10 689	13 789	14 218
	研发经费内部支出（亿元）	25.58	105.35	347.57	378.84
	基础研究	3.06	13.87	42.19	46.62
	应用研究	9.84	34.51	87.6	95.63
	试验发展	12.68	56.97	217.7	236.59
高等学校	R&D 人员全时当量（人年）	10 816	21 565	28 323	38 725
	基础研究	3 015	9 026	15 266	20 400
	应用研究	6 378	10 387	11 479	15 939
	试验发展	1 423	2 152	1 579	2 387
	研发经费内部支出（亿元）	7.43	45.8	124.91	154.81
	基础研究	1.44	15.19	60.07	83.73
	应用研究	4.5	24.71	55.54	60.21
	试验发展	1.49	5.9	9.3	10.87
规模以上工业企业	R&D 人员全时当量（人年）	20 576	69 077	88 016	80 694
	基础研究	—	—	67	125
	应用研究	764	244	1 363	1 478
	试验发展	19 812	68 833	86 586	79 092
	研发经费内部支出（亿元）	31.15	274.05	554.88	590.65
	基础研究	—	—	0.27	0.37
	应用研究	1.33	2	7.25	5.34
	试验发展	29.82	272.03	547.35	584.94

资料来源：《上海统计年鉴》。

表 4.6　上海市主要科研机构和高等学校概况

类　　型	机　　构
"双一流"高校（部分）	上海交通大学 同济大学 复旦大学 上海大学 上海中医药大学 华东师范大学 华东理工大学 上海海洋大学
国家科研机构	中国科学院上海应用物理研究所 中国科学院上海天文台 中国科学院上海硅酸盐研究所 中国科学院上海有机化学研究所 中国科学院上海生命科学研究院 中国科学院微系统与信息技术研究所 中国科学院上海光学精密机械研究所 中国科学院上海技术物理研究所 中国科学院上海药物研究所 中国科学院上海高等研究院 中国科学院上海微小卫星创新研究院

资料来源：根据相关资料整理。

表 4.7　上海基础研究领域的国际国内合作情况

2019 年		2020 年	
集中度	高校名称	集中度	高校名称
0.40	加利福尼亚大学伯克利分校	0.40	南京大学
0.33	山东大学	0.38	山东大学
0.31	四川大学	0.38	中国科技大学
0.28	中山大学	0.36	中山大学
0.12	郑州大学	0.26	中国科学院
0.12	中国科技大学	0.13	北京大学
0.12	中国科学院	0.13	四川大学
0.08	北京大学	0.13	悉尼大学
0.08	得克萨斯大学奥斯汀分校	0.09	东南大学
0.08	俄亥俄州立大学	0.09	首都医科大学
0.04	东京大学	0.09	香港中文大学
0.04	武汉大学	0.05	华中科技大学
0.04	香港中文大学	0.05	上海交通大学

续表

2019 年		2020 年	
集中度	高校名称	集中度	高校名称
0	第二军医大学	0.05	香港大学
0	东华大学	0.05	郑州大学
0	复旦大学	0	第二军医大学
0	华东师范大学	0	东华大学
0	华中科技大学	0	复旦大学
0	南京大学	0	哈尔滨工业大学
0	清华大学	0	华东科技大学
0	上海大学	0	华东师范大学
0	上海海事大学	0	吉林大学
0	上海海洋大学	0	南京医科大学
0	上海交通大学	0	清华大学
0	上海科技大学	0	厦门大学
0	上海师范大学	0	上海财经大学
0	上海中医药大学	0	上海大学
0	苏州大学	0	上海海事大学
0	天津大学	0	上海海洋大学
0	同济大学	0	上海科技大学
0	香港大学	0	上海师范大学
0	耶鲁大学	0	上海中医药大学
0	浙江大学	0	深圳大学
0	西北工业大学	0	苏州大学
0	东南大学	0	天津大学
0	西安交通大学	0	同济大学
		0	武汉大学
		0	西安交通大学
		0	香港理工大学
		0	新加坡国立大学
		0	浙江大学

资料来源:根据相关资料整理。

第二,上海本土高校和研究机构之间缺乏协作,各高校、机构在数据图谱中处于孤岛的位置。上海各大高校和研究机构主要与国内的各研究机构合作较多,与本土基础研究领域的大学和科研机构缺乏联合与协作。在高校与本土机构的合作图谱中,很多高校处于孤岛的位置,社会合作网络很少。

表4.8 2015—2019年上海获得国家自然科学基金资助情况

		2015年		2016年		2017年		2018年		2019年	
		值	比重（%）	值	比重（%）	值	比重（%）	值	比重（%）	值	比重（%）
合计	项数（个）	3 403	9.94	3 455	10.05	3 725	10.05	3 741	9.84	3 946	10.22
	金额（万元）	175 025	10.62	177 079	10.89	199 613	11.13	199 867	10.72	215 072	11.03
数理科学部	项数（个）	314	9.18	333	9.99	339	9.47	367	10.05	324	8.64
	金额（万元）	15 324	9.08	18 773	11.41	19 775	10.92	20 896	11.18	20 707	10.38
化学科学部	项数（个）	311	9.85	295	9.27	325	9.64	321	9.33	340	9.86
	金额（万元）	18 863	11.11	17 145	10.32	21 402	11.75	20 409	10.72	21 594	10.80
生命科学部	项数（个）	440	8.66	451	8.83	450	8.16	480	8.56	502	8.84
	金额（万元）	27 023	10.71	27 047	10.77	26 175	9.39	31 312	10.98	31 908	10.87
地球科学部	项数（个）	116	3.53	134	4.01	157	4.42	159	4.17	139	3.65
	金额（万元）	7 391	4.13	8 049	4.55	11 055	5.66	8 232	4.09	7 780	3.70
工程与材料科学部	项数（个）	406	6.86	414	6.97	464	7.26	422	6.49	502	7.54
	金额（万元）	20 933	7.31	21 346	7.53	26 242	8.40	23 706	7.33	26 229	7.67
信息科学部	项数（个）	287	7.30	340	8.54	293	7.06	286	6.61	360	8.18
	金额（万元）	16 553	8.61	17 614	9.36	16 769	8.08	15 769	7.20	23 884	10.23
管理科学部	项数（个）	165	11.47	165	11.20	188	11.53	174	10.12	195	11.23
	金额（万元）	7 142	12.36	6 570	11.85	7 138	11.57	7 804	11.82	9 029	13.21
医学科学部	项数（个）	1 364	17.07	1 323	16.48	1 509	17.02	1 532	17.12	1 584	17.31
	金额（万元）	61 796	18.09	60 535	17.77	71 058	18.95	71 739	18.30	73 742	18.30

资料来源：根据国家自然基金委的统计数据整理。

3. 基础研究的主要学科领域发展不均衡

第一，上海自由探索领域基础研究获得资助的学科分布不均衡。根据国家自然基金委的统计数据，2015—2019 年上海市立项数量和资助金额领先的学科为医学科学、管理科学和化学科学，立项数占全国立项总数较低的为地球科学、工程与材料科学。2015—2019 年，医学科学、管理科学、数理科学、工程与材料科学的立项金额整体上呈上升趋势，信息科学虽有较大波动，但是整体上是上升的。相反，地球科学和生命科学领域的立项金额整体上呈下降趋势。

第二，上海基础研究各学科的竞争力处于第二梯队。根据国家自然科学基金竞争能力指数（competitiveness index on NSFC，以下简称"NCI"）测算，上海市2015—2019 年各学科的 NCI 均值位于第二档，基础研究能力较强，整体处于第二梯队。从具体学科来看，上海具有较强竞争力的学科是医学科学，2015—2019 年的NCI 值都大于 5，在全国极具竞争力。数理科学的发展较好，化学科学、管理科学、生命科学也都具有较强的竞争力，而地球科学的竞争力较弱。可见，上海基础研究各学科存在发展不平衡的问题。

表 4.9　2015—2019 年上海市各学科 NCI

	2015 年	2016 年	2017 年	2018 年	2019 年
数理科学部	2.829 6	3.309 9	3.152 5	3.285 2	2.937 2
化学科学部	3.242 3	3.031 5	3.299 1	3.100 9	3.199 1
生命科学部	2.985 0	3.022 0	2.714 5	3.005 1	3.038 7
地球科学部	1.184 2	1.324 3	1.550 0	1.280 0	1.139 2
工程与材料科学部	2.196 2	2.245 9	2.420 3	2.137 7	2.357 5
信息科学部	2.457 9	2.772 4	2.341 6	2.137 9	2.836 0
管理科学部	3.690 5	3.571 9	3.580 6	3.390 3	3.776 8
医学科学部	5.447 4	5.304 7	5.567 4	5.487 5	5.517 7
均　　值	3.004 1	3.072 8	3.078 3	2.978 1	3.100 3

资料来源：根据国家自然科学基金竞争能力指数测算。

第三，上海基础研究产出的主导领域与科创中心建设布局不完全匹配。通过分析 Web of Science 核心合集数据库 2019 年以来论文的关键词共现图谱，发现上海基础研究的重点领域变化不大,主要集中于生物医学、气候、石墨烯、水资源、温度、算法和机械力学,这与上海传统产业强项相匹配。相较于上海科创中心建设的重点领域来说,比如人工智能等新兴领域,数据中未能得到显著体现。需要将上海基础研究领域与上海科创中心的主攻方向相衔接,在基础研究的学科方面加强布局,使得学科发展及人才培养能够支撑科创中心的建设。

表 4.10 上海基础研究投入产出的主要领域

2019 年		2020 年	
集中度	关键词聚类	集中度	关键词聚类
1.17	复合材料	1.07	复合材料
1.04	力学、机械	0.34	力学、机械
0.86	纳米粒子	0.29	癌
0.43	石墨烯	0.08	石墨烯
0.62	癌	0.08	水资源
0.08	水资源	0	蛋白质
0	气温	0	基因
0	基因	0	纳米粒子
0	蛋白质	0	算法
0	算法	0	细胞
0	细胞	0	气温

资料来源:根据 Web of Science 核心合集数据库分析得出。

专栏 4.4 上海市 NCI 的计算

$$NCI_{上海市-某年-某学科} = \sqrt{\frac{上海市某年某学科项目数量}{31省市某年某学科平均项目数量}}$$
$$\times \frac{上海市某年某学科经费数量}{31省市某年某学科平均经费数量}$$

马廷灿等将各省市在八大学科领域中的 NCI 平均值定义为基于国家自然科学基金竞争能力的省市基础研究综合竞争力指数。如果该平均值大于等于4,我们可以认为该省市的基础研究综合竞争力非常强;大于等于2,但小于4,我们可以认为该省市的基础研究综合竞争力很强;如果大于等于1,但小于2,我们可以认为该省市的基础研究综合竞争力较强;如果大于等于0.5,但小于1,我们可以认为该省市的基础研究综合竞争力较弱;如果该值小于0.5,我们可以认为该省市的基础研究综合竞争力很弱。

资料来源:马廷灿、曹慕昆、王桂芳,《从国家自然科学基金看我国各省市基础研究竞争力》,《科学通报》2011年第36期。

4.1.3　上海基础研究体制机制的现状与问题

1. 上海科技计划的定位、功能和内部机制有待更加明确

第一,上海任务导向型基础研究的难点问题。任务导向型基础研究主要是由政府设立的科研机构及国家实验室负责推进的与国家安全、国家发展密切相关的科技领域研究。任务导向型基础研究的实质意味着作为整体的研究系统不会受到不同类别研究之间严格界限的不利影响。该系统最终是由用户需求推动的,而不是知识生产者驱动的。由于保障性拨款的比例相对比较低,科技经费一般通过竞争性科研项目的方式获得。过度的项目竞争关系导致抢占优势有利的科技项目的现象出现,基础研究项目在竞争中处于劣势,需要完善相关的项目遴选机制,实现对任务导向型基础研究的长期性、持续性的支持。此外,还需要在基础研究、应用研究与试验开发之间形成有机联动,如果不能建立基础研究系统和创新系统的连接机制,将会损害基础研究项目的运行效果,导致社会对任务导向型基础研究投入的问责。

第二,上海自由探索类基础研究的定位及功能。自由探索类基础研究主要出上海市自然科学基金负责推进,它是由知识生产者推动的。因此,自然科学基金的资助形式、资助性质及法律依据必然区别于任务导向型基础研究的资助体系。从表面上看,这类研究更尊重科学家的自由探索,更有可能产生原创性成果,这类基础研究往往高度依赖研究型大学和科学共同体的自治机制,如基金和论文评审中的同行评议机制。上海市自然科学基金的重要作用在于培养构建基础研究的人才

合作网络及推动相关学科、交叉学科的研究进展,为重大基础研究成果的出现奠定基础。此外,自由探索类基础研究依然需要强大的工业体系作为支撑。如果没有强大的工业体系作为支撑,没有其他技术需求响应机制作为补充,就会导致工程技术与自然科学彼此独立发展,隔阂日渐加深,这种隔阂容易造成基础研究自身发展不牢靠、研究项目不可持续和资金投入无回报的风险,形成吃力不讨好或小马拉大车的局面。

第三,上海重大科学设施治理的难点问题。在自由探索类基础研究和任务导向型基础研究的推进中,对于重大科学设施的需求都是非常迫切的。重大科学设施为科学家开展前沿基础研究搭建了平台。上海已建成的一大批产业技术研发机构体系、国家级创新平台、国家工程技术研究中心,以及联合上海交通大学、复旦大学等高校和各类科研院所形成的项目联合攻关、共建研发机构、产业创新联盟、产业技术科研所、孵化科技型企业等各种模式的产学研平台,都可以为上海制造业转型所用。当前,重大科学设施建设中的建设主体、运行主体、开放合作等都还未具备良好的运营管理机制,需进一步加强重大设施运营效能的探讨和试验。

2. 基础研究和创新系统的转换失灵需要相关制度予以弥合

第一,基础研究体系须承担起相应的社会责任,嵌入并适应全球化带来的激烈竞争。研究开发活动被定义为系统的研究,旨在获得更全面的科学知识或理解所研究的客体。根据资助机构的目标,研究开发活动被区分为基础研究或应用研究。创新是指在商业实践、工作场所组织或者对外关系中运用新的或显著改进的产品(商品或者服务)或流程、新的营销方法、新的组织方法。需要从系统层面理解科学研究事业,相关科技政策不应聚焦于相对狭隘的目标,相应的决策不应削弱基础研究的作用。此外,基础研究系统已经深度嵌入社会大系统的运行中。

第二,现代技术的复杂性增加了将基础科学进展转化为具有经济和社会价值的技术的难度。大学、企业和政府都在跨越"死亡之谷",时间差、费用和风险是从基础科学到创新创造的工业实验室的典型特征。上海主要从打通知识创新向技术创新转移转化的中间环节入手,不断促进基础研究成果转化。科技成果转化服务体系有"四驾马车"，即概念验证中心、专业化技术转移机构、校企校地协同创新平台、大学科技园。概念验证中心逐渐成为国际上促进基础研究成果转化的重要载体。作为跨越科技成果转化"死亡之谷"的第一步，概念验证以论证创新想法、论文或专利成果的技术可能性、商业化可行性为目标，评估它们的市场潜力，并为科研团队提供种子资金和商业顾问、创业教育等服务。上海仍在探索概念验证中心体系的建设。

第三，基础研究表现出越来越明显的学科交叉性，为研究成果跨越创新鸿沟增加了难度。在新一轮科技革命加速演进的背景下，重大原创性基础研究和引领性原创成果不断涌现，生命科学、微观粒子、能源、材料等众多领域都孕育着革命性的重大突破，基础前沿领域不断向宏观拓展、向微观深入。基础科学的成果越来越依赖于交叉性知识基础，对基础研究人才的知识结构提出了更高要求，从基础科学到应用技术的过渡也更加困难。不过，这一问题的另一面是，基础研究将有更加广泛的应用前景。

3. 基础研究组织管理模式需要进一步完善

第一，尚未基于基础研究特点确保投入的来源和形式。基础研究具备高投入、时间长、高风险、产出效果不明确等特征，基础研究往往需要由公共财政给予保障。"高风险、高回报"研究比常规研究更加复杂，所需要的投资周期更长。近年来，上海试图以重大基础设施及高端科学家聚集作为突破口来实现科技创新突破，基础研究的投入偏重于重大基础设施。但是同时，基础研究的发展还需坚实的人才资源基础及相应的学科发展。当前，上海基础研究领域并没有形成稳定的投入机制，也没有针对基础研究特点开展特别设立的"高风险、高投入"研究专项资金。相较之下，发达国家政府部门会发布综合性科技战略计划，以及明确每年研发投入优先确保的领域。上海还需要针对本区域发展的优先领域，形成稳定的科技计划，致力于发挥上海科创中心的领导和引领作用。

第二，尚未建立"以人为本，结果导向"的灵活科研组织管理模式。一方面，科研项目管理程序繁琐，科研人员需要花费精力去考虑如何合理调配和管理经费，导致总体科研经费充足、局部经费紧张的现象,影响了科研效率;另一方面,政府资助经费支出"重物轻人",对人力资源成本的支出仍受到限制。"结果导向,放开过程"的灵活用才模式尚未建立。现行的科研组织模式以政府主导为主,未充分发挥政府和市场的联动作用,人才分享创新成果的收益制度不健全。以增加知识价值为导向的分配制度尚未得到较好落实,基础研究人才的实际贡献与收入分配不完全匹配,对基础研究人才具有长期激励作用的政策不健全,造成科研人员进行基础研究的动力不足。基础研究教育人才、基础科研宣传队伍容易被忽略。

第三,现有评价指标体系未能全面反映甚至低估基础研究人才的价值。基础研究的目标在于拓展对世界的基本认识,研究成果难以在短期内显现,一般不产生直接的经济效益。一是现有的评价指标体系涵括的多是可量化、可观察到的产出、成果、影响和效益,与基础研究的特点与规律不符,难以全面、公正地评价基础研究人才。二是现有评价机制"重头衔、轻贡献",导致科研人员把力量投入到见效快的项目,不愿意做难度大、风险高的原创性研究,甚至出现科研活动失范行为。三是基础研究人才考核"重短期、轻长远"。基础研究最大的特点是不确定性,无法起到立竿见影的效果。现行的年度考核制度不符合基础研究规律,不利于科研人员沉下心来钻研,不具备"把冷板凳坐热"的条件。

4.1.4 新时期上海强化基础研究和进行前瞻布局的对策建议

基于基础研究的治理框架,结合上海在基础研究核心要素和体制机制方面的现状和问题,面向上海建设国际科创中心的目标和要求,对新时期上海强化基础研究和进行前瞻布局提出如下几方面的对策建议。

1. 大力培养、聚集、激励各类基础研究高端人才

第一,激发基础研究人才的活力,探索符合基础研究特点和规律的人才评价机制。科学设置基础研究评价周期,突出中长期目标导向,适当延长基础研究人才、青年人才的评价考核周期。鼓励持续研究和长期积累。创新多元评价方式,建立以同行评价为主、计量评价为辅的业内评价机制,加强国际同行评价。建立科学的

评价标准，着重评价基础研究人才提出和解决重大科学问题的原创能力及成果的科学价值、学术水平和影响等。

第二，建立合理的基础研究人才资助经费的管理机制。扩大人才科研自主权，让项目负责人享有更大的人财物支配权与技术路线决定权。优化财政科研经费管理，研究制定财政资金科研项目经费支出负面清单，探索在基础研究类项目中实行科研经费支出负面清单管理，财政科研资金中人员费、劳务费和绩效支出均不设比例限制。

第三，加强对高校学科建设、人才引进的非强制指导意见。一是根据上海科创中心建设目标及产业规划调整完善高等学校的学科设置，结合高校实际情况强化基础研究。二是对高校人才引进设置学科大类人数上限，适当向基础研究倾斜。三是将服务基础研究的贡献水平纳入高校评价标准。

2. 建立稳定支持、宽容失败的基础研究投入机制

第一，市财政设立"高风险、高投入"研究专项资金。一方面，在基础研究领域，上海要持续发挥优势争取国家级资助，尤其是在战略导向型基础研究方面，使得更多的国家级科技项目落户上海，带动上海相关产业的发展。另一方面，上海本土财政应当保障基础研究投入的增长比例，尤其加大对相关学科、基础研究人才的投入。此外，上海应建立"高风险、高投入"研究专项支持机制。科研管理部门在提供各种保障条件时，更要加大对"高风险、高投入"研究专项的投入。保证资金总体增加、比例更加合理、引入社会资金，同时，对"高风险、高投入"项目不设置明确产出要求，给予必要的宽容。

第二，基础研究投入应当体现灵活性，随着不同时期发展需要而进行调整。世界主要强国与地区将有限的人力、物力、财力集中到国家最迫切、最需要的地方和社会发展最重要的方向上，纷纷制定和实施各种科技发展计划，并从立法上给予保障。例如近年来，美国政府部门纷纷发布综合性科技战略计划，明确 2021 财年研发投入优先确保五个领域：安全、未来产业、能源与环境、健康与生物经济创新、太空探索与商业化。上海的基础研究投入既要有缓急轻重，也要与时俱进不拘泥于既

有方向。

第三,重视企业作用,引导企业投入基础研究领域。针对部分具有市场前景的基础研究和应用基础研究,可通过政府购买服务等模式引导企业进行前瞻性部署。针对面向经济与社会发展的基础前沿与公益性领域,可探索"政府＋企业"的现代基础研究公私合作模式,通过建立非营利研发机构或研究基金等共同开展基础研究。此外,不断提高个人或企业捐赠基础研究的税收优惠,激励社会力量以慈善捐赠等方式加大基础研究投入。加强基础研究的投资风险管理,强化组合式项目投资管理,降低投资风险。

第四,建立独立的基础研究科研经费财务管理制度。首先,现有科研经费管理更多以政策性文件和部门规章为主,已有的很多试点政策也不具备普遍适用性。科研经费法律制度的缺失是导致科研领域国有资产流失和科研腐败等现象频频出现的重要原因。其次,基础研究有独特的规律,如果只依靠科学事业费和科技三项费用专项拨款进行科研经费财务管理,不恰当地干预科研团队和科研人员对外开展科研活动的具体过程,将抑制科研人员的主动性和积极性。因此,应当建立符合基础研究特性的经费管理制度。

3. 不断深化拓展基础研究领域的国内外合作

第一,构建人才培养及合作网络机制,重视上海各科技计划及重大科学基础设施在培养基础研究合作网络中的作用。一是要加强上海市自然科学基金中人才合作、国际交流项目的资助比例,通过自然科学基金重塑高校及研究机构的研究合作网络。二是通过重大科学基础设施来构建创新网络。重大科学基础设施能够通过聚集各个创新要素,同时打通基础研究和应用研究的藩篱,营造更好的创新生态系统,实现科学与技术、资本、成果、产业的融会贯通。

第二,推动基于重大科技基础设施的合作联盟。世界科技强国竞相将重大科技基础设施建设作为提升国家科技创新能力的重要举措,如何更科学合理地利用资源满足本国乃至世界科技发展的需求,扩大影响力,确立或巩固设施的国际领先地位,实现设施长期可持续发展,成为政府、设施运营管理机构、投资机构和用户共同关心的问题。

第三，推动科技资源开放共享。不断优化基础研究的科技环境，完善科研基础设施、大型科研仪器、科学数据共享机制，以提高资源使用效率。加快科研管理信息化建设，提高数字化服务水平，实现科研资源和数据的高质量开放共享。

4. 充分发挥规划优势，探索开展定向性基础研究

第一，形成引导上海基础研究建设及部署的决策方案。根据《国务院关于全面加强基础科学研究的若干意见》《新形势下加强基础研究若干重点举措》，制定上海市的基础研究专项规划，明确上海基础研究的战略部署和重要议事日程。突出基础研究的战略地位，整合创新研究资源，设立相关大学校园基础研究基地，加强基础学科的支撑体系及人才构成、社会网络及培养体系建设，对上海基础研究领域的人才资源、经济辐射作用进行摸底了解，并对基础研究可能对社会带来的创新影响设定指标体系用以定期评估。

第二，加强新兴领域与交叉融合领域的学科建设。在可以实现超车的新领域加大探索，建设新兴领域研究型大学、基础研究学院和创新机构。根据上海基础研究规划调整高校学科设置，强化基础研究。设立自然科学、社会科学乃至人文科学的跨学科研究中心，建设多学科交叉融合研究实验室。开辟新的疆域，包括生存空间、产业、科技、组织等。

第三，加强统筹规划，集中资源要素，瞄准世界科技发展前沿，突出原始创新。在国家科技计划（专项、基金等）管理部际联席会议机制下，成立基础研究战略咨询委员会，研判基础研究发展趋势，开展基础研究战略咨询，提出中国基础研究重大需求和工作部署建议。强化中央和地方、中央部门间协调，推进军民基础研究融合发展。

5. 构建符合基础研究发展规律的体制机制大环境

第一，重视基础研究主体的法律地位。一是明确科研机构的法律属性和权利义务。明确基础研究机构的法律定位和职责，有利于提升创新源头供给能力，推动基础研究整体繁荣。只有明确科研机构的法律属性，才能在后续的科技资源投入、

科研经费管理、成果权属、奖励制度方面建立起顺畅的机制。二是强化科学基金等主体的地位。科学基金如果被弱化,研究内容将更难受到重视,基础研究的战略方向无法得到资助,进而导致基础研究被边缘化。因此,要推动基础研究体系建设本身,在更大程度上是要发展高科技创新经济活动的新的组织实践方式和组织生态,甚至包括新的思维方式和态度。理解建设基础研究体系就是对未来的明智投资,就是对知识的投资,包括对创造知识的研究人员、传播知识的研究型学院和大学,以及改造并最终使用知识的科学家和工程师网络的投资。

第二,按照不同需要建立不同的科学研究组织形式。不同科学研究的内在规律有着极大差异,完全单一的科学组织形式显然是不能适应科研需求的。有必要针对不同的研发对象,建立不同的科技研发体系。针对原创型的研发项目,在严格评估的同时,要谨慎考量评估方法和测量指标。同时,建立适应跨学科研究的科研体制。如果是追随型的科技研发,资质、专业符合等就是重要的条件;如果是原创型的研发,应考虑到其交叉性和跨学科等特征,在立项资质和学科专业属性上的关注就不应该过重。

第三,构建有效的基础研究成果的保护及转化制度。一是完善基础研究系统中的三个"中间环节":概念验证体系、成果转化体系、创新联动体系(伙伴关系)。加快推动上海市政府出台的《关于加快推进我市大学科技园高质量发展的指导意见》的贯彻实施,率先在"基础研究验证中心"体系规划建设中取得实际性效果。畅通基础研究人才科技成果转化渠道。允许基础研究人才以知识、技术等要素作价入股,适度提高职务发明的报酬比例。争取国家支持建立国家技术转移中心,支持技术中介服务机构引进培育国际技术转移经纪人,举办各类成果对接展会,促进产学研合作项目落地转化。二是构建多层次的研究机构和研发平台。必须集聚整合更大范围的科技创新资源,努力突破重大核心技术。借鉴上海纽约大学的经验,鼓励在沪高校与国外顶尖高校合作办学或成立研发机构,共享双方高校和张江的大科学基础设施资源,围绕优势学科开展合作研究。加强对功能型平台建设运行的过程监管,开放共享长三角科技资源,完善人才评价考核和流动配置机制等。

6.积极建立和完善有利于基础研究发展的社会环境

第一，营造让基础研究成果迸发的创新环境。厚植全社会重视基础研究和原始创新的文化，加强基础科学在社会上的传播，进一步优化支持基础研究的社会文化与舆论环境，形成有利于基础科研人员沉心静气做研究和宽容失败的氛围。强化全社会知识产权保护，提高知识产权意识，完善知识产权保护举措，充分保护创新主体利益。

第二，强化科研作风和科研诚信体系建设。按照《科技部、自然科学基金委关于进一步压实国家计划（专项、基金等）任务承担单位科研作风学风和科研诚信主体责任的通知》，完善以结果和效能为导向的评价体系，论文数量、影响因子不可与奖励奖金挂钩。强化科研诚信与科研伦理体系，培养探索精神与科学精神。

第三，加强原创科技研发规律的治理研究。现在面对的问题已经不再是能不能走到世界文明前沿去的问题，而是到了最前沿以后应该怎么办的问题，该如何在没有人领路的情况下自己闯出路来的问题。要想有效解决这一问题，就需要对原创规律进行系统的科学研究。只有开展一定的原创科研规律研究，才能不断完善原创型的科技研发体制。

4.2　强化战略科技力量

主体分散式的自由探索和主体汇聚式的有组织科研是两种主要的创新组织范式。后者通常以战略科技力量的形式存在，对发展中国家实施创新赶超战略具有重要意义。

4.2.1　战略科技力量的含义和外延

"战略力量"一词源自国家安全和军事领域，是指关系到国家安危的决定性力量（樊春良，2021）。第二次世界大战期间，以雷达、原子能、喷气推进等为代表的科学技术成为决定战争胜负的关键，为此战争双方均在这些领域投入大量资源进行基础研究和技术开发工作。围绕此成立的科学研究机构、大型科研基础设施、科学家及工程师即成为最早的国家战略科技力量。冷战期间，美苏两大阵营激烈对抗，尤其是在苏联第一颗人造卫星"斯普特尼克"号发射升空之后，美国迅速组建了国家航空航天局（NASA）、国防部高级研究计划局（DARPA）等日后深刻改变世界的战略科技力量。

新中国成立以来，尽管没有明确提出建设战略科技力量，但以中国科学院、中国工程院为代表的科研机构实质上发挥着战略科技力量的建设作用，承担了大量企业、高校所不能承担的大型、长期的国家任务。对此，习近平总书记在中国科学院第二十次院士大会、中国工程院第十五次院士大会上强调，要强化国家战略科技力量，提升国家创新体系整体效能，实现高水平科技自立自强。

目前，在国家战略科技力量能够体现国家意志和国家利益、服务国家战略需求、完成国家战略任务方面已经取得一致认同，但在具体的体系构建、组织运行上尚未形成广泛共识。中国科学院在 2018 年编写的《科技强国建设之路：中国与世界》一书中，将国家实验室和世界一流科研机构定义为战略科技力量的载体，对中国国家战略科技力量内涵进行了较为系统的阐述（中国科学院，2018）。国家科研机构是战略科技力量的主体，在国家创新体系中发挥着引领作用（白春礼，2019）。国家战略科技力量包括国家实验室、综合性国家科学中心、综合集成创新平台、重大科技基础设施集群和世界一流科研机构等，在中国科技发展过程中发挥着创新引领与策源功能（陈套，2020）。对此，高校双一流学科应承担作为国家战略科技力量的重要责任，高校应参与打造国家科技战略力量（雷朝滋，2021）。

综上所述，战略科技力量致力于从国家战略全局的高度解决事关国家安全、国家发展、国计民生的根本性问题，在创新能力、保障能力、发展能力、研究成果等方面代表国家水平。依据创新主体定位与任务分配，中国战略科技力量可划分为国家实验室体系、国家重点实验室体系，以及布局在高校院所内部的技术创新中心、科学数据中心等承载国家使命的科研机构。

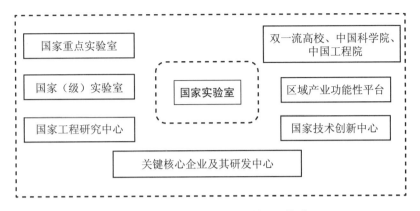

图 4.3　国家战略科技力量的组织构成

资料来源：根据相关资料整理。

4.2.2　战略科技力量的建设和发展

1. 中国高度重视战略科技力量的建设

当前，全球正经历百年未有之大变局，经济增长减速、新冠肺炎疫情蔓延、"逆全球化"浪潮席卷，这些都对全球经济往来与科技创新协作带来了巨大挑战。在此背景下，中国比以往任何时候都迫切需要构建战略科技力量。

党的十九大报告强调"加强国家创新体系建设，强化战略科技力量"，这标志着国家战略科技力量建设上升为党和国家意志。党的十九届四中全会审议通过的《中共中央关于坚持和完善中国特色社会主义制度、推进国家治理体系和治理能力现代化若干重大问题的决定》明确提出，要"强化国家战略科技力量，健全国家实验室体系，构建社会主义市场经济条件下关键核心技术攻关新型举国体制"，并特别指出新型举国体制与强化国家战略科技力量的重要联系。党的十九届五中全会审议通过的《中共中央关于制定国民经济和社会发展第十四个五年规划和二〇三五年远景目标的建议》提出，坚持创新在我国现代化建设全局中的核心地位，把科技自立自强作为国家发展的战略支撑，强化国家战略科技力量，完善科技创新体制机制。2020 年 12 月 18 日闭幕的中央经济工作会议也再次将强化国家战略科技力量排在首位，强调要充分发挥国家作为重大科技创新组织者的作用，坚持战略性需求导向，确定科技创新方向和重点，着力解决制约国家发展和安全的重大难题。

专栏 4.5　党的十八大以来关于加强战略科技力量的相关政策

年份	政　策	内　容
2016	《"十三五"国家科技创新规划》	加大持续稳定支持强度,开展具有重大引领作用的跨学科、大协同的创新攻关,打造体现国家意志、具有世界一流水平、引领发展的重要战略科技力量
2017	《中共科学技术部党组关于贯彻落实党的十八届六中全会精神　深入实施创新驱动发展战略　开启建设世界科技强国新征程的意见》	以国家实验室为重点,打造强大的国家战略科技力量;统筹推进国家科技创新基地优化整合和建设
	《"十三五"国家基础研究专项规划》	加强国家科技创新基地和科研条件建设:建设国家实验室,加强国家重大战略性基础研究能力,加强国家重点实验室体系建设
	《国家科技创新基地优化整合方案》	优化国家科技创新基地布局,优化调整现有国家级基地
	《"十三五"国家科技创新基地与条件保障能力建设专项规划》	推动国家科技创新基地与科技基础条件保障能力体系建设,加强科学与工程研究类国家科技创新基地建设
2018	《关于坚持以习近平新时代中国特色社会主义思想为指导　开创科技工作新局面的意见》	强化以国家实验室为引领的国家战略科技力量
	《国务院关于全面加强基础科学研究的若干意见》	建设高水平研究基地:布局建设国家实验室,加强基础研究创新基地建设
	《中共科学技术部党组关于坚持以习近平新时代中国特色社会主义思想为指导推进科技创新重大任务落实深化机构改革加快建设创新型国家的意见》	以国家实验室为引领布局国家战略科技力量,先行组建量子信息科学国家实验室,启动重大领域国家实验室的论证组建工作
2019	《中共科学技术部党组关于以习近平新时代中国特色社会主义思想为指导　凝心聚力　决胜进入创新型国家行列的意见》	围绕国家重大战略需求,抓紧布局国家实验室,形成国家创新体系的核心和龙头
	《中共中央关于坚持和完善中国特色社会主义制度　推进国家治理体系和治理能力现代化若干重大问题的决定》	完善科技创新体制机制:加快建设创新型国家,强化国家战略科技力量,健全国家实验室体系,构建社会主义市场经济条件下关键核心技术攻关新型举国体制

续表

年份	政　策	内　容
2020	《中共中央　国务院关于新时代加快完善社会主义市场经济体制的意见》	加强国家创新体系建设,编制新一轮国家中长期科技发展规划,强化国家战略科技力量,构建社会主义市场经济条件下关键核心技术攻关新型举国体制
	《积极发挥财政职能作用　推动加快构建新发展格局》	强化国家战略科技力量,推动健全社会主义市场经济条件下新型举国体制,打好关键核心技术攻坚战
2021	《中华人民共和国国民经济和社会发展第十四个五年规划和 2035 年远景目标纲要》	强化国家战略科技力量(第四章)
	党的十九届六中全会公报	强化国家战略科技力量

资料来源:根据相关资料整理。

2. 国家战略科技力量的核心主体——国家实验室

从主要科技强国的发展经验来看,国家战略科技力量代表了国家科技创新的最高水平,是国家创新体系的内核。国立科研机构应当是国家战略科技力量的主体,国家实验室又是其中的重中之重。具体而言,国家实验室是承担一国重大战略任务、实现重大科技突破的中坚力量。全球主要发达国家均已建立了高水平的国家实验室,如美国能源部的劳伦斯·伯克利国家实验室、英国的国家研究实验室、德国亥姆霍兹联合会等。这些国家实验室具有规模庞大、学科交叉、战略研究能力强等特征,重点解决复杂度高、大尺度、中长期、事关人类共同利益和国家国防安全的重大科技问题,产出了大量改变世界进程、人类生产生活方式的先进成果。

近年来,中国也意识到国家实验室在解决重大关键科技突破上的重要性。"十四五"规划明确提出"以国家战略性需求为导向推进创新体系优化组合,加快构建以国家实验室为引领的战略科技力量"。中央已正式批复在北京怀柔、上海张江、粤港澳大湾区、安徽合肥兴建以综合性国家科学中心为表现形式的国家实验室,并在实验室内部组建大型科技基础设施群。除国家层面外,经济发达地区在意识到基础研究、重大科技原创研究的重要性后,纷纷以新型研发机构名义组建省级实验室,如之江实验室、姑苏实验室等,为国家实验室进行前期培育。因此,国家战略科技力量的建设与管理工作应当主要围绕国家实验室展开。

国家实验室的建设与管理应当区别于传统的国家科研机构,通过新的理念、新的体制机制、新的科研组织模式,撬动国家科技创新体系的深度变革。国家实验室的建设与管理应当重点考虑战略定位、设施布局、资源配置三方面内容:

第一,在战略定位上,中国的国家实验室应具有更明确的使命任务、更快的战略响应、更前瞻的布局、更高的隶属级别。基于这一定位,国家实验室建设既不等同于"国家重点实验室"(现更名为"全国重点实验室"),也与2000年左右开始建设的14所传统"国家实验室"有本质区别,应当直接对标国际超一流重点科研机构,拥有独立的财权、人事权、项目管理权限等,能够充分调动各类创新资源,开展面向世界科技前沿、面向国家重大战略需求的原创性、共性技术研究与开发。

第二,在设施布局上,国家实验室应建设成为"国家实验室集群"或"国家重点实验室集群",集聚中国在一个或数个领域最尖端、最独特、最大规模的重大科研基础设施。国家实验室一方面可以利用这些科研基础设施吸引全球顶尖科学家前来工作,产生人才"虹吸"效应,另一方面也负有确保这些科研基础设施能够正常运行、正当使用的责任与义务。

第三,在资源配置上,国家实验室应有明确的资助归口部门、明确的研究任务及与之匹配的充足预算,能够独立确定研究路径,不再或很少参与竞争性科研项目资助。同时,国家实验室应能够独立地设置科研项目和资助管理办法,资助具有潜力的中青年科学家从事累积性、颠覆性科研活动。

3. 国家战略科技力量的组织管理体系——战略性科学计划和科学工程

国家战略科技力量需要扎实、高效地满足国家重大战略需求,为此需要建立一整套相匹配的组织管理体系。在任务设定上,国家战略科技力量因战略任务而生,所有科学研究活动必须围绕特定任务展开,不主张完全自由探索,考核机制也应以战略任务完成情况为主。在组织管理上，战略科技力量的有效组织需要以项目制为核心，在事关国家安全和发展全局的基础核心领域，制定实施战略性科学计划和科学工程，利用项目牵引战略科技力量，集中优势资源攻关国家急迫需要的关键核心技术。在领域选择上，战略科技力量需要平衡国家短期急迫需求与长远科学发展趋势，兼顾特定战略任务实现和灵活应对科技变化，瞄准人工智能、量子信息、集成电路、生命健康、脑科学、空天科技、深地深海等前沿基础科学领域实施前瞻性布局，为国家做好战略力量储备，强化未来科技发展的全球话语权。

4.2.3　上海强化战略科技力量的战略重点

上海推动建设具有全球影响力的科技创新中心，首要定位是以科技自立自强为核心内涵，担负起国家战略科技力量承载地的重要使命，面向国家重大战略需求，强化创新策源能力，持续产出重大创新成果。为此，上海的战略重点具体如下：

第一，以张江综合性国家科学中心为核心，围绕光子科学、生命科学、人工智能三大领域布局和建设世界一流的国家实验室。围绕国家实验室的载体建设和组织管理，设定战略定位和发展规划，搭建跨学科/跨领域的组织架构，投资兴建重大科研基础设施，引入战略科学家及团队，完善基于战略目标的科研管理体系与评价体系。发展改革、财政、科技、教育、经济信息化等部门要加强跨部门合作，通过市级科技重大专项和机构式稳定资助，保障国家实验室的建设与运营环节无缝衔接。基于集群化发展思路，在国家实验室周边布局高校院所、新型研发机构、关键核心企业、高端科技服务网络等配套载体，为国家实验室提供科研人才"旋转门"通道、高质量研究生队伍、原创成果开发与产业落地承接保障等。

第二，加强事关国家安全的关键核心技术研发。在国家总体安全观的指导下，梳理关键核心技术清单，分级分类管理，集中力量攻克海外单一来源、对外依存度高、阻碍产业升级发展的关键核心技术，明确开发节点，倒排科技攻关周期，不断提高国家战略需求的响应能力与供给速度，做好国家科技能力"备份"，服务国家科技自立自强战略。根据国家、上海的"十四五"规划和2035远景目标要求,灵活应对科学技术发展趋势,围绕前沿基础研究、应用基础研究前瞻统筹布局,提升中国与域外国家的战略交换能力。

第三,牵头发起大科学计划和大科学工程。围绕战略科技力量的科研水平和组织能力提升,上海应通过实施大科学计划和大科学工程,搭建科研网络,锻炼人才队伍,规范组织管理体系,同时提升长三角乃至全国相关合作单位的整体科研实力。具体而言,针对大科学计划,上海应在计划发起、组织建设、计划执行等方面为战略科技力量提供政策指导和操作指引;针对大科学工程,上海应契合战略科技力量的发展规划和实际诉求,有计划地分步建设,对短期内难以建设的工程做好技术预研和人才储备,对已经建成投入使用的设施加强共享共用力度和用户管理,提高设施执行效率。

第四,完善组织管理与制度保障体系。国家战略科技力量是上海科技创新体系的底盘和亮点。在组织管理方面,整合中科院系统、在沪高校、在沪国有企业的科技资产和资源,吸纳海外优秀科研人才,统筹汇入国家实验室,打破固有学科壁垒,以问题为导向,以完成特定任务为目标,通过新的科研组织方式分配科研任务和经费;以国家实验室为牵头单位,联合长三角和全国的高校院所、企事业单位共同开展大科学计划和大科学工程,形成以国家实验室为核心、其余主体相互契合的有机整体。在制度保障方面,面向战略科技力量制定单独的制度框架,通过部市会商机制明确战略科技力量与国家业务主管部委的关系,协调中央—地方经费投入机制,针对中央政府向战略科技力量的资助给予不低于1:1的经费配套,通过稳定的长周期资助,保证年度科技经费增幅不低于10%,人均科研经费总量不低于100万元,人均工资待遇不低于企业同等人才水平。

4.3 建设大科学工程

自20世纪50年代原子能技术取得突破以来,高通量、极端化、大型化的大科学研究得到广泛运用，各国兴建和运行了一系列大科学工程。与一般的科研设施不同，大科学工程有规模庞大、系统复杂、运行时间长等特征，具有特殊的建设与运营规律。

4.3.1　大科学工程建设的普遍规律

从全生命周期视角来看，大科学工程的管理应当包括筹建、预制、建设、运营与维护、升级与退役五个环节。

1. 筹建环节：大科学工程需要 5—10 年的项目论证

要与国家发展阶段相匹配，适度超前。由于资源有限，大科学工程又需巨额投资，国家需要考虑回报和对其他学科发展的影响问题。当一国经济发展尚处于较低水平时，应当以应用研究为主，以迅速提升综合国力，外部性较强的基础研究可以适当缓一缓。自 1970 年以来，杨振宁教授就一直主张中国应把重点放在经济生产和应用研究上，在多个不同场合反对中国以建造高能加速器的方式发展高能物理。到 1977 年，李政道、吴健雄等教授学者虽然赞同中国建造加速器，但不赞同建造高能的电子对撞加速器，理由是每台加速器都有特定的物理目标，如果过分追求高能，中国经济能力可能难以承受，应当另辟蹊径，建造能量较低的正负电子对撞机，发挥其独特价值（柳怀祖，2016）。

要具有相当的人才储备，确保能够产出标志性成果。大科学工程的人才包括运行设施设备的人才和科学用户两方面。在高能物理领域，由于 20 世纪 70 年代中美关系回暖，加上丁肇中教授和李政道教授的大力协助，中国通过"丁训班"（丁肇中教授在欧洲的实验室）培养了近 850 名高能物理实验人才，通过"李政道学者计划"向美国各大学和三大国家高能实验室输送学员，培育出了数十名高能物理骨干人才。相比较而言，在科学用户方面，中国历来是短板。对此，杨振宁教授在参与加速器建设论证时就认为中国短期内需要突破两个难关，一是需要足够的实验物理学家利用大科学工程，二是需要理论物理学家在加速器上完成重要实验。

2. 预制环节:大科学工程需要提前开展预制研究

大科学工程技术含量高,许多技术具有验证性、创新性、时效性,建设风险较大,必须进行预制研究,预先对工程中的关键技术、关键材料、关键工艺进行研究突破(罗小安等,2007)。预制研究成功后,聘请国内外同行专家进行评估,评估通过后才会正式转入建设阶段。预制阶段主要解决以下问题:(1)自行设计方面,评审关键技术路线、质量、进度计划等内容和方案;(2)委托加工方面,大科学工程的部件多为非标加工,企业需要单独生产,预制阶段就应当通过邀标、议标,确定意向加工企业,并开展资质考察、技术文件交底、专家评审、合同洽谈、质量标准体系等工作;(3)过程监控方面,对于重要技术需要实施技术代表驻厂制度,实时跟进加工进度、关键工艺参数;(4)总成调试方面,建立装配、调试规范,撰写操作手册。

总体而言,预制研究必须先于项目建设,以单独立项的方式对项目建设中的核心部件、关键技术开展技术试验和预研,以确保项目一旦开工建设,不会出现等设备、等技术的情况,能够按照既定预算和工期顺利完成(常旭华、仲东亭,2021)。

3. 建设环节:组建管理团队,选择恰当的建设模式

首先,大科学工程建设投资数额巨大,事关国家长远发展和重大战略利益,完成项目论证后需要组建高层级的管理团队:(1)必须组建一支跨部门、高层级的建设领导小组,统筹协调整个工程建设进度,控制进度,防止超支;(2)组建国际化的科学顾问团队。

其次,建设大科学工程有两种方式:一是效率导向,所有资源按需、足量、集中供给,属于整体发包模式;二是经济导向,所有资源逐年、分散供给,属于分包模式。例如,北京正负电子对撞机一期建设属于典型的整体发包模式,建设模块包括:(1)在对撞机建设领导小组的组织下,2.4亿元总投资一次性拨付;(2)所需科研人员按需从各科研院所、高校、工厂征调;(3)设备生产尽管实行合同制,但明确要求涉及对撞机的生产"不赚钱",按时优质完成有奖励,出现问题要追究责任;(4)场地基建、设备安装调派解放军支援。到了北京电子对撞机二期改造工程,采取的是分

包管理模式，充分注重市场规律的作用发挥，采取了经理负责制、招标等，资源供给逐年、分散供给，建设经费按年度拨付。

再次，大科学工程是全新的设备或设施，没有对应的"现货采购市场"，科学界需要与工业界合作，共同设计、制造符合性能要求的关键设备。一旦设施设备设计定型，建设方将与行业供应商签署合同，由其全权负责设施设备的制造、装配、测试工作。这一阶段涉及新技术的密集研发，需要设施所在国的大量企业参与研发和建设工作，此时本国相关技术领域企业的研发能力通常提升最快。

最后，大科学工程有必要借助国际合作，吸收国外先进的科学思想和科研经验，引进需要的关键技术、先进设备和管理技术，从而在技术上少走弯路，缩短工程建设周期，节省建设经费。对于多国参与研发的大科学工程，需要明确建设分包、质量标准、采购包类型、知识产权规则等内容。以国际热核聚变实验堆（ITER）计划建造为例，中国承担约10％的工程造价，其中约80％以实物贡献方式提供，承担12个采购包（罗德隆，2012）。采购包类型以按图加工和功能规范为主。采购包协议包括主文件、管理规范、技术规范，其中的主文件包括知识产权、采购物项、进度要求、经费安排等内容。

4. 运营与维护环节：大科学工程需要充足资源保障运营与维护

首先，实行实体管理机构统一管理。大科学工程一旦建设完成，需要配备大量的操作和运维人员，这些人员必须是高技能型的科学家或工程师，可以为本设施内的科学家或来访用户设置实验条件，提供必要的技术支持，并监督其安全操作。因此，不管是单一型还是综合性大科学工程，均需要建立具有一定规模、学科交叉融合紧密的实体管理机构。从国际经验看，美国无论是"国有国营"或"国有民营"，通常围绕大科学工程设施建立了规模庞大的在联邦部门指导下的单一型实体科学机构（周洲、赵宇刚，2018）。欧洲国家则由于国家体量的关系，无力独自承担大科学工程群的建设工作，更多采取联合会的方式，统筹国内或欧盟区内分布在各地的大科学工程（德国亥姆霍兹联合会，2019）。

表 4.11　发达国家围绕大科学工程形成的管理实体

国家实验室	大科学工程设施	学　　科
阿贡实验室	大气辐射测量气候研究设施	地球系统与环境科学
	先进光子源	材料科学
	纳米材料中心	材料科学
	阿贡串行直线加速器设施	粒子物理与核物理
	阿贡高性能计算设施	工程技术科学
劳伦斯·伯克利国家实验室	联合基金组研究所	生命科学
	先进光源	材料科学
	分子工厂设施	材料科学
	LZ 暗物质实验	粒子物理与核物理
	能源科学网络	工程技术科学
	国家能源研究科学计算中心	工程技术科学

资料来源:根据阿贡实验室、劳伦斯·伯克利国家实验室官方网站的内容整理。

其次,邀请用户参与设计与参与管理。大科学工程具有典型的多学科性、综合性等特征,往往能够服务生命科学、生物工程、农林业、材料科学、医药、物理、国防等多个领域。在建设之初,通常需要开展广泛的用户调研,包括从事基础研究、应用研究的科学领域分布、实际需要、实验场景等。以上海同步辐射光源为例,其在开工建设之初就调查了约 300 个用户单位的需求情况。在用户管理上,大科学工程管理方应设立包含国际专家在内的用户评审委员会,制定机时分配办法,从服务用户的视角出发,对用户申请进行审核,平衡好基础研究与应用研究、高校院所与商业用户的关系。基于中国基础研究相对薄弱的特性,大科学工程管理方需要对内培育未来用户,对外吸引海外用户,迅速提升知名度;其还需要邀请用户共同参与实验设施搭建、改造,上海同步辐射光源和北京正负电子对撞机就是管理方与用户共同建设专用实验站的典型案例。

再次,设置科学高效的开放共享规则。大科学工程面向全球开放共享,核心是如何建立科学、高效的共享机制。以美国高磁场实验室为例,其面向全球用户设计了在线申请系统。实验室内部也将组建专门的同行评议会，根据科技价值和可能的影响将申请分为优秀、中等、差的评分。经过实验室主任批准后，获得优评的将根据设施使用计划和试验要求与申请者对接（朱相丽等，2019）。

最后，建立完备的备件管理体系。大科学工程具有通用性、交叉性等特征，需要满足不同实验要求，并为之调整技术参数和设施搭配。同时，大科学工程使用时间长，部件损耗高，因此必须开展备件管理。以美国高磁场实验室为例，其周边衍生出了一系列服务于实验室的中小型企业，如专门服务磁体研发、建造、测试，以及材料处理和大通量数据分析等。这些企业大部分由实验室雇员或前雇员创建，目标客户就是实验室及实验室的申请者或申请单位。

5. 升级与退役环节：需要持续升级大科学工程，延长性能窗口期

大科学工程的升级改造贯穿于设施管理全过程。科研设施在设计之初，就需要预留升级空间、保留升级接口及相关升级工程通道。只有通过不断的升级改造，大科学工程才可以持续保持领先水平，最大限度提高装置的效费比。

升级改造项目立项之前，同样需要考虑升级改造与国家科技发展规划的契合度、技术上的可行性与前沿性、环保合规等。在升级改造中，需要关注以下问题：(1)设施设计方、施工方、设备供应方的活动协调统一，防止机构的临时性、人员的非专业性影响升级改造工程的质量；(2)设施的跟踪管理与前瞻性调控，提前为升级改造留出窗口期；(3)时间控制，不同于建设过程，升级改造周期短，工程复杂度更高，防止由此派生的不良影响。

4.3.2　上海大科学工程的现状与规划

自 20 世纪 70 年代起步，尤其经过"十二五""十三五"时期的大发展，上海大科学工程建设取得显著进展，建立了一批具有国际影响力的设施群。目前，上海已成为全国大科学工程设施种类最多，综合能力最强的地区。截至 2020 年 3 月，上海布局的大科学工程设施共 14 个，约占全国的 1/3，数量在全国领先，总计近 200 亿元的投资规模，覆盖光子科学、生命科学、海洋科学、能源科学等领域，初步形成了集聚化态势，支撑上海科技创新的能力明显增强。

表 4.12 上海大科学工程设施的基本情况(截至 2020 年 3 月)

序号	工程设施	建设进展	建设地点	建设期	建设单位
1	上海同步辐射光源	已建成,正常运行	张江科学城	2004—2009 年	中国科学院上海应用物理研究所(现已划转至上海高研院)
2	国家蛋白质科学研究(上海)设施	已建成,正常运行	张江科学城	2010—2015 年	中国科学院上海生命科学研究院(现已划转至上海高研院)
3	国家肝癌科学中心	试运行阶段	嘉定	2011—2017 年	海军军医大学(原第二军医大学)
4	神光Ⅰ	已退役	嘉定	—	中国科学院上海光学精密机械研究所,中国工程物理研究院上海激光等离子体研究所
5	神光Ⅱ多功能激光综合实验平台	2017 年起正式运行	嘉定	—	中国科学院上海光学精密机械研究所,中国工程物理研究院上海激光等离子体研究所
6	硬 X 射线自由电子激光装置	关键样机研制和关键技术研发正常推进;1—5号工作井建安工程地下施工进展顺利	张江科学城	2018—2025 年	上海科技大学;共建单位有中国科学院上海应用物理研究所(实际为上海高研院)、中国科学院上海光学精密机械研究所
7	转化医学国家重大科技基础设施(上海)	部分模块投入运行;闵行基地首批用户入驻,试运行良好	闵行、黄浦	2016—2020 年	上海交通大学、瑞金医院
8	上海光源线站工程(光源二期)	完成建安工程竣工备案;相关设备采购、安装调试有序进行	张江科学城	2016—2021 年	中国科学院上海应用物理研究所(实际为上海高研院)
9	上海软 X 射线自由电子激光试验装置	正在进行相关设备的安装与调试	张江科学城	2014—2020 年	中国科学院上海应用物理研究所(实际为上海高研院)
10	上海软 X 射线自由电子激光用户装置		张江科学城	2016—2020 年	中国科学院上海应用物理研究所(实际为上海高研院)

序号	工程设施	建设进展	建设地点	建设期	建设单位
11	活细胞结构与功能成像等线站工程	关键系统工艺设备基本采购完成;启动部分系统的集成和离线测试工作;实验辅助系统正在建设	张江科学城	2016—2020 年	上海科技大学
12	上海超强超短激光实验装置	10 拍瓦终端完成光栅安装调试;用户平台基本完成搭建并开始调试;集总系统完成 10 拍瓦前端设备接入	张江科学城	2016—2020 年	中国科学院上海光学精密机械研究所
13	国家海底科学观测网	2019 年 6 月监测与数据中心建筑工程开工建设	临港	2019—2024 年	同济大学
14	高效低碳燃气轮机试验装置	2019 年 10 月正式开工建设	临港	2019—2023 年	中国科学院工程热物理研究所

资料来源:根据相关资料整理。

在上海布局的大科学工程在建项目的建设进展良好,已建成设施总体运行正常,一批国际顶尖的科学研究工作正在开展。

1. 在建项目进展符合预期,部分项目有望进入试运行阶段

尽管受到新冠肺炎疫情干扰,在建的大科学工程土建工程已全面复工,呈现出三大积极因素。一是部分设施进入了关键技术设备研制阶段。比如,硬 X 射线超导加速器模组等样机研制已取得重大进展,实现部分核心零部件突破和国产替代。二是部分设施建设工程已进入冲刺阶段。转化医学设施、光源二期部分线站、超强超短激光实验装置等三项设施,瞄准年内建成开放的目标稳步建设;软 X 射线自由电子激光试验装置、用户装置两项设施正在进行相关设备的安装与调试。三是部分前期建设滞后的设施正在加快启动。位于临港的国家海底科学观测网监测与数据中心工程已开工建设;高效低碳燃气轮机试验装置已正式开工建设。

2. 已建成项目的技术达到国际先进水平,创新成果已形成国际影响力

已建成设施技术已达到或部分达到国际先进水平,有力推动了上海学科前沿方向进入国际先进行列。例如,神光Ⅱ装置的总体技术已达到世界先进水平,全球规模最大、种类最全、综合能力最强的光子重大科技基础设施集群在张江科学城地区已初步成形。此外,已建成设施的服务功能和开放共享能力持续提升,创新成果与溢出效应明显。比如,截至 2019 年 11 月底,上海光源累计为用户提供实验机时超过 32 万小时,执行课题 11 787 项,用户发表 SCI 论文 5 891 篇,在结构生物学、凝聚态物理、能源与催化、材料科学等学科的发展上发挥了重要作用;国家蛋白质科学研究(上海)设施已覆盖全国 23 省市及美国、英国、西班牙、法国、日本等国家的 195 家用户单位;神光Ⅱ多功能激光综合实验平台已进行了若干轮有关国防科研和 ICF 物理实验,为用户提供激光试验 8 000 余发次,获国家和省部级奖项 6 项;国家肝癌科学中心自 2017 年试运行以来,获国家、省部级等科研项目 80 余项,发表 SCI 论文 60 余篇。

4.3.3 上海建设大科学工程的建议

美英德日等主要科技强国在大科学工程建设和运行管理上积累了较多的实践经验。上海要进一步借鉴国际成熟经验、创新思路,加快完善大科学工程建设和运行机制,发挥其在科创中心建设中的支撑引领作用。

1. 立足国家战略,加强对战略引领性大科学工程的超前谋划和布局

大科学工程应当以服务国家战略为第一目标。一是要建立大科学工程市级战略咨询平台,加强长周期规划。通过定期会商机制,对中长期内适合的增量大科学工程进行系统谋划布局。要广泛邀请相关领域内世界知名科学家参与大科学工程的需求论证,特别是对"诺贝尔奖级别"的科学家,要通过一定的安排,尽可能使他们在设施后续运行过程中发挥重要召集作用。二是积极对接国家"十四五"规划,完善近中期拟建大科学工程方案。上海应当有效利用"大张江专项"等资金,加大对拟建设设施项目的预研支持力度,提高项目方案的成熟度,为争取国家支持夯实

基础。同时，面向 2035 年和更长远的未来，进一步加强重大科技基础设施前瞻性战略布局研究，支持开展从新原理到样机的预研。

2. 进一步完善大科学工程建设运行的资金扶持政策

首先，完善设施建设阶段的预算结构和资金使用方式。充分考虑大科学工程作为工程项目和科研项目的双重属性，建议在大科学工程总投资构成中增加非标设备研制费用，用于列支自行承担的工艺设备总体设计、自行设计等，比例可控制在 12％—15％之间。建设期间，对于能够论证清楚原因、确因科技竞争形势发生变化导致设备无法采购、需要通过自主研发来替代的项目，围绕其核心设备和关键零部件要予以提前布局和支持，比如利用战略性新兴产业专项资金支持相关研发投入。其次，注重设施运行阶段的投入与项目支持。充分利用好现有科技计划和资金渠道，加大对大科学工程的运行投入，除直接费用以外，投入重点要向设备更新、项目预研、改造升级，以及依托大科学工程开展的科学研究项目倾斜，并列入必要的人员经费。借鉴欧洲经验，向建设与运行并重的全成本预算模式过渡，将大科学工程的年度运行费纳入整体预算，以保证设施稳定、可持续发展。

3. 加强大科学工程相关人才的激励保障和前瞻计划

为克服上海在大科学工程方面的人才挑战，需要重视以下几个方面：一是多渠道增加大科学工程建设运行团队和科研人才的收入与激励保障。参考国际经验，在设施建设和运行经费中明确列入人员经费，并探索建立较为稳定的大科学工程配套支持项目序列，用于推动科研人员专业化发展，以填补大科学工程建设与运行之间的空档期，增强"引人""留人"吸引力。二是探索实施符合大科学工程运行特点且更为灵活的用人机制。一方面要稳定长期从事设施建设运行的专业化人才队伍，另一方面也要促进一部分科研人员在科研机构与大科学工程项目单位之间进行灵活流动。采取固定与流动相结合、专职与兼职相结合的弹性人事管理制度，实行全员岗位聘任制和聘期制度，并增加流动研究人员和装置专职研究人员岗位，鼓励在非涉密岗位试点全球招聘。三是建立与大科学工程相匹配的人才中长期支撑体系。应制定与大科学工程发展规划相配套的人才计划，加强对相关学科人才培养体系的规划建设,吸引和凝聚高层次创新人才,引进和培养工程技术、科学研究、工程管理骨干人才队伍。要充分利用国际环境变化可能带来的机遇,加大对在美中国学者的吸引力度。

4. 进一步提升大科学工程的运行、使用效率

一是加强大科学工程的用户培育。要把大科学工程潜在用户的培育贯穿于设施设计、建设、运行的全过程,积极开展用户学术会议、实验技术培训交流,促进用户深入了解大科学工程的相关技术及应用。鼓励相关领域的资深用户在前期深度参与设施的设计与建设,力争在大科学工程建成及试运行阶段就形成一批相对成熟的用户开展实验研究,提升建成初期的使用效率。二是提升大科学工程的使用便利度。针对国内外高校、企业、科研机构、学者等不同的用户主体,完善大科学工程利用与项目合作机制,其中涉及申请、发起、项目参与、人才培养、资金支持等。改进设施服务,进一步增加设施开放机时,完善预约方式、简化流程,优化用户使用体验。

5. 积极寻求有利于大科学工程建设运行的国际科技合作机会

大科学工程是上海发挥科技创新全球影响力的重要手段。一是深入推进前沿领域和关键学科的国际学术交流。依托大科学工程项目单位,争取与国际高水平科学家有更多沟通和交流。特别是在全球新冠肺炎疫情背景下,应不失时机地推动上海加强与欧美生物医药、生命科学等领域的学术沟通、科研合作,抓住机会更进一步融入全球科研合作网络,为大科学工程的建设运行,特别是关键零部件与技术的研发,争取相对较好的外部环境。二是重视发挥在沪跨国企业的桥梁作用,支持大科学工程项目单位与跨国公司研发中心开展合作,拓展前沿产业试验和科研成果的产业转化,依托跨国公司在全球产业和创新活动的合作网络,拓展大科学工程的国际科技合作渠道。

4.4　发起大科学计划

大科学计划是有组织科研的重要表现形式之一,最早起源于美国曼哈顿计划

和阿波罗计划,具有持续时间长、耗资巨大等特征,其成功发起、执行、验收过程均非常复杂,是一项系统工程。

4.4.1 大科学计划的发起条件

大科学计划动辄耗资数十亿,需要调动全国乃至全球相关领域的科研力量。基于这一特征,大科学计划往往需要一个相对较长的酝酿期。在酝酿期内,关于大科学计划的所有不确定性都必须得到解决。

表 4.13 国际大科学计划的酝酿期

名　　称	提　　出	发　　起	酝酿期
深海钻探计划→大洋钻探计划→综合大洋钻探计划(IODP)	1961 年 NSF 莫霍计划	1966 年深海钻探计划	5 年
国际生物多样性计划(DIVERSITAS)	—	1991 年,联合国教科文组织等组织共同发起	—
人与生物圈计划(MAB)	—	1971 年,联合国教科文组织发起	—
人类脑计划(HBP)	1989 年,美国科学院医学研究所征集专家意见	1992 年,美国国立精神健康研究院正式确定支持 HBP;1996 年,OECD 的科学论坛正式批注 HBP	3 年
世界气候研究计划(WCRP)	1979 年,第一次世界气候大会通过"世界气候计划",世界气候研究计划是子计划之一	1980 年,国际科学理事会、世界气候组织共同发起	1 年
国际大陆科学钻探计划(ICDP)	1992 年 11 月,OECD 科技政策委员会举办"深部钻探"大科学论坛;1993 年 8 月在德国波茨坦召开国际大陆科学钻探会议,提出了国际大陆科学钻探计划框架	1996 年,中、德、美三国正式签署备忘录,成为首批成员国,正式启动 ICDP	4 年
国际地圈生物圈计划(IGBP)	1982 年,国际地球物理年 25 周年年会提出 IGBP 构想	1986 年,国际科学联盟理事会(ICSU)正式启动 IGBP	4 年
亚太全球变化研究网络计划(APN)	1996 年,12 个成员国共同发起	—	—
国际地转海洋学实时观测阵(ARGO)	1994 年,尝试建立了热带大气海洋观测网	1998 年,美法日科学家发起 ARGO 计划	4 年

名　　称	提　　出	发　　起	酝酿期
国际全球环境变化人文因素计划(IHDP)	1990年,国际社会科学联盟理事会(ISSC)发起人文因素计划(HDP)	1996年,ICSU联合ISSC共同发起IHDP	6年
人类基因组计划(HGP)	1985年,诺贝尔奖得主杜贝克在《科学》发文论证	1990年,美国政府正式宣布HGP计划	5年
全球气候变化计划	1987年,美国国家海洋和大气管理局(NOAA)、NSF、NASA联名提交美国全球变化研究项目	1990年,全球变化项目获得"总统提案"	3年
纳米技术项目	1995年,NSF工程部门主管提出纳米技术持续性研究计划	2000年,克林顿政府公开支持纳米计划,国会拨款4.22亿美元	5年

资料来源:根据相关资料整理。

1. 项目来源:必须"自下向上"与"自上向下"相结合开展早期项目培育

2018年3月,国务院印发了《积极牵头组织国际大科学计划和大科学工程方案》,从四个方面提出了重点任务,其中两方面与项目遴选和培育有关:(1)制定战略规划,确定优先领域。结合当前战略前沿领域发展优势,立足中国现有基础条件,组织编制规划,围绕物质科学、宇宙演化、生命起源、地球系统等领域的优先方向、潜在项目、建设重点、组织机制等,制定发展路线图,科学有序推进各项任务实施。(2)做好项目的遴选论证、培育倡议和启动实施。遴选具有合作潜力的若干项目进行重点培育,发出国际倡议,开展磋商和谈判,视情确定启动实施项目。需要加强与国家重大研究布局的统筹协调,做好与"科技创新2030——重大项目"的衔接。

实行"自上而下"与"自下而上"相结合的项目培育方式,就是既要发挥"自上而下"所具有的目标明确、协调一致的优点,又要吸收"自下而上"所具有的灵活性和活力,将政治过程和技术过程有机结合起来,将国家意志和科学家声音结合起来,形成一个客观、科学、有效的决策体制。这样既减少项目选择的失误,又能得到政府对项目的支持,非常有利于培育大科学计划的项目。

2. 项目遴选标准:必须有科学的、系统的遴选标准

大科学计划的遴选标准应该是一个系统化的评价体系,应从发起国基础、参与国意愿、大科学计划特征三个维度确定遴选标准。

表 4.14 大科学计划的遴选标准

遴选维度	具体遴选标准	典型案例
发起国的基础条件	发起国是否拥有该领域的享有国际影响力的顶尖战略科学家?	HGP 提出之前,美国拥有诸如 DNA 双螺旋结构提出者詹姆斯·沃森等顶尖战略科学家
	发起国是否具备充分的科学积累?	HGP 中,美国在基因测序基础研究、基因测序仪、计算机技术等方面全球领先;ARGO 中,美国在沉浮式海洋观测浮标技术上全球领先;IODP 中,美、欧、日三方在深海钻探和科考船方面有优势
	发起国是否具备相应的技术优势?	
	发起国是否愿意承担最高比例的资金投入?	
	发起国是否拥有广泛坚实的国际科技合作基础?	
	发起国是否愿意为资金紧张的参与国(如"一带一路"沿线发展中国家)提供资金支持?	
参与国的意愿	潜在参与国顶尖科学家是否愿意介入大科学计划?	
	潜在参与国政府是否愿意对大科学计划投入资金?	国际通行规则是"自筹资金,共担风险"
	潜在参与国是否愿意就大科学计划向其他国家分享本国特有资源、资料及数据?	ARGO 中剖面浮标会在当事国专属经济区监测海洋环境;IODP 会在当事国近海海域开展钻探项目
大科学计划本身的特征	目标领先性——大科学计划是否聚焦全球最前沿领域?	HGP、ARGO 等大科学计划均聚焦全球最前沿、无法跨越的科学领域
	实施可行性——大科学计划是否有清晰、可达的终极目标?	
	成果重要性——大科学计划一旦攻克,是否颠覆或开创一个研究领域?	
	产业带动性——大科学计划是否对发起国和参与国的相关产业有带动或引领作用?	HGP 为美国直接和间接带来 9 650 亿美元的经济产出,投出产出比高达 178∶1

资料来源:根据相关资料整理。

3. 发起共识：必须要取得学术界、政府部门的一致共识

在酝酿期内，主要发起方需要通过各种途径为大科学计划开展大范围的宣传、预调查和研究等活动。以 HGP 为例，其酝酿期内解决了三个问题：基因测序技术得到发展，快速测序成为可能；科学家群体内部展开讨论并逐渐取得共识；政府部门理清主导权分配问题。在此基础上，美国才向全世界正式宣告启动 HGP（王小宁，2007）。

再以美国纳米技术项目为例，其在酝酿期内为了争取社会各界的最大共识，主要完成了三项工作：(1)在得不到相应部门支持的背景下，召集人建立强有力的组织外同盟；(2)凝聚科学界、工业界的共识，组建专门团队消除技术的负面社会舆论；(3)推动纳米技术项目从 NSF 内部项目升级为国家提案。

4. 明确目标：设定清晰、可达、有限、特定的科学目标

大规模、公共的基础研究项目必须设定清晰、明确、特定、有限的目标。对所有资助者而言，项目越大，目标的确定及沟通就越重要。明确的目标能够起到长期指导的作用，并以此来衡量、指导、区分科研活动的优先次序，及时纠正参与组织和个人的行为。具体而言，大科学计划的终极目标或所要解决的根本问题在酝酿期已经获得了科学家群体的认可和政府部门的背书，之后就必须固化下来，不得变更。为实现大科学计划的终极目标，可以在整个研究周期内灵活地划分若干个关键节点，设置相应的过渡性目标，这既符合政府项目管理的需要，也有助于大科学计划分段管理，甚至当总负责机构或首席科学家变更时，项目也能正常运转。

5. 发起机构与发起人：选择合适的发起机构和有影响力的发起人

大科学计划的发起机构可以是发起国的国内政府部门，也可以是国际组织，如联合国下属的教科文组织或国际科学理事会。大科学计划的发起机构需要满足以下要求：(1)官方发起机构的分管领域须与大科学计划相关；(2)跨机构的发起机构需要获得所有政府部门的认同；(2)发起机构具有超越国界的号召力和调动能力。

大科学计划中选择合适的发起人对整个科技计划的完成至关重要。由于大科学计划的发起人需要承担项目发起成功后的管理职责，这对发起人在学术影响力、政治影响力、个人性格特征等方面均有严格要求。具体而言：(1)在学术影响力上，发起人必须是主流科学家群体公认的顶尖科学家；(2)在政治影响力上，发起人必须具有一定影响力，或者由有政治影响力的人辅佐，内部处理好与官方发起机构的关系，外部得到国家决策者的认可；(3)在个人性格特征上，发起人必须拥有强大的号召力和亲和力。

4.4.2　上海发起大科学计划的优势与劣势

1.上海初步具备发起大科学计划的基础条件

上海科学家曾经或正在参与多项大科学计划，近年来又利用大科学设施，在部分领域形成了具有全球影响力的科研成果，初步具备了发起大科学计划的条件。

第一，上海大科学设施可支撑大科学计划的发起。上海围绕光子、生命科学等前沿领域，已建成全球最新一代、全国规模最大的大科学设施群。新冠肺炎疫情期间，上海大科学设施是全球少数正常运作的科研基地，完成了新冠病毒蛋白结构、抗体晶体结构、药物虚拟筛选等重要工作。迄今为止，上海大科学设施已产生了众多标志性科研成果。仅上海同步辐射光源的用户近 10 年就在《细胞》《自然》《科学》上发表论文超过 100 篇。上海在建和已建的大科学设施集群可以满足生命科学等领域发起大科学计划的条件。

第二，上海科学家已积累了参与大科学计划的经验。改革开放以来，上海科学家多次参与重要的国际大科学计划。如陈竺院士、金力院士参与了 HGP，汪品先院士三次主导了 IODP 框架下的南海钻探。上海科研院所参与制造了北京正负电子对撞机簇射计数器、国际空间站阿尔法磁谱仪、平方公里阵列射电望远镜等多项大科学设施。这些经历提升了上海在基因组学、脑科学、深空与深海观测等领域的国际影响力，锻炼出一支面向国际前沿、拥有丰富合作网络与管理经验的科研队伍，为上海在相关领域引领全球科学发展奠定了基础。

第三,上海已初步培育出数个具备发起条件的大科学计划。中科院神经所蒲慕明院士领衔的"全脑介观神经联接图谱"计划已完成斑马鱼图谱绘制与小鼠神经元标注、疾病模型与工具猴构建、新一代基因编辑工具等布局工作,已在 2018 年北京香山会议和 2019 年第二届世界顶尖科学家论坛正式公布。复旦大学金力院士围绕"基因—环境—表型"的互作机制拟发起国际人类表型组计划,已于 2018 年构建了由中国主导、美英德等 15 国参与的国际研究联盟,搭建了疾病和特殊人群表型组数据库、全球首个跨尺度且多维度的人类表型组精密测量平台。此外,上海在脑科学与类脑智能、深海观测、蛋白质标签、硅光子、激光等领域也已布局,具备培育出大科学计划的潜力。

2. 对照国际经验上海还存在明显差距

对照国际经验,上海在前沿问题提出、设施能级、人才储备等方面还存在不足。具体而言:(1)基础前沿科学问题的提出能力不足。大科学计划解决的是事关人类共同利益的基础前沿科学问题。上海长期处于"跟跑并跑"阶段,对"领跑"全球的基础科学问题甄别能力不足,缺乏对国际大科学计划的战略性、前瞻性顶层设计与领域布局。(2)研究设施的专用性不强且服务效率有待提升。目前,上海仅有神光Ⅰ/Ⅱ、国家蛋白质科学中心两个专用研究设施,其余都是承担了大量非学术用户研发活动的公共研究设施。这些公共研究设施的极端性能、经费体量与世界一流水平相比有近 10 倍的差距;较为普遍的是应用研究占用机时较多,与国际大科学计划从事纯基础研究的原则有一定冲突。此外,上海大科学设施的用户分级分类与运营管理水平也有待提高,这样才能确保大科学计划的基础研究需求。(3)大科学计划相关的人才和工具储备急需加强。上海高校的数学、物理、化学、天文、地理、生物等基础学科均未进入全球前 20 名。高端科研人才的储备与培养存在双向不足的困境,尤其在极地与海洋科学、人工智能、生物、地球科学等重点领域人才流失严重,供需失衡。此外,上海仪器仪表产业创新能力减弱,在关键核心源部件、传感器、高通量基因检测仪、冷冻电镜等方面过度依赖国外供应商,这对大科学计划的顺利推进可能有不利影响。

4.4.3　上海发起大科学计划的做法建议

大科学设施和大科学计划已成为全球城市抢占国际科学研究前沿的标配。因此，依托大科学工程，谋划发起大科学计划，是上海建设具有全球影响力科创中心的重要抓手。

1. 研究制定大科学计划发展蓝图

对照国务院"三步走"发展方案，上海应把握大科学问题的发展规律，结合自身资源优势，尽快研究制定大科学计划发展蓝图，明确急需解决的基础科学问题与关键技术问题，在生命科学、脑科学、海洋科学、能源科学等领域前瞻布局，通过市级科技重大专项，加大对潜在项目培育、关键技术预研的投入强度。

2. 打造大科学计划酝酿与发起平台

紧扣大科学时代的大科学问题，参考香山科学会议模式，联合国际组织，举办小规模、高水平的"滴水湖国际科学会议"。围绕重大理论前沿的大科学问题，邀请中外科学家分享最新研究进展，凝聚科学共同体的共识，适时发起由中国牵头的国际大科学计划。

3. 制定实施战略科学家引进计划与基础学科人才培养规划

面向海内外顶尖科学家群体聘请"上海市科技战略顾问"，从中遴选和培育优秀的战略科学家；根据大科学计划发展蓝图，提前 5—10 年面向关系国家根本和全局的领域实施"战略科学家引进计划"，每年引进 10 名战略科学家。加大对外国籍科技人才的"中国绿卡"签发规模与速度，吸引优秀的外籍人才加入中国科研队伍。与此同时，加人基础学科投入力度，改革基础学科考核评价体系，提升在沪高校基础学科综合实力，争取到 2035 年数学、物理、化学、天文、地理、生物等基础学科全部进入全球前 20 名。聚焦大科学计划，以真正的科学问题为导向，开展个性化、高质量、议题驱动式的研究生教育。

4. 升级大科学工程等专用设施，推动科研仪器仪表产业发展

瞄准大科学计划的设施需求，加快建成"十三五"规划的大科学设施，升级同步

辐射光源、神光装置等公共科研设施,服务生命科学、脑科学等领域的大科学计划。研究制定 2050 年大科学设施发展规划,投资建设科考母船、深潜器、探测卫星、超算中心等综合性能全球第一的专用研究设施,在深空、深海、深地等领域谋划新的大科学计划。同时,围绕大科学计划需要的高端科研仪器、关键零部件,组织产学研联合攻关项目,引导企业参与预制研究,掌握关键核心技术。发展科研设施设备维护、软件测试、数据分析等高端科技服务业。鼓励企业对接大科学成果转移转化,推动基础前沿成果转化为高端仪表、医疗设备等领域的应用创新,发展"大科学经济"。

第5章

加强技术创新,促进成果转化应用

技术创新是相关主体应用创新的知识、技术、工艺,采用新的生产方式和经营管理模式,提高产品质量,开发新产品,提供新服务,占据市场并实现市场价值的过程。加强技术创新是强化科技创新策源功能的重要内容,《上海市建设具有全球影响力的科技创新中心"十四五"规划》已将"技术创新能级明显提升"作为主要目标之一。在各类技术创新中,新型研发机构等创新主体的作用越来越重要,共性技术平台的贡献越来越不可或缺,企业技术创新能力的提升越来越紧迫。

5.1 壮大新型研发机构

在未来相当长的一段时期内,研发机构之间的竞争将是世界科技竞争的关键组成部分,关系到每个国家、每个城市的竞争优势所在。相较于一般科研机构,凸显创新机制的新型研发机构更容易融入网络化的全球科技创新体系和治理体系之中。新型研发机构最初作为容纳海外归国人才创新和创业的载体,是以国外先进技术的引进、消化和再创新的模仿式创新为主。在科技自立自强和加强原始创新的使命召唤下,新型研发机构需要加快从跟踪模仿创新的单一模式中跳出来,必须进一步壮大其功能水平。

5.1.1 概念与内涵

近年来,新型研发机构在中国科技创新领域频繁出现,是众多带有中国发展印记的名词之一。类似的名称还包括新型研发组织、新型科研组织、新型科研机构等。关于这一概念目前还没有统一的定义。

2019年4月20日,上海市科委、市发展改革委、市经济信息化委、市教委、市民政局、市财政局联合发布《关于促进新型研发机构创新发展的若干规定(试行)》,从运行体制机制的角度对概念加以界定,即新型研发机构是有别于传统体制内科研事业单位,具备灵活开放的体制机制,运行机制高效、管理制度健全、用人机制灵活的独立法人机构,包括科技类社会组织、研发服务类企业、实行新型运行机制的科研事业单位等。此类机构一般至少应具备以下三大功能之一:开展基础与应用基础研究的功能,聚焦国家和上海市战略需求,围绕基础前沿科学、前沿引领技术、现代工程技术、颠覆性技术,开展原创性研究和前沿交叉研究;开展产业共性技术研发与服务的功能,结合上海市重点产业和战略性新兴产业创新发展需求,开展行业共性关键技术研发,提供公共技术服务,支撑重大产品研发和产业链创新;开展科技成果转化与科技企业孵化服务功能,以资源汇集和专业科技服务为特色,孵化培育科技型企业,加快推动科技成果转化为现实生产力,推进创新创业。

2019年9月12日,科技部出台《关于促进新型研发机构发展的指导意见》,从政策角度对新型研发机构进行界定,认为新型研发机构是聚焦科技创新需求,主要从事科学研究、技术创新和研发服务,投资主体多元化、管理制度现代化、运行机制市场化、用人机制灵活的独立法人机构。举办单位(业务主管单位、出资人)应当为新型研发机构管理运行、研发创新提供保障,引导新型研发机构聚焦科学研究、技术创新和研发服务,避免功能定位泛化,防止向其他领域扩张。

综上所述,新型研发机构作为一个全新的概念,有其独特的内涵,具体是指以科学研究和技术开发为主营业务,以"盈利但非营利"为经营准则,实行章程式管理的一类机构或组织。

5.1.2　性质和分类

　　新型研发机构拥有独特的组织特征，是打破传统科研机构体制机制束缚的探索者，甚至是引领者。新型研发机构的"新"，不仅在于技术研发创新，还包括管理创新、模式创新和机制创新，但核心还是机制创新，主线是注重以科技创新带动全面创新。主要体现为摆脱传统体制机制束缚，使创新主体在人、财、物等创新要素方面的自主权进一步提高，建立与企业和市场紧密对接的运营新机制，更为有效地发挥科技研发为产业创新策源的功能与效用。

　　1996 年 12 月，深圳市政府与清华大学联合成立了深圳清华大学研究院，提出了著名的"四不像"理论：研究院既是大学又不完全像大学，文化不同；研究院既是科研机构又不完全像科研院所，内容不同；研究院既是企业又不完全像企业，目标不同；研究院既是事业单位又不完全像事业单位，机制不同。随着 2019 年科技部《关于促进新型研发机构发展的指导意见》的出台，新型研发机构聚焦科技创新需求的特点得到进一步清晰和明确。

表 5.1　中国省级新型研发机构的评定情况

评定方式	评定数量小计（家）	评定时间及数量（家）					
		2015 年	2016 年	2017 年	2018 年	2019 年	2020 年
认定	1 259	124	91	93	95	610	246
备案	821	—	23	11	8	87	692
其他	157	—	—	—	24	83	50
总计	2 237	124	114	104	127	780	988

资料来源：上海市科学学研究所新型研发机构研究小组根据各地政府官方网站信息整理。

　　新型研发机构的分类维度较多。科技部在《关于促进新型研发机构发展的指导意见》中，主要将新型研发机构分为事业单位、科技类民办非企业单位（社会服务机构）和企业等三类。除此之外，按组建方式划分，可分为政府主导型、高校和科研院所主导型、企业主导型及社会组织、团体或个人主导型四类；按所承载的主体功能划分,还可分为以研发为主和以平台为主两类。

目前,中国部分地方政府及地方科技主管部门对新型研发机构开展了评定工作,部分省市出台了新型研发机构的专项政策。评定方式主要包括认定、备案和采用其他方式。截至 2021 年 1 月 31 日,中国经省和直辖市评定的有效新型研发机构约 2 237 家,评定有效期内新型研发机构数量为 2 191 家。

5.1.3 政策脉络与制度供给

2013 年 11 月 12 日,中共十八届三中全会审议并通过了《中共中央关于全面深化改革若干重大问题的决定》,在深化科技体制改革方面提出,"健全技术创新市场导向机制,发挥市场对技术研发方向、路线选择、要素价格、各类创新要素配置的导向作用。建立产学研协同创新机制,推进应用型技术研发机构市场化、企业化改革","整合科技规划和资源,完善政府对基础性、战略性、前沿性科学研究和共性技术研究的支持机制"。虽然在《中共中央关于全面深化改革若干重大问题的决定》中没有直接点出"新型研发机构"这一关键词,但从随后国家和地方陆续出台的相关政策内容来看,有两处重要内涵与新型研发机构的健康发展紧密契合。一是企业化管理、市场化运作是新型研发机构,尤其是产业化应用类新型研发机构应具备的主要特点之一;二是对以国家实验室为代表的基础研究类新型研发机构支持机制的探索。

2015 年 9 月,中共中央办公厅、国务院办公厅印发了《深化科技体制改革实施方案》,在构建更加高效的科研体系中提出,"推动新型研发机构发展,形成跨区域、跨行业的研发和服务网络"。具体包括,"制定鼓励社会化新型研发机构发展的意见,探索非营利性运行模式","制定国家实验室发展规划、运行规则和管理办法,探索新型治理结构和运行机制",首次在国家政策层面中明确对新型研发机构的发展要求。

2016 年 5 月,中共中央、国务院印发了《国家创新驱动发展战略纲要》,将新型研发机构列入创新主体的范围,并将发展面向市场的新型研发机构作为战略任务之一。2019 年 9 月 12 日,为深入实施创新驱动发展战略,推动新型研发机构健康有序发展，提升国家创新体系整体效能，科技部出台了《关于促进新型研发机构发展的指导意见》，这是国家层面就新型研发机构首次发布的专项政策。

为深入贯彻落实《关于进一步深化科技体制机制改革　增强科技创新中心策源能力的意见》，着力引导新型研发机构健康有序发展，形成各类研究机构优势互补、合作共赢的发展格局，上海市有关部门于 2019 年 4 月 20 日发布了《关于促进新型研发机构创新发展的若干规定（试行）》。在支持上海新型研发机构发展方面明确，按照竞争中立、公平普惠、分层分级的原则，推进各类新型研发机构的发展。对于一般性的新型研发机构，科技类社会组织实行直接登记，在申报政府科技研发和产业创新项目、人才计划、职称评审等方面享受企事业法人同等待遇。研发服务类企业，依照相关规定享受研究开发费用税前加计扣除、高新技术企业所得税优惠政策。采用创新券等方式，支持企业向科技类社会组织和研发服务类企业等新型研发机构购买研发服务。对于符合条件的科技类社会服务组织，享受相关税收减免政策。通过第三方绩效评价，对符合条件的科技类社会服务组织和研发服务类企业等新型研发机构给予研发后补助，支持新型研发机构开展研发创新活动。对于从事战略性、前瞻性、颠覆性、交叉性领域研究的战略性科技力量，按一所（院）一策原则，予以支持。如以政府投入为主的，可以事业单位属性按新型体制机制运行，不定行政级别，不固定编制数量，不受岗位设置和工资总额限制，实行综合预算管理，给予研究机构长期稳定持续支持，赋予研究机构自主权；以社会力量兴办的，可通过定向委托、择优委托等形式，予以财政支持。

2020 年 1 月 20 日，《上海市推进科技创新中心建设条例》（以下简称《条例》）经上海市第十五届人民代表大会第三次会议表决通过，于 2020 年 5 月 1 日起施行。这是国内首部科创中心建设的"基本法"，以地方法规的方式全力保障科创中心建设，构建更具竞争力的法治环境。《条例》针对新型研发机构作出如下规定："本市支持投资主体多元化、运行机制市场化、管理机制现代化的新型研发机构发展。市、区人民政府有关部门对符合条件的新型研发机构，应当创新经费支持和管理方式。新型研发机构按照有关规定，可以直接申请登记并适当放宽国有资产份额的比例要求;可以在项目申报、职称评审、人才培养等方面适用科研事业单位相关政策;可以通过引入社会资本、员工持股等方式,开展混合所有制改革试点。"

2021年7月15日发布的《中共中央 国务院关于支持浦东新区高水平改革开放 打造社会主义现代化建设引领区的意见》,明确支持新型研发机构实施依章程管理、综合预算管理和绩效评价为基础的管理模式。2021年8月30日,上海市科委发文对《关于促进新型研发机构创新发展的若干规定(试行)》进行了修改,将"独立法人机构"的限定条件扩展为"法人或非法人组织"。

综上可以看出,作为国家和地方创新体系中重要的新型创新主体之一,新型研发机构从2015年《深化科技体制改革实施方案》的出台开始,逐步肩负起深化科技体制机制改革的重任,而后续大量新型研发机构政策的源头就是2013年《中共中央关于全面深化改革若干重大问题的决定》。

表 5.2　上海与科技部新型研发机构专项政策主要内容比较

要素	上海《关于促进新型研发机构创新发展的若干规定(试行)》	科技部《关于促进新型研发机构发展的指导意见》
定义	新型研发机构是有别于传统科研事业单位,具备灵活开放的体制机制,运行机制高效、管理制度健全、用人机制灵活的法人或非法人组织,包括科技类社会组织、研发服务类企业、实行新型运行机制的科研事业单位。	新型研发机构是聚焦科技创新需求,主要从事科学研究、技术创新和研发服务,投资主体多元化、管理制度现代化、运行机制市场化、用人机制灵活的独立法人机构,可依法注册为科技类民办非企业单位(社会服务机构)、事业单位和企业。
具备功能/符合条件	(一)开展基础与应用基础研究。聚焦国家和本市战略需求,围绕基础前沿科学、前沿引领技术、现代工程技术、颠覆性技术,开展原创性研究和前沿交叉研究。 (二)开展产业共性技术研发与服务。结合本市重点产业和战略性新兴产业创新发展需求,开展行业共性关键技术研发,提供公共技术服务,支撑重大产品研发和产业链创新。 (三)开展科技成果转化与科技企业孵化服务。以资源汇集和专业科技服务为特色,孵化培育科技型企业,加快推动科技成果转化为现实生产力,推进创新创业。	(一)具有独立法人资格,内控制度健全完善。 (二)主要开展基础研究、应用基础研究,产业共性关键技术研发,科技成果转移转化,以及研发服务等。 (三)拥有开展研发、试验、服务等所必需的条件和设施。 (四)具有结构相对合理稳定、研发能力较强的人才团队。 (五)具有相对稳定的收入来源,主要包括出资方投入、技术开发、技术转让、技术服务、技术咨询收入,政府购买服务收入以及承接科研项目获得的经费等。

要素	上海《关于促进新型研发机构创新发展的若干规定(试行)》	科技部《关于促进新型研发机构发展的指导意见》
登记/举办	自然科学和工程技术领域的科技类社会组织实行直接登记,申请人可直接向市、区民政部门申请登记,市、区科技部门加强行业管理与服务。登记开办时其国有资产份额可提高到不超过总资产的三分之二,发展国有资本和民间资本共同参与的非营利性新型产业技术研发组织。	发展新型研发机构,坚持"谁举办、谁负责,谁设立、谁撤销"。举办单位(业务主管单位、出资人)应当为新型研发机构管理运行、研发创新提供保障,引导新型研发机构聚焦科学研究、技术创新和研发服务,避免功能定位泛化,防止向其他领域扩张。 企业类新型研发机构应按照《中华人民共和国公司登记管理条例》进行登记管理。
待遇	按照竞争中立、公平普惠原则,科技类社会组织在申报各级政府科技研发和产业创新项目、人才计划、职称评审等方面享受企事业法人同等待遇;研发服务类企业,依照相关规定享受研究开发费用税前加计扣除、高新技术企业所得税优惠政策。采用创新券等方式,支持企业向科技类社会组织和研发服务类企业等新型研发机构购买研发服务。	符合条件的新型研发机构,可适用以下政策措施。 (一)按照要求申报国家科技重大专项、国家重点研发计划、国家自然科学基金等各类政府科技项目、科技创新基地和人才计划。 (二)按照规定组织或参与职称评审工作。 (三)按照《中华人民共和国促进科技成果转化法》等规定,通过股权出售、股权奖励、股票期权、项目收益分红、岗位分红等方式,激励科技人员开展科技成果转化。 (四)结合产业发展实际需求,构建产业技术创新战略联盟,探索长效稳定的产学研结合机制,组织开展产业技术研发创新、制订行业技术标准。 (五)积极参与国际科技和人才交流合作。建设国家国际科技合作基地和国家引才引智示范基地;开发国外人才资源,吸纳、集聚、培养国际一流的高层次创新人才;联合境外知名大学、科研机构、跨国公司等开展研发,设立研发、科技服务等机构。
补助	通过第三方绩效评价,对经认定符合条件的科技类社会组织和研发服务类企业等新型研发机构给予研发后补助,支持新型研发机构开展研发创新活动,对上年度非财政经费支持的研发经费支出额度给予不超过30%的补助,单个机构补助不超过300万元。已享受其他各级财政研发费用补助的机构不再重复补助。	鼓励地方通过中央引导地方科技发展专项资金,支持新型研发机构建设运行。鼓励国家科技成果转化引导基金,支持新型研发机构转移转化利用财政资金等形成的科技成果。

要素	上海《关于促进新型研发机构创新发展的若干规定(试行)》	科技部《关于促进新型研发机构发展的指导意见》
税收优惠	按照国家有关规定,对于符合条件的科技类社会组织,享受相关税收减免政策,进口国内不能生产或者性能不能满足需要的科研和教学用品,免征进口关税和进口环节增值税、消费税。	符合条件的科技类民办非企业单位,按照《中华人民共和国企业所得税法》《中华人民共和国企业所得税法实施条例》以及非营利组织企业所得税、职务科技成果转化个人所得税、科技创新进口税收等规定,享受税收优惠。依照《财政部 国家税务总局 科技部关于完善研究开发费用税前加计扣除政策的通知》(财税〔2015〕119 号),企业类新型研发机构享受税前加计扣除政策。依照《高新技术企业认定管理办法》(国科发火〔2016〕32 号),企业类新型研发机构可申请高新技术企业认定,享受相应税收优惠。
分类支持	对于经认定的从事战略性、前瞻性、颠覆性、交叉性领域研究的战略科技力量,按一所(院)一策原则,予以支持。 (一)属于事业单位性质的机构,不定行政级别,实行编制动态调整,不受岗位设置和工资总额限制,实行综合预算管理,给予研究机构长期稳定持续支持,赋予研究机构充分自主权。 (二)对于社会力量兴办的机构,通过定向委托、择优委托等形式,予以财政支持。	地方政府可根据区域创新发展需要,综合采取以下政策措施,支持新型研发机构建设发展。 (一)在基础条件建设、科研设备购置、人才住房配套服务以及运行经费等方面给予支持,推动新型研发机构有序建设运行。 (二)采用创新券等支持方式,推动企业向新型研发机构购买研发创新服务。 (三)组织开展绩效评价,根据评价结果给予新型研发机构相应支持。
信息公开	新型研发机构应定期参加统计调查,按规定向社会公开重大事项报告和年度工作报告,并对公开信息的真实性、完整性负责。	鼓励新型研发机构实行信息披露制度,通过公开渠道面向社会公开重大事项、年度报告等。
统筹管理	本市科技、发改、产业、教育、民政、财政等部门共同协调推动新型研发机构的建设发展,统筹新型研发机构布局,组织开展新型研发机构认定,落实新型研发机构相关政策措施,委托第三方开展新型研发机构评价等工作。	促进新型研发机构发展,要突出体制机制创新,强化政策引导保障,注重激励约束并举,调动社会各方参与。通过发展新型研发机构,进一步优化科研力量布局,强化产业技术供给,促进科技成果转移转化,推动科技创新和经济社会发展深度融合。 建立新型研发机构监督问责机制。对发生违反科技计划、资金等管理规定,违背科研伦理、学风作风、科研诚信等行为的新型研发机构,依法依规予以问责处理。 地方可参照本意见,立足实际、突出特色,研究制定促进新型研发机构发展的政策措施开展先行先试。

资料来源:上海市科学学研究所新型研发机构研究小组根据政府官方网站信息整理。

5.1.4　上海研发与转化功能型平台建设的进展与成效

研发与转化功能型平台是上海新型研发机构的重要组成部分。近年来，上海面向集成电路、生物医药、先进制造、新材料等产业技术创新需求，已启动建设 15 家功能型平台。截至 2020 年 7 月，还有 5 家在审批过程中，另有 5 家在培育过程中。

表 5.3　上海已启动的 15 家研发与转化功能型平台

平台名称	运营单位	所在区	成立年份
上海市石墨烯产业技术功能型平台	上海超碳石墨烯产业技术有限公司	宝山	2017
上海智能制造研发与转化功能型平台	上海智能制造功能平台有限公司	浦东	2017
上海机器人研发与转化功能型平台	上海机器人产业技术研究院有限公司	普陀	2018
上海市类脑芯片与片上智能系统研发与转化功能型平台	上海新氦类脑智能科技有限公司	杨浦	2017
工业互联网研发与转化功能型平台	工业互联网创新中心（上海）有限公司	浦东	2018
上海市集成电路产业研发与转化功能型平台	上海集成电路研发中心有限公司	浦东	2017
上海市生物医药产业技术功能型平台	上海市生物医药科技产业促进中心（上海新药研究开发中心）	浦东	2017
上海科技创新资源数据中心	上海科技发展有限公司	徐汇	2018
上海工业控制系统安全创新功能型平台	上海工业控制安全创新科技有限公司	普陀	2018
上海微技术工业研究院	上海新微技术研发中心有限公司	嘉定	2015
上海低碳技术创新功能型平台	上海簇睿低碳能源技术有限公司	松江	2018
科技成果转移转化服务功能型平台	上海东部科技成果转化有限公司	杨浦	2018
北斗导航研发与转化功能型平台	上海西虹桥导航技术有限公司	青浦	2019
大数据试验场研发与转化功能型平台	迪莲娜（上海）大数据服务有限公司	静安	2019
上海智能型新能源汽车研发与转化功能型平台	上海智能新能源汽车科创功能平台有限公司	嘉定	2019

资料来源：上海工程技术大学"上海公共研发服务平台成效评估及相关举措研究"课题组整理。

表 5.4　上海已启动的研发与转化功能型平台分类

平台性质	技术研发类型	主要功能	平台简称
公益类	基础研究	前沿技术研究	类　脑
			大数据
	技术研发类(核心技术研发)	核心技术开发、产业发展	微工院
			生物医药
			工业控制
			机器人
效益类	技术研发类(应用技术研发)	产业应用技术研发、研发转化与集成	智能制造
			新能源汽车
			石墨烯
			低碳技术
			工业互联网
			北斗导航
			集成电路
	创新创业类	基于信息、技术、金融、人才等要素开展各种创新创业服务	科技资源
			东部中心

资料来源:上海工程技术大学"上海公共研发服务平台成效评估及相关举措研究"课题组整理。

上述 15 家功能型平台面向全社会提供创新条件保障、技术研发、成果转化和人才培养等各类公共服务,初步形成了以上海为核心,覆盖长三角、辐射全国、延伸国际的服务网络,各平台的公共服务和技术创新能力逐步提升,行业和国际影响力正在形成,在整合研发创新资源、服务产业技术研发、探索体制机制创新、深化国际合作交流等方面发挥着越来越重要的功能作用。截至 2020 年上半年,各平台累计实现服务收入 13 亿元,集聚创新人才 2 000 余名,服务用户和产学研合作单位超过 2 000 家,在孵企业和团队 200 余家(个),合计撬动社会资本投入超过 100 亿元。一批以产业共性技术研发与转化服务为核心功能的实体机构已初步建成。

微技术工业研究院运行国内唯一一条 8 英寸 MEMS 研发中试线;合同用户达300 余家,服务收入超过 2 亿元;联合中金公司、国家集成电路产业基金及其他战略投资人组建"MtM 产业基金",规模约 50 亿元,通过民营化、并购整合、技术合作,结合产品线,打造世界级传感器龙头企业;已孵化出包括上海矽睿科技、上海磁宇信息科技、上海芯晨、上海芯迈等 8 家创新型企业。生物医药产业技术功能型平台以加盟形式集聚全市多家生物医药技术平台的资源,建设抗体药、生物药、细胞制剂等研发中试平台,累计提供研发服务 40 万次。石墨烯产业技术功能型平台建设中欧石墨烯创新中心,联合研发轻量化高强度石墨烯铝合金,推动石墨烯复合技术在河道治理上发挥作用。科技创新资源数据中心研制的重整合成气装置在山西潞安集团实现产业化示范,吸引陕西煤业化工集团投资 20 亿元成立上海研发总部。智能制造研发与转化功能型平台承建弗劳恩霍夫协会全球第 10 个、中国第一个项目中心,与中国商飞、江南造船、上汽大众开展技术合作。类脑芯片与片上智能系统研发与转化功能型平台引进英特尔、麻省理工学院、伦敦大学学院、瑞典环境理工学院等顶尖团队。机器人研发与转化功能型平台联合苏州、宁波等多家研发机构,发起长三角机器人产业平台创新联盟。

面对突如其来的新冠肺炎疫情,微技术工业研究院自主研发热电堆红外温度传感器芯片,已出货数百万颗,并与比利时 IMEC 合作开发硅基超快 PCR 核酸检测技术。生物医药产业技术功能型平台为重症患者治疗药物临床研究提供样品,为试剂盒、疫苗提供毒理评价和临床试验。机器人研发与转化功能型平台为武汉同济医院、中心医院等提供物流机器人。北斗导航研发与转化功能型平台协助为新冠肺炎疫情地区的方舱医院施工、无人机作业、无接触物流配送提供服务。工业控制系统安全创新功能型平台、大数据试验场研发与转化功能型平台、石墨烯产业技术功能型平台等贡献适应新冠肺炎疫情防控需求的解决方案、智能影像预检系统、纳米过滤无纺布等。

5.1.5 促进新型研发机构发展壮大的重点举措

在构建以国内大循环为主体、国内国际双循环相互促进的新发展格局背景下,新型研发机构已从"十三五"期间的"多地试建、数量快增"阶段,朝着"全面共建、量质同增"的方向发展。为了在"十四五"期间进一步有效发挥制度优势,需要在以下方面予以重点关注。

1. 加强分类引导,探索创新组织方式

通过差异化分类管理进一步发挥机构自身优势。政府主导型机构应引领产业发展,重点提供公益性建设服务,支撑关键产业转型升级;高校和科研院主导型机构可专注和开展基础性前沿性创新研究并深度对接产业,实现科技成果转化;企业主导型机构可逐步成为应用研究的主体,重视颠覆性技术创新,支撑并加速企业自身发展;社会组织等主导型机构可逐步引导建成科技合作中介组织,以向相对应的具体行业提供专业化研发和技术服务为目标。明确各类研发机构身份,根据不同发展定位制定相应评估标准和指标体系。立足于各省市产业结构与现存经济和科技基础,因地制宜、一地一策建设新型研发机构。同时,积极创新组织方式,探索试点成立具有区域集群效应的新型研发机构联合体。

2. 加强服务企业成果落地的政策引导

不论是基础研究类和产业化开发类,新型研发机构的成果最终都要输送到企业当中。需要把服务企业、让成果落地并通过市场化竞争检验作为机构发展的重要目标之一。可通过联合体鼓励机构切实服务企业创新,在技术上帮助企业降低创新成本。在对新型研发机构的评价方面,可考虑将所服务企业的发展绩效与机构绩效挂钩,对服务企业客户的满意度进行调查,将本地以外的服务成效等同于服务本地企业的绩效。组织企业见面会,为企业创造与机构进行磋商洽谈的机会,促进双方达成合作的研究项目。基础研究类机构可积极与包括国有企业和民营企业在内的大企业进行对接,共同打造新兴技术产业链。通过大中小微各类企业之间的合作,促进两类新型研发机构协同发展。

3. 支持构建人才引用留育的管理体系

贯彻《关于分类推进人才评价机制改革的指导意见》等文件精神,做到"四不唯""四唯"。试点在世界范围内招聘机构负责人。吸引并培养一批具有创新能力的年轻科研人员,对研究人员实行具有更大自主性和灵活性的聘用制,有效激发研发团队创新意识和进取精神。引导机构认同科研和非科研工作人员的临时身份，鼓励流动，允许兼职，支持创业并允许一定时间内返回机构。将复合型科技创新管理人才，视同于高端创新要素和资源。鼓励各机构对研究型、管理型、创新型人才以及复合型人才培养培育机制进行整体设计，积极与高校开展相关合作。

4. 完善制度保障，推进国际合作布局

把握好"前期资金扶持、中期机构淘汰、后期政府退出"的发展节奏，落实财政机构式资助制度建设，加强新型研发机构生存的风险意识，加强新型研发机构党组织建设工作。推进国际合作与布局，探索与国际区域、组织开展合作的新模式，鼓励与各类国际产业组织形成战略合作框架，推进与国际知名科技园区、创新资源密集城市等深入交流合作，协助本土企业与东道国相关机构开展合作，支持新型研发机构面向海外进行布局和升级。

5.2　做强共性技术平台

前些年，随着国内一批原先隶属行业部门的专业化科研院所集中转企后，其共性技术供给能力普遍有所降低，共性技术创新主体缺位。共性技术供给体系不完善、总量不足和质量不高的问题日益成为企业创新发展的瓶颈，影响到产业基础能力和产业链现代化水平的提升。对共性技术平台进行顶层设计与政策引导，加强共性技术平台建设，解决跨行业、跨领域的关键共性技术问题，成为"十四五"时期亟待加强的重要工作。

5.2.1　共性技术的概念、内涵与主要特征

1. 共性技术的概念

共性技术（generic technology）指一般的、普通的、通用的技术。不同国家从自身实际出发对共性技术给出了多种定义。这些定义主要是从共性技术研究所处的研发阶段、影响范围的外部性，以及涵盖范围等三个方面来界定（邹樵，2008）。美

国从研发阶段出发,对共性技术给出两类定义。一类认为共性技术研究主要位于技术研究开发的初始阶段,该阶段的目标是要证明有潜在市场应用价值的一种产品或过程的概念,从而能在进入后续应用性更强的研发阶段前降低大量的技术风险。另一类认为共性技术研究可以位于技术研究开发的多个阶段。共性技术可以是科学现象的一个概念、要素,或一种可被应用于广泛的产品和生产过程的潜力,一项共性技术需要后续的研究开发来实现其商业应用。日本从影响范围出发,使用一套标准来判断一项技术是否处于研究开发的共性阶段。即,该技术必须具有产业化前景、高技术风险、大量潜在的市场应用,以及较大的经济影响预期。从影响范围这一角度来看,共性技术在很多领域内已经或在未来可能被广泛应用,其研发成果可共享,并对一个或多个产业及企业,甚至整个行业或产业技术水平、产品质量和生产效率都会发挥迅速的带动作用,具有巨大的经济和社会效益。

2. 共性技术的内涵

从各国的实践经验可以看出,支持共性技术研究是政府的一种政策工具和手段,其目的是最大限度地推动社会经济的发展和技术的进步。共性技术主要有以下三方面内涵。一是应用范围广。从供给的角度看,共性技术是一种能够在多个行业和产业中得到广泛应用的基础性技术;从需求的角度看,共性技术是用来解决多个产业实现产业升级所面临解决的共性问题。共性技术的研发突破将对一个或多个产业和产业体系的发展有重大的影响。二是具有产业化前景。强调市场导向是美国、欧盟和日本等主要国家和地区推动共性技术研发的共同目标。共性技术具有较大的潜在经济效益和社会效益。在共性技术研究成果的基础上,企业等创新主体可以根据自身特点和需求进一步进行商业化研究和开发。三是受应用水平影响。某项技术在发展中国家可能属于专有性高新技术,在发达国家会属于共性技术。某项技术今天还是一项专有性高新技术,而明天随着技术水平的发展,应用范围忽然扩大,可能一下子成为多产业应用的共性技术。比较来看,发展中国家主要关心重点行业的关键共性技术的突破,以带动产业整体水平的提升,而发达国家对能够在多个产业中应用的技术更为关注。

3. 共性技术的主要特征

共性技术的特征表现比较多，最具有代表性或者说最主要的特征主要为以下三个方面。一是基础性。共性技术能在多个领域和产业被运用，其研发成果可共享，并对多个产业产生深刻影响，充分体现出共性技术的基础性。产业共性技术的基础性是指共性技术的研发成果处于技术基础地位，是后续产业化、技术产品开发的技术基础。二是外部性。共性技术的外部性是指由于共性技术的应用广泛，很容易扩散和溢出到其他部门和领域成为社会公有，其研发者无法独占技术成果及其带来的全部收益，体现出共性技术的共享性。三是关联性。产业共性技术的成果往往凝结着多学科的知识，在其研发与扩散的同时，能够提高多个产业的技术水平。多数情况下，共性技术并非某一单一的技术，更多是表现为一组成套关联技术的组合，其关联性不仅表现为产业共性技术与其他产业上下游技术之间的密切关联，还表现为共性技术内部的技术和知识的密切关联。

5.2.2 上海共性技术平台的发展现状

1. 功能与分类

上海的共性技术平台也被称为公共研发服务平台，不仅具备共性技术研发的基本功能和特征，还是通过有效集聚、整合、优化各类科技资源，构建而成的一种对社会开放共享的基础性支撑体系，是为社会提供研发基础条件支撑、技术服务、技术转移、创业孵化等各类科技公共服务的载体。按照成立时间与发展的成熟度，上海的共性技术平台载体大致可分为两个大类。一类是上海市重点实验室、工程技术研究中心、专业技术服务平台等，建设起步比较早，产业领域布局虽然散，但形成了广泛的覆盖，发展方向相对聚焦，属于基础型研发服务平台。另一类是包括功能型平台在内的各类新型研发机构，建设起步比较晚，整体布局数量还不多，但是更明确服务于创新链和产业链，是为各类创新主体在不同创新或价值环节的创新活动，提供条件支撑的枢纽型、具有网络化组织体系的公共服务空间和创新载体，目的是填补区域创新链缺失环节，完善区域创新体系，属于综合型研发服务平台。各类平台构成了金字塔型的研发服务支撑体系,对强化上海基础研究、促进科技成果转化、推动专业技术服务、提高企业技术创新等提供了重要的支撑作用。

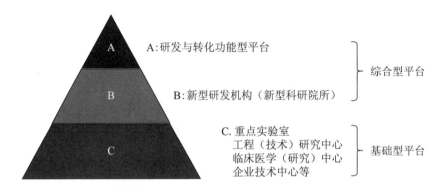

图 5.1　上海公共研发服务平台建设层次

资料来源:上海科技咨询有限公司"上海公共研发服务平台成效评估及相关举措研究"课题组调研整理。

表 5.5　上海各类公共研发服务平台建设情况(2019 年)

类　别	定　位	平台名称	主管部门	数量
重点实验室	聚焦基础研究和应用基础研究的原创性成果,推动原始创新和前沿探索	上海市重点实验室	市科委	144
		上海市高校重点实验室	市教委	34
工程(技术)研究中心	为产业化提供成熟、配套的技术、标准、工艺、装备和新产品	上海工程技术研究中心	市科委	370
		上海市工程研究中心	市发改委	25
		上海市高校工程研究中心	市教委	23
专业技术服务平台	提供大型仪器共享、技术检测、咨询与专业技术服务	上海市专业技术服务平台	市科委	238
临床医学(研究)中心	立足本市临床医学科技创新能力,促进临床医学成果转化	上海市临床医学研究中心	市科委	11
		上海市临床医学中心	市卫健委	22
企业技术中心	制定企业技术创新规划、开展产业技术研发、创造运用知识产权、建立技术标准体系、凝聚培养创新人才、构建协同创新网络、推进技术创新全过程实施	上海市企业技术中心	市经信委	562
研发与转化功能型平台	综合性服务平台,统筹领域内产品、技术的研发、转化、推广等,支持特定产业链的创新需求	上海市研发与转化功能型平台	市科委、市发改委、市经信委	15

资料来源:上海科技咨询有限公司"上海公共研发服务平台成效评估及相关举措研究"课题组调研整理。

2. 主要成效

以上海市科委为主布局的三类公共研发服务平台为例，其成效主要体现为三个方面。一是依托上海重点实验室，为开展基础研究和应用基础研究、推动原始创新和前沿探索发挥了积极作用。2019 年，上海市重点实验室共承担省部级及以上科研项目 8 968 项，其中新增国家级项目 3 759 项；发表论文 10 566 篇（其中 78.6% 被 EI/SCI 收录），被《科学》《自然》《细胞》等国际顶级期刊收录 321 篇。二是依托工程技术研究中心，聚焦关键核心技术攻关，积累了一大批重大科研成果。2019 年，上海工程技术研究中心共承担科研项目 5 450 项，获得重大关键性、基础性和共性技术 1 094 项，实现成果转化 2 295 项，获得各类知识产权 3 965 项，科技成果转化收益超千亿元。三是依托上海市专业技术服务平台，为企业提供创新基础设施和技术标准服务，平台技术水平和行业话语权不断提高。2019 年，上海市专业技术服务平台服务用户达 212 182 家，服务长三角用户数达 138 152 家，占总服务数的 65.1%；有 77 家平台主持或参与制定各类技术标准 423 项，其中国际标准 10 项、国家标准 179 项、行业标准 183 项。

5.2.3　做强共性技术平台的未来路径

1. 结合国家科研机构管理体制创新要求，优化上海公共研发服务平台建设及扶持方式

对现有公共研发服务平台进行评估梳理，结合科研机构管理体制创新要求，对于公益性特点显著、市场化基础薄弱的平台，施行新型研发机构管理模式，要求其进行独立核算，以提高各类平台的可考核性。对此类平台，可参考《上海市新型科研院所履行公共职能的绩效评价与管理办法》，基于平台特点设定评价指标体系，根据阶段性考核结果及其贡献度给予不同的财政补助。对于完全具有市场化能力的平台，则推向市场，以"创新券"等市场化方式予以支持，不再给予财政直接补助。

2. 围绕财政投入、平台布局等关键环节，进一步发挥好统筹联动机制作用

根据上海市政府印发的《本市加强财政科技投入联动与统筹管理实施方案》的

要求,参照目前财政对科技项目投入的统筹方式,将各市级部门拟立项与布局的公共服务平台一并纳入市级统筹联动机制进行会商,避免财政重复投入。建立市级层面公共研发服务平台建设工作领导小组或相应工作机制,着力打破部门间壁垒,对今后全市平台的增量布局与存量优化进行统一管理和协调,并为各类平台协同创新提供制度保障。

3. 鼓励公共研发服务平台组团搭建协同创新服务联合体,形成功能型平台蓄水池

功能型平台作为综合性的公共研发服务平台,可在产业链、创新链上形成全链条、全方位的服务能力和产业促进能力,但其建设周期长、投入力度大,成效评估和显示度体现较为不易。为此,可设立公共研发服务联合体扶持专项,鼓励和支持各类公共服务平台自由组合,以某一任务为载体,联合开展创新研究,形成松散的创新服务联合体,储备功能型平台资源。政府部门通过评估其协同创新效果给予立项及支持,引导各类公共服务平台强化协同创新意愿,通过反复探索与尝试,推动部分服务平台逐步结成相对稳定的联合体,形成功能型平台的雏形。

4. 制定面向平台的弹性人才与项目扶持政策,合理配备平台专职管理人才

针对平台固定人员,明确其同等适用依托单位所享受的各类人才政策。针对流动性较高的人员,以平台名义为其申请人才、项目等扶持政策,确保其在一定研究周期内为平台提供较为固定的服务工作量。同时,在加强技术人员交流以促进"新鲜血液"流动的同时,要稳定核心骨干人才队伍,防止"断流"。平台负责人原则上不需要研发与管理"双肩挑",鼓励设置平台专职管理负责人,以稳定平台运行管理架构。

5.3 提升企业创新能力

2020 年 9 月 17 日,习近平总书记在湖南企业考察调研时明确指出:"创新是企业经营最重要的品质,也是今后我们爬坡过坎必须要做到的。关键核心技术必须

牢牢掌握在我们自己手中，制造业也一定要抓在我们自己手里。"制造业创新中心和企业技术中心是促进企业创新能力提升的集中表现，是产业技术创新体系的重要力量。这两类中心的创新能力、效率和运行状态不仅影响着企业的发展趋势，而且更能反映一座城市产业高质量发展的水平。

5.3.1　国际经验借鉴

1. 改变政府支持企业技术创新的思路

美国国家制造创新网络（NNMI）构建了一种三级网络架构的创新体系：由扎根于各产业领域的制造业研究所集合成为一级网络架构；在各类制造业研究所之上，通过建立一个制造研究所的"网络"进行交叉合作、实践交流；各类制造业研究通过开展研发活动，进一步为产学研合作提供契机。美国国家制造创新网络计划改变了政府支持创新的思路，由政府与社会力量共建的"混合资本"研究所推动制造业

专栏 5.1　美国国家制造创新网络计划

美国国家制造创新网络计划最早可以追溯到 1988 年设立的霍林斯制造业拓展伙伴计划（MEP），依托非营利性机构或联合体建造遍布全美的服务中心，为中小型企业提供技术创新服务。2011 年，美国为解决制造业空心化问题，设立了先进制造业伙伴计划（AMP）。与制造业拓展伙伴计划不同的是，先进制造业伙伴计划将支持机构由中小型企业扩大至大型制造业公司，并由大学和企业承担主角，组建先进制造业合作联盟与大型制造业公司承担计划。次年，美国再次提升了制造业支持力度，制定实施美国国家制造创新网络计划［后更名为"美国制造"（Manufacturing USA）］。通过建立由 15 家制造业创新研究所组成的全美制造业创新网络，以带动制造业创新和增长。

资料来源：上海市科学学研究所"促进本市科研与产业双向链接的新型研发机构发展研究"课题组整理。

创新。在美国制造业研究所组建过程中,州政府将与产业界和联邦政府一起成为共同投资者,为特定的相关项目提供支持。从实践情况来看,联邦政府、州政府和产业界的投资比例在 1∶1∶1 左右。比如,美国国家增材制造创新研究所(NAMII)通过联合高校和产业界,开展研发和技术开发项目。

2. 通过第三方机构优化企业研发服务方式

德国弗劳恩霍夫协会为中小企业提供的研发服务,主要是"嵌入式"研发服务项目,该协会不偏向于为企业提供一个从创意到商品化全过程的完整成果,因为后者所体现出的服务价格和周期不利于激发企业的市场需要。这种"嵌入式"研发服务项目主要是针对企业创新的不同环节,提供较为丰富的服务方式(卫才胜,2003)。

表 5.6 弗劳恩霍夫协会的服务方式与服务内容

创新过程环节	服务方式或内容	
创意阶段	灵感交流;预研;基础研究;市场信息交流	
样品或样机的设计与开发	提供工具(如虚拟);提供方法(如快速成型);材料(如特性或配方)辅助;工艺开发;技术研究	专利服务(如许可证)
试生产	测试(缺陷分析);生产工艺;加工设备	
批量生产	物流;管理(生产优化)	
市场产品	市场准入认证	

资料来源:根据相关资料整理。

开展"合同研究"是弗劳恩霍夫协会下属研究所与产业部门之间最重要、最"正规"的互动模式,确保了其研究与产业部门的需求密切相关。该协会下属所有研究所主要采取"合同研究"机制为客户提供科研服务,在 72 家跨区域研究所组成的8 个学部中,7 个学部均进行"合同研究"。弗劳恩霍夫协会下属研究所之所以面向产业界采取"合同科研"的方式,主要是利于界定研发机构与企业间的权利与义务。对于执行"合同科研"期间产生的科研成果,弗劳恩霍夫协会下属研究所会进行专利申报保护,同时对客户授予独家或者排他性许可权,规定具体应用的使用期限等。基于有效的专利策略,协会通常都是合作中知识产权收益较多的一方。该协会的每一项新研究都增加了协会的无形资产,而这些"背景 IP"又使弗劳恩霍夫协会进一步成为对企业界而言更有吸引力的合作伙伴。在该模式下,该协会充分利用其在研发领域的专业积累和高水平的科研队伍,通过研究所之间的跨学科合作,直接、迅速地为客户制定个性化研发方案。各种规模的企业都可以从"合同研究"中受益,对于无力开展自主研发的中小企业,弗劳恩霍夫协会是创新技术的重要来源。

专栏 5.2 德国弗劳恩霍夫协会

德国弗劳恩霍夫协会(Fraunhofer-Gesellschaft)是德国也是欧洲最大的应用科学研究机构。该协会以德国的中小企业发展为己任,自觉为中小企业的发展源源不断地提供最新科研成果和科技服务。在政府资助不断减少的时代,该协会将越来越多地去满足大企业和公共团体的需求,在保持与中小企业的联系以维护公共利益的同时,其将把重心放在其支柱客户群上,即国内和国外的大企业。目前,大多数公共项目的客户为德国联邦和州政府、德国科技研究发展协会、其他国家政府(主要是欧洲国家)和欧盟。

资料来源:卫才胜,《从科研组织的变革看 19 世纪德国科技中心的形成》,《沙洋师范高等专科学校学报》2003 年第 2 期。

---

3. 通过研究所网络支持企业技术创新

法国卡诺研究所网络(Carnot Institutes Network, CIN)以提高合作伙伴的研究水平为己任,通过提高公共研究实验室的能力,致力于促进社会经济合作伙伴(企业)的创新,努力成为企业竞争力和经济增长研究领域的重要参与者之一。主要做法包括:

一是以研产共建联合实验室为载体。CIN 通过与企业共建联合实验室,CIN 专家对企业的产业研究需求进行分析,针对需求开展进一步的研究,为其提供更高水平的专业化服务。在此过程中,CIN 通过设置保密条款进行专业管理,并且在项目的推进过程中充分考虑到相关企业的需求和局限性,CIN 与企业之间形成了专业的契约关系,提供获取科技能力的便捷性,为企业大量接触其他技术平台创造了良好的研产合作氛围。

二是构建有利于协同创新的多学科研究网络。目前,CIN 已构建起一个多学科的研究网络,涵盖理论、应用和产业化等各方面问题,应对经济和社会的重大挑战。这些有转化成果经验的机构在一个平台上对外服务,可以实现资源、信息、经验的共享,还可以通过多方联动快速解决企业面临的技术问题。CIN 也同时注重依托竞争力集群,推动与企业的研究合作,每年组织卡诺见面会(含每年一次的大型见面会和若干次小型见面会),为企业尤其是中小企业创造与 CIN 进行磋商洽谈的机会,促进达成双方合作的研究项目。

三是为企业提供多样化的平台服务。CIN 为企业提供平台类服务(包括对工艺、临床、测试、实验等相关概念和原型的有效性验证,以及通过联系专家来提供高性能设备),B2B 合同项目的研究服务(项目时间从数月至数年,金额从 1 万欧元至100 万欧元不等),协作式项目服务(比如由法国国家科研署、法国国家专项基金、欧洲地平线 2020、欧洲研究协调机构尤里卡等提供的项目),以及加入为期 3 年或更长时间的联合实验室的服务等。企业同其合作还可以享受科研税收抵免等资助政策及科研项目申报的便利。此外,CIN 注重不同企业客户的个性化需求,根据时间长度,制订对应的合作方案。

四是通过界定合作成果使用权促进合作共赢。AiCarnot 与法国国家工业产权局(INPI)形成了有效的伙伴关系,成立了含众多卡诺研究所在内的工作组,通过制定并落实《中小企业与公共实验室合作研究指南》来解决知识产权问题。该指南规定,CIN 与企业双方对合作研究成果共享所有权;同时,各方都对自己所拥有的前期知识成果享有所有权与使用权,只能在以研究为唯一目的时可免费使用对方的成果。该指南允许 CIN 在后续研究中免费使用合作研究结果。这种有制度可依的鼓励措施,既不影响企业的利益,又有助于研发机构的科研技术发展。同时,该指南允许研究所授予企业技术成果独占与非独占许可权,以促进研究成果的商业化利用(申畯、江诗琪,2015)。

专栏 5.3 法国卡诺研究所网络

为了激发国立研究机构的创新活力并促进科技成果转化，2006 年法国政府公布新的研究法案，要求进一步推动产学研协同创新。国家科研署作为法国高等教育与研究部下属部门，发起了"卡诺计划"，旨在拉进公共科研机构与产业界的距离，加快技术转移和成果转化步伐。"卡诺计划"通过对符合条件的公共科研机构进行卡诺标签认证，在全国范围内逐步形成产学研合作、多主体协同的卡诺研究所网络。得益于政府的有效支持、体制机制的创新，卡诺研究所网络的发展突飞猛进，现已成为欧洲第二大应用型研究所联合体，仅次于德国弗劳恩霍夫协会。

资料来源：申畯、江诗琪，《法国卡诺研究所联盟合作研究及对我国的启示》，《中国科技资源导刊》2015 年第 2 期。

---

4. 通过第三方机构"桥接"企业创新链条

日本《科学技术创新综合战略 2014》提出，将"桥接"运营明确定位为日本国家产业技术综合研究所（National Institute Of Advanced Industrial Science and Technology，AIST）的核心任务，对 AIST 的绩效评估主要基于其资源分配的实施，而资源分配则重点强调从产业中获取资金，以及在"桥接"研究后期，从外部公司接受的合同研究等相关资金。对于参与"桥接"研究的人员与团队进行评估也有新的指导原则，不再以论文和专利等通常的指数作为标准，而是聚焦从私营企业或其他活动中获取的资金。仿照德国弗劳恩霍夫协会的案例，从产业与许可收益中获取的合同研究金额，占相关财政年度运营开支拨款总额的百分比将作为获取外部资金的量化目标。这些引导 AIST 新技术商业化和发挥桥梁作用的举措使得 AIST 能够实现良性循环。

AIST 的一项重要任务就是成为在创新性的技术种子和产业之间建立桥梁、在产业科学和技术政策方面成为核心的日本国立研究机构。为更好地发挥"桥接"作用，AIST 建立了技术转移和创业的创新中心（ICTES），用来对技术种子进行商业化培育。ICTES 主要执行两个方面的功能，即对现有的企业进行技术许可、利用有创新性的技术来创办新的企业。为了发展高潜力的高技术新创企业，ICTES 推动了"商业发展专责小组"的初创项目，该项目是建立新企业的独特方法，即由一名研究人员和一名有经验的商业人员（初创企业顾问）共同创造新的企业（孟潇、董洁，2020）。

专栏 5.4　日本产业技术综合研究所

日本国家产业技术综合研究所（AIST）是日本最大的公共研究机构之一，专注于打造并应用有益于日本产业和社会的技术，同时消除创新技术萌芽与商业化之间的差距。AIST 内部实施目标型的基础研究，在追求基本原理的同时也考虑到应用研究与实践。为此，AIST 设有两种主要的研究单元：研究所（research institute）和研究中心（research center）。"研究所"是进行研究、培训研究人员的基本研究单元。它进行目标导向的基础研究工作，用于"桥接"AIST 和企业之间的转化研究，或者以一种集成的方式发挥"桥接"作用，比如关西的电化学能源研究所、筑波的生物医学研究所等。"研究中心"则是临时的研究单位。为响应产业和社会的需求，研究中心以与企业的合作为中心，通过所需人员的流动将 AIST 的创新技术与商业化联系起来，比如福岛的可再生能源研究中心、筑波的催化化学跨学科研究中心等。

资料来源：孟潇、董洁，《日本产业技术综合研究所的发展运行经验及对新型科研机构的启示》，《科技智囊》2020 年第 8 期。

5.3.2　加快上海制造业和企业技术创新中心建设

1. 主要进展情况

截至 2019 年，中国已论证通过和启动建设 16 家国家制造业创新中心。上海已建成国家制造业创新中心 2 家、市级制造业创新中心 4 家。这些制造业创新中心在加快产业前沿技术、共性关键技术的研发供给和转移扩散，积极服务行业和产业服务方面，形成了一定的创新成果。比如，国家智能传感器创新中心完成了首个转移转化的共性技术——红外热堆温度传感器研发，在抗击新冠肺炎疫情的过程中发挥了重大作用，实现了千万量级的产业直接收入；该中心以抗疫为契机，形成了"技术＋标准＋技术链/产业链"的转移扩散和溢出模式。国家集成电路创新中心在二维半导体准非易失性存储器（SRAM）工艺等方面取得重大突破。上海先进激光技术创新中心在激光焊接技术（用于新能源汽车制造中）、光刻机照明系统等多项行业前沿和共性关键技术方面实现突破：实现了 6 件专利技术的自行实施和转让许可，孵化/集聚 5 家激光高科技公司。上海智能网联汽车创新中心聚焦公共服务平台建设和前瞻共性技术研究，形成了 1 套技术体系，突破了一批核心关键技术，建设了智能网联汽车专用封闭测试区等 4 个创新服务平台，实现了发布智能网联汽车道路测试牌照等 6 个"率先"。上海增材制造创新中心在医学和军民两用 3D 打印专用设备、汽车零部件创成式设计方面取得突破。其牵头组织的"医学 3D 打印协同创新联盟"为国内近 30 家三甲医院成员单位提供系统解决方案。上海海洋工程装备创新中心梳理海工领域关键共性"卡脖子"的设备与技术、标准和测试需求，形成近期和中长期共性技术攻关战略规划，启动了"陆地—海洋—数字"三位一体的海工装备测试体系建设。

与聚焦"高精尖缺"和制造环节的制造业创新中心相比，上海的企业技术创新中心数量更多，技术覆盖范围更大。根据国家统计局、科技部和财政部《2019 年全国科技经费投入统计公报》等资料显示，截至 2019 年底，上海已拥有 88 家国家级企业技术中心和 640 家市级企业技术中心的创新队伍。从行业分布来看，涉及九大重点行业，其中整车及零部件行业占比 15％，机械装备行业占比 19％，软件信息服务业占比 14％。2019 年，市级以上企业技术中心承担国家专项 791 项；承担上海市经信委研发类项目 280 项、技改类项目 69 项、品牌类项目 47 项。上海市产业科技类重大建设项目中，11 个项目由市级以上企业技术中心承担建设。上海微电子装备

（集团）股份有限公司"G6 高分辨率 TFT 扫描投影曝光机研制"项目，突破并掌握了大尺寸 TFT 步进扫描投影光刻机的关键技术；上海联影医疗科技有限公司"CT 用大功率 X 射线管研发及产业化项目"，首次自主研发设计了真空固体润滑轴承，解决了在高温高旋转速度下轴承的低噪音和长寿命问题。2016—2019 年间，市级以上企业技术中心户均研发经费支出及增长速度呈逐年上升趋势。其中，2019 年户均研发投入和 2018 年相比增长 9.7%。市级以上企业技术中心户均研发经费占主营业务收入比例远高于上海市户均研发经费占主营业务收入比例。

2. 存在的问题与瓶颈

一是创新中心人才团队建设有待加强。无论制造业创新中心还是企业技术中心，均存在人才团队建设不足的现象，比较来看，制造业创新中心的问题更为明显。例如，国家集成电路创新中心、上海先进激光技术创新中心、上海增材制造创新中心等缺少全职且稳定的研发、管理和成果转化技术服务团队，多数依赖于股东单位以双聘或兼职形式实施，难以确保相应团队有足够的时间和精力投入创新中心建设。上海智能网联汽车创新中心反映研发人手不够，上海海洋工程装备创新中心专职研发人员仅 3 人，无法满足未来的发展需求。与此同时，大部分创新中心缺乏有效的人才激励机制和行业内有竞争力的薪酬体系，未能充分调动科研人员的积极性。

二是创新中心资源整合能力有待提升。囿于自身或外在因素影响，部分创新中心研发和成果推广的活动空间极为狭小，股东单位支撑力度或者说积极性明显不足。例如，上海智能网联企业创新中心受制于股东方嘉定国有资产的管理规定，对外投资不能出嘉定区，导致众多对外项目仅限于业务合作，限制了创新中心可持续发展格局。上海先进激光技术创新中心被行业准入门槛高、技术难度大等特点所牵制，成员单位和合作单位较为封闭，缺乏产业联盟的支持，关键技术的推广应用力度不够。

三是部分创新中心功能定位有待明晰。对标制造业创新中心以产业前沿技术和共性关键技术的研发供给、转移扩散和首次商业化为重点的建设宗旨，实际运行效果显得差距较大。具体体现在，部分创新中心依靠股东单位既有体系开展研发，内部未形成有效的研发模式和机制,缺乏产业前沿技术和共性关键技术创新布局。例如,国家智能传感器创新中心的建设布局过于偏向 MEMS 技术和消费类传感器,对传感器的基础共性研发投入有所弱化,对国家急需的高端传感器的研发投入不足。上海增材制造创新中心与增材协会、增材联盟及成员单位之间的业务关系与界限不清,功能定位、建设目标和核心业务较为模糊。

四是部分创新中心的盈利模式有待确立。在座谈和阶段考核中发现,约半数的创新中心通过产品服务略有盈利外,其余制造业创新中心尚未实现营收。究其原因,创新中心还处于建设初期,核心技术成果转化进度缓慢,自我造血功能的建立还需要进一步探索。例如,上海海洋工程装备创新中心的核心技术和研发能力建设不足,拳头产品和服务能力不够突出,短期、中期盈利模式亟须确立,在拓展资金来源方面还需要下功夫。上海智能网联汽车创新中心的多个项目处于研发和探索阶段,面临投资规模大、投资持续性强等风险。由于创新中心尚未形成规模化经济效益,自身无法持续提供研发资金投入,亟须吸引社会资本力量的参与和支持。

5.3.3　上海企业技术创新的主要需求与机制建设

1. 主要需求

一是用户端转化成技术创新的需求。企业作为创新链、产业链直接与用户端链接的通道,其对于市场需求的感知最为敏锐。然而,并不是所有企业都有能力将用户端需求转化成技术创新需求。而且企业与高校、科研院所之间存在着一定的鸿沟,用户端需求无法向前端进行表达。为解决这一问题,企业需强化自身研发能力,建立企业内部的技术中心或研发部门,进一步凝练创新需求;高校、科研院所也需强化了解市场端需求,与企业共建各类创新平台,强化研究的市场导向。

二是技术创新对研发方向的需求。企业技术创新需求带动研发方向的转变是研发与产业化双向链接最为重要的环节。无论是企业自主研发还是委托高校、科研院所进行研发,其费用成本和高度不确定性一直阻碍了这道鸿沟的弥合。加之"研发推动企业"的正向路径中存在鸿沟,这导致中国在追赶西方发达国家的过程中,企业更倾向于对外技术的依赖,通过直接购买技术、材料、设备等方式降低成本风险,并在短时期内实现"并跑"局面。然而,随着"并跑""领跑"局面的实现,以及近年来以美国为首的西方国家开始加强关键技术封锁,自主创新需求进一步扩大,创新时效性进一步增强。根据《中国科技成果转化年度报告 2020(高等院校与科研院所篇)》显示,2019 年,3 450 家高校院所以转让、许可、作价投资方式转化科技成果的合同项数呈增长趋势。个人获得的现金和股权奖励金额达 53.1 亿元,其中现金奖励金额为 30.9 亿元,比上一年增长 17.9％;股权奖励为 22.2 亿元。科技成果产出合同金额排名前 3 位的是上海、北京、广东,承接科技成果转化合同金额排名前 3 位的是上海、广东、江苏。2019 年,高校院所以转让、许可、作价投资方式转化的科技成果转化至制造业的合同金额最大,为 58.2 亿元,占合同总金额的 38.2％;这些科技结果转化至中小微其他类型企业的合同金额最大,为 91.9 亿元,占合同总金额的 60.3％。

　　三是应用研究向基础研究延伸的需求。现有未突破、"卡脖子"的技术背后往往蕴含着基础理论的堵点或空白。由于这些基础理论需求根植于市场综合性的需求,前沿性、交叉性特征十分明显,需要汇集多方科研力量,以及多个高校、科研院

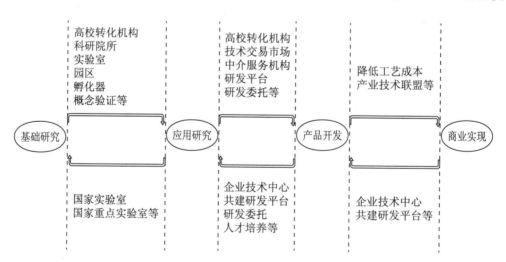

图 5.2　产业创新链中的相关主体与创新活动

资料来源:上海市科学学研究所"促进本市科研与产业双向链接的新型研发机构发展研究"课题组整理。

所的不同学科的协力配合，这对于前端科研力量组织能力提出了重大的挑战。此外，基础研究作为创新的源头，发挥着科技创新"蓄水池"的功能。当市场需求延伸至基础创新时，正反向路径形成闭环，蓄水池需要发挥其重要功能，成为创新的驱动力和支撑力。为此，《中华人民共和国国民经济和社会发展第十四个五年规划和2035年远景目标纲要》明确提出，要加快构建以国家实验室为引领的战略科技力量，组建一批国家实验室，重组国家重点实验室，形成结构合理、运行高效的实验室体系。

专栏5.5　科研与产业双向链接快车道

2020年11月12日，习近平总书记在浦东开发开放30周年庆祝大会上发表重要讲话，提出要疏通基础研究、应用研究和产业化双向链接的快车道。新型研发机构作为顺应科技革命和产业变革的产物，是双向链接科研和产业的天然平台载体和组织形式，对于疏通基础研究、应用研究和产业化双向链接的快车道具有重要意义。《中华人民共和国国民经济和社会发展第十四个五年规划和2035年远景目标纲要》将"支持发展新型研究型大学、新型研发机构等新型创新主体，推动投入主体多元化、管理制度现代化、运行机制市场化、用人机制灵活化"纳入强化国家战略科技力量的任务内容。上海"十四五"规划明确提出，要大力发展新型研发机构，促进多元创新主体蓬勃发展，疏通基础研究、应用研究与产业化双向链接的快车道。

纵观世界科技创新历史长河，从基础研究、应用研究到产业化的线性过程历来都是科技发展的主要通道。根据熊彼特创新理论，创新过程需要一条完整的创新链条，包括从基础研究、应用研究到技术开发和产业化应用、规模化发展的全过程。随着一批领军科技型跨国公司的崛起，由市场导向和应用牵引的基础研究需求不断出现，改变了长久以来对创新链的线性认识。基础研究、应用研究和产业化双向链接既是未来科技创新的主要趋势，也是实现创新突破的重要路径。"双向链接"的双螺旋结构模型如下图所示(雷小苗、李正风,2020)。

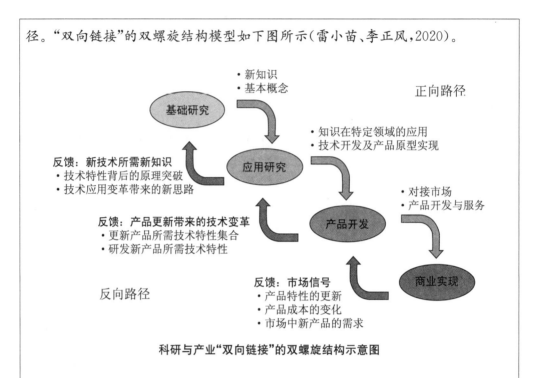

科研与产业"双向链接"的双螺旋结构示意图

基础研究、应用研究和产业化双向链接需要从正向和反向两条路径同步发力。"正向路径"是指基础研究通过正向路径经历应用研究推动产业化,同时也包括过程性环节,属于"研发推动产业"。"反向路径"是指产业需求通过反向路径牵引基础研究和应用研究方向,属于"产业牵引研发"。

资料来源:上海市科学学研究所"促进本市科研与产业双向链接的新型研发机构发展研究"课题组整理。

2. 机制建设

一是统筹决策,形成全市促进企业创新发展"一盘棋"。建立部门间制造业创新中心和企业技术中心等创新平台基地建设的协调机制,从而明确各平台的功能定位和衔接,减少重复投入,加强协同效率。对于在创新发展过程中机构功能逐步同质化的平台基地予以整合,以分中心或合并整合等形式推动建设国家级创新平台基地。做实平台基地建设退出机制,让不能发挥链接效能的平台基地得以及时退出。建立部门间协调的认定、评估机制,探索遴选统一机构配合政府做好创新中心等主体的绩效评估、资金投入、布局规划、服务保障等任务，打造上海共性技术平台的"品牌效应"。建立共性技术平台体制机制改革的协同机制。体制机制改革涉及众多政策法规，需要多部门协同推进事业单位、国有企业发展与创新相适应的体制机制，保障新型研发机构等平台的体制机制创新的有序推动。通过设立新型研发机构、技术创新中心建设引导基金等方式，吸引国外、市外优质企业来沪设立新型研发机构，强化本市双循环链接能力。

二是优化结构，打造"顶层引领、底部繁荣"的创新架构。打造共性技术平台"需求库"和"蓄水池"，进一步整合"链主式"国企、龙头企业、企业技术中心联盟等的创新资源，建立全球产业端创新资源网络，为科技创新链接国内外资源。进一步发挥企业出题者作用，做实创新联合体。利用创新联合体产学研结合的形式和已有合作经验，通过设立规划发展、能力建设等项目，鼓励有条件的创新联合体整合上中下游企业、高校、科研院所等的力量建设新型研发机构。进一步开放社会类新型研发机构，推进底部"热带雨林式"发展生态。鼓励各类创新主体或个人自由组合开展非营利性研发活动，不定身份、不定结构、不定虚实，探索对其开展多渠道支持机制。以机构是否从事基础研究、共性技术研发或服务中小型企业的公共研发等为标准扩大支持范围，优化支持力度和支持方式。将补贴、奖励等政策支持工具与公共研发服务能力、数量、质量进行挂钩，避免功能定位泛化。发挥各区、园区承载力量，强化区级政府、园区与企业、高校院所及相关利益方的自主方向选择，探索"自下而上"的组建机制。

三是加大改革，建立适合科技与产业双向链接的发展机制。加快事业单位类新型研发机构"二不一综合"改革落地，活化新型研发机构用人机制和组织能力，推动新型研发机构加快初创期建设；加快国资考核管理改革，探索国有股份分类管理制度，完善考核、退出机制。充分发挥"浦东立法权"作用，进一步探索新型的非营利性研发法人制度，系统性安排新型研发机构立法，强化新型研发机构的依章程式管理，更加注重其面向市场的任务、评价机制。进一步建立有利于各参与建设方的政策机制，各参与方对于新型研发机构、共性技术平台、企业创新中心等建设的资金、资源、人才投入,均可纳入各参与方原有的评价体系。比如,高校教授到新型研发机构兼职,其创新绩效可被视为高校创新绩效,从机构评价层面打通创新要素流动的障碍。探索新型研发机构、创新中心等与高校、科研院所、企业之间的职称互认机制,推动新型研发机构成为高校院所、企业人才流动的"中间渠道"。探索员工参与孵化形成或出资设立子公司的股权激励方案,将机构与科研人员事业发展相连接,充分调动科研人员推动研发产业化的积极性。

第 6 章

加强产业创新,释放创新主体活力

技术创新催生产业变革,产业创新助力产业升级。加快推进产业创新和高能级发展是实现经济高质量发展的重要支撑点。上海作为建设中的全球科技创新中心城市,要充分发挥产业资源禀赋优势,以科技创新为内核,以增强产业基础能力为支点,以培育高新技术企业为载体,以布局未来产业为突破点,抓住未来技术及其产业群体,锻造产业长板和补齐产业短板,为实现后疫情时代经济高质量发展和产业创新跃升提供强有力支撑。

6.1 增强产业基础能力

产业基础是支撑国家或地区产业形成、发展和升级的基础性要素,产业基础能力则是促进国家或地区产业形成、发展、升级的基础性保障支撑能力和综合实力。2019 年 7 月,中央政治局会议指出,要紧紧围绕"巩固、增强、提升、畅通"八字方针,深化供给侧结构性改革,提升产业基础能力和产业链水平。同年,中央财经委员会第五次会议强调,要充分发挥制度优势和市场优势,以夯实产业基础能力为根本,实施产业基础再造工程,增强产业自主能力。

6.1.1 上海增强产业基础能力的现状

1. 产业综合实力稳居全国前列

"十三五"以来,上海积极强创新、稳增长、调结构,促进经济高质量发展。在整体发展上,上海市生产总值(GDP)从 29 887 亿元增长到 38 701 亿元,平均增速 5.9%,持续五年排名全国第一位;上海市工业总产值实现从 33 080 亿元到 37 053 亿元的提升,平均增长 2.4%,连续五年排名前三位;上海市工业增加值实现从 7 145 亿元到 9 657 亿元的提升,平均增长 7%。

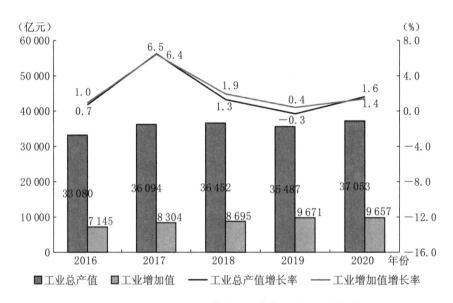

图 6.1 2016—2020 年上海市工业产值以及工业增加值

资料来源:根据上海市统计局统计公报整理。

2. 产业结构持续优化升级

"十三五"期间,上海市战略性新兴产业增加值从 4 182 亿元增长到 7 328 亿元,平均增速 15%。上海市战略性新兴产业增加值占 GDP 比重达 18.9%;上海市高新技术企业从 2 306 家增加到 17 012 家,平均增长 127.5%。同时,上海聚焦产业结构和关键领域,积极创新产业基础设施,加快国家级科技基础设施建设;增强网络基础设施建设,推动多元化"5G+"应用场景建设,积极建设国家级工业互联网平台,开展市内新型城域物联网百万级规模部署;升级终端基础设施应用,积极促进新能源终端设施、智能电网设施、智慧医疗设施等应用。

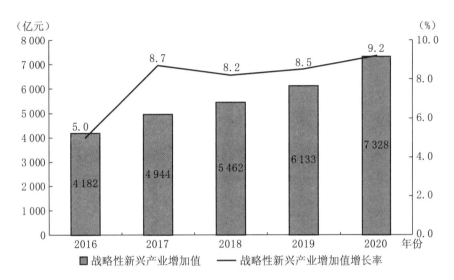

图 6.2 2016—2020 年上海市战略新兴产业增加值以及增长率

资料来源:根据上海市统计局统计公报整理。

专栏6.1 浦东六大硬核产业迎来大发展

浦东新区全面落实国家战略,在 2018 年提出聚焦"中国芯""创新药""蓝天梦""未来车""智能造""数据港"六大硬核产业的基础上,聚关键、强布局,推动产业高质量发展,新区工业总产值站稳万亿平台,六大硬核产业引领支撑功能显现,产业规模、能级、关键核心技术实现跃升。

1. 中国芯

高端研发不断集聚。先进设计进入了 6 纳米水平,制造工艺 14 纳米芯片实现量产,5 纳米刻蚀设备已应用于全球先进的集成电路生产线。构建了从 EDA 工具、核心产品设计、先进制造、装备材料、高端封测服务为一体的集成电路全产业链,是国内集成电路产业最集中、综合技术水平最高、产业链最为完整的地区之一。

2. 创新药

研发优势显著。浦东新区是中国生物医药创新人才最集中、研发机构最密集、创新链条最齐全、创新成果最突出、产业体系最完备的地区之一,诞生了全国15%的原创新药和10%的创新医疗器械。现有在研药物品种500多个,处于临床阶段的Ⅰ类新药近200个,超过10个Ⅰ类新药处于药品上市申请阶段。在新兴领域上,细胞治疗领域集聚上下游企业80余家,国家已批准的近50个细胞治疗临床批件,浦东新区占了三分之一。

3. 蓝天梦

主力机型取得新进展。ARJ21支线客机初步形成规模化运营,截至2021年5月,已累计交付50架,累计安全载客250万人次。C919大型客机已获得型号检查核准书(TIA),正式进入局方审定试飞阶段,2020年完成交付首架机。CR929宽体客机项目稳中求进,2020年总体设计基本完成,进入选定机体结构部段供应商阶段。

4. 未来车

新能源汽车高速发展。2020年前四个月,浦东新区新能源汽车总产值增长4倍,占全市比重超过八成。特斯拉项目进展顺利,Model Y车型已全面投产。浦东新区与上汽集团合作联合打造高端智能纯电"智己汽车"落户张江,L7已在上海车展发布,2020年底交付。

5. 智能造

高端装备产业持续发展。浦东新区拥有全球最新型LNG运输船、世界最大最先进LNG加注船、世界首艘23000TEU双燃料动力超大型集装箱船、全球首艘具有自航能力通用型FPSO。2020年5月底,国产首艘大型豪华邮轮总段制作进度已达到86%,船体合拢进度达到62%,2020年底完成船体起浮,2023年完工交付。

6. 数据港

龙头企业发展迅速。软件和信息服务业呈现出高产出、高增长、高附加值的特性,涌现出一批软件和信息服务业行业头部企业。浦东新区现有百亿级企业3家、十亿级企业46家、亿级企业226家。截至2020年底,科创板上市软件信息服务业企业9家。2020年"上海软件企业规模百强"中,39家浦东企业入选,占比40%。

资料来源:杨珍莹,《成绩单、任务表、大蓝图来了!浦东六大硬核产业迎来大发展》,浦东发布,2021年6月2日。

3. 产业创新能力不断增强

"十三五"期间,上海全年研究与试验发展(R&D)经费支出从1 030亿元增加到1 600亿元,平均增长11.1%。在技术进展上,上海积极推动集成电路、生物医药、人工智能"上海方案"落地。培育和引导集成电路实现14纳米先进工艺规模量产,5纳米刻蚀机、12英寸大硅片等技术产品打破国外垄断;生物医药实现关键领域全球首研新药和国际一流医疗器械等关键设备生产;人工智能实现云端智能芯片等关键技术的突破,成功入选国家创新发展试验区和创新应用先导区。

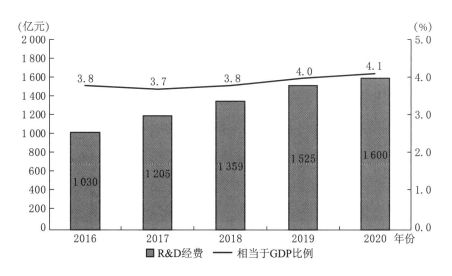

图6.3 2016—2020年上海R&D经费支出及其相当于上海市生产总值的比例

资料来源:根据上海市统计局统计公报整理。

4. 企业协同支撑稳步向好

上海积极促进产业协同，加强企业集聚。一方面以园区为引导，积极建设"上海品牌示范园区、上海品牌园区、上海品牌特色园区"，成功实现 3 家企业进入世界 500 强，48 家企业和产品获得"上海品牌"认证，制造业"隐形冠军"企业超过 500 家；另一方面以开放式科创街区为载体，打造创新创业集聚区，以政府扶持为基础提供资金支持和配套设施建设，以企业参与为中介出资共建运营平台和投资相关创新创业项目，以高等院校为载体筹建创业培训机构和吸引创新创业团队集聚。

表 6.1　"大零号湾"创新创业集聚区建设

集聚类目	集聚成效
载体建设	20 多万平方米科创载体已建成使用，其中 6 万平方米的交大科技园落地运营，承接 60 多个交大师生创新创业项目和企业
创新集聚	闵行区推动区域内高校国企签订共建大零号湾全球创新创业集聚合作协议，核心区域实现 3 000 多家企业集聚
科创项目	华谊科创综合体等重点科创项目建设中，南部科创公共服务中心项目已竣工验收，2020 年正式运营
企业合作	上海电气集团股份有限公司和西门子能源有限公司计划在大零号湾共建上海电气—西门子能源智慧能源赋能中心；美敦力中国研发中心计划与南滨江公司、上海交通大学在大零号湾区域新建美敦力医疗机器人研发中心

资料来源：根据《2020 上海科技进步报告》资料整理。

6.1.2　上海增强产业基础能力的制约

上海持续增强产业创新，提升产业基础能力，形成雄厚的产业基础实力和部分领域的领先优势。与此同时，上海产业基础仍存在一定短板和不足，创新策源技术掌控性偏低、关键环节自主能力偏弱、质量技术基础国际认证不足、产业协同突破功能不强。

1. 创新策源技术掌控偏低

上海产业创新策源技术存在基础研究产出和投入不足，以及关键核心技术存在明显制约等现象。在基础研究上，上海基础研究占比较低，原创性技术成果偏少,知识创新水平低于北京和粤港澳大湾区。上海全年 PCT 国际专利申请量为 3 558 件,较上年增长 29.9%,然而 PCT 专利申请量不到北京的二分之一,更不及深圳的五分之一。基础研究投入也以政府投资为主,企业和社会力量的支持力度较低,缺乏社会化、多元化的投资体系。在核心技术上,上海虽然已实现部分关键技术的突破,但在部分关键领域仍存在明显掣肘,如在集成电路、生物医药、高端装备等领域依旧存在 200 多项"卡脖子"技术,电子信息领域中关键零部件制造依赖进口,制造技术提升依靠购买国外授权许可,关键技术研发和储备仍然薄弱。

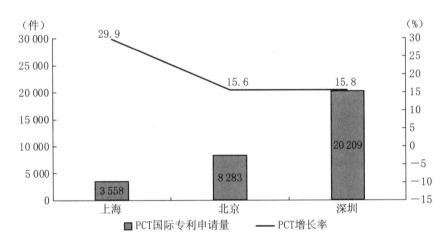

图 6.4　2020 年上海、北京、深圳 PCT 国际专利申请量及增长率

资料来源:根据上海市、北京市和深圳市统计局的统计公报整理。

2. 关键环节自主能力偏弱

产业基础能力的提升离不开关键基础环节的赋能,上海在关键基础材料、关键基础设备、基础工业软件等方面依旧存在基础弱、核心缺的现象。在关键基础材料上,上海存在国内基础材料产能过剩,关键基础材料创新不足而依赖进口等现象,如集成电路领域的关键陶瓷材料、生物医疗领域的关键射线管理合金、航天航空领域的航空紧固件用钛合金丝材、新材料领域的数控硬质合金等非常依赖进口。在关键基础设备上,上海虽为全国最大机器人制造基地,但是生产机器人的高性能控制器、减速机、传感器等关键零部件同样依赖进口。在基础工业软件上,上海虽然有宝信软件、世纪互联等在细分领域具有一定优势的企业,但大部分工业辅助设计软件、工艺流程控制软件等仍被国外垄断,如集成电路设计研发软件几乎皆使用国外产品。关键环节自主能力的偏弱也导致了上海打通产业链、集成发展受制约,上海在关键环节突破国际封锁和垄断,实现关键材料、设备、软件替代和创新方面的任务依然艰巨。

3. 质量技术基础国际认证不足

计量标准、认证认可、检测验证是产业基础设施强化的重要保障,上海质量技术基础在国内位居前列,但国内辐射性和国际影响力偏弱,对增强产业基础能力的支撑力仍待加强。在认证认可上,上海参与制修订具有国际通行的认证标准以及认可制度相对偏少,国际性认证制度和影响力不足。在检测验证上,上海多数监测系统和仪器源于进口,缺乏自主高性能检测系统和仪器的研发应用。在辐射影响上,上海一方面尚未完全整合构成长三角认证一体化,未能有效发挥区域协同效力;另一方面国际性认证、评定服务"一站式"平台有待完善,对促进和加强出口企业对外贸易支持有限。

4. 产业协同突破功能不强

产业基础高级化离不开产业协同发展,上海产业基础发展尚未完全形成龙头

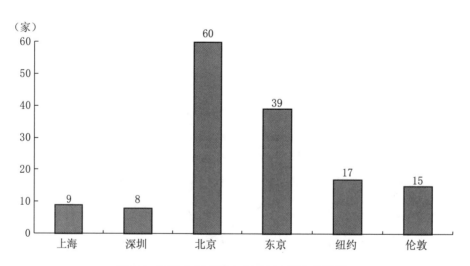

图 6.5　2021 年重点城市全球 500 强企业数量

资料来源:根据《财富》杂志资料整理。

企业引领和区域联动引领的生态格局。在龙头企业引领上，全球 500 强企业上海仅有 9 家，远落后于北京、东京、纽约、伦敦等重点城市，龙头企业的缺位造成产业资源整合和掌控能力偏弱，围绕龙头企业集聚的上中下游产业链偏少，致使上中下游企业贯穿、创新、转化和协调生态不足。在区域产业联动引领上，长三角尚未实现区域产业高度集聚，区域产业布局自成体系，缺乏整体产业规划和对接机制，上海的核心城市效应、高水平资源配置和转化功能未能得到充分发挥，区域资源配置和产业协同升级效应未能充分赋能上海。

6.1.3　发达国家增强产业基础能力的经验借鉴

发达国家在产业发展初期即注重产业基础的积淀，尤其是美国、德国、日本等工业发达国家非常注重基础能力的提升，使得产业发展先发优势十分显著。面对工业革命、贸易壁垒等错综复杂的国际环境，上海有必要充分借鉴国外先进经验，依据产业基础发展现状，开辟先进性技术创新和产业基础发展道路，打破国外技术壁垒和行业跟踪，加快产业基础能力的蜕变升级。

1. 发达工业国家产业基础竞争力对比

联合国工业发展组织通常采用工业竞争力（CIP）指数来衡量一个国家的工业竞争力，用以反映一个国家工业部门在扩大国内外市场份额和发展高附加值技术的能力。根据对中国、美国、德国、日本工业竞争力的分析，德国工业竞争力稳居第一，人均制造业价值增加值（MVApc）、人均制成品出口值（MXpc）、中高科技制造业价值增加值占全球制造业价值增加值的比重（MHVAsh），以及中高科技制造业出口值占全球制造业出口值的比重（MHXsh）持续领先，德国的强劲工业竞争力主要源于其生产和出口制成品能力和中高科技产业的赋值。中国工业竞争力排名第二，制造业出口值占全球出口值的比重（MXsh）、中国制造业价值增加值占全球制造业价值增加值总额的比重（ImWMVA）、中国制成品交易额占全球制成品交易总额的比重（ImWMT）都位列第一，在世界具有较高的市场份额，但更依赖于中低水平产业链支撑。美国制造业增加值占 GDP 的比重（MVAsh）相对较低，但美国制造业价值增加值占全球制造业价值增加值总额的比重(ImWMVA)相对较高,美国工业发展质量和效益十分明显,在全球价值链体系仍具主导地位,工业整体附加值较高。日本中高科技制造业价值增加值占全球制造业价值增加值的比重(MHVAsh),以及中高科技制造业出口值占全球制造业出口值的比重(MHXsh)相对较高,工业发展中高附加值产业效益显著,高科技产业对工业发展支撑作用明显。

表 6.2 2017—2019 年中国、美国、德国、日本工业竞争指数分析

年份	国家	CIP 指数	排名	生产和出口制成品能力		科技发展和更新速度				世界影响力	
						工业化强度		出口品质			
				MVApc	MXpc	MHVAsh	MVAsh	MHXsh	MXsh	ImWMVA	ImWMT
2017	德国	0.486	1	9 084	15 779	0.625	0.213	0.742	0.902	0.058	0.101
	中国	0.374	2	2 580	1 535	0.415	0.291	0.600	0.964	0.282	0.169
	美国	0.358	4	6 591	2 961	0.483	0.113	0.636	0.736	0.165	0.074
	日本	0.356	5	7 485	4 925	0.566	0.212	0.810	0.900	0.073	0.049
2018	德国	0.471	1	9 148	16 906	0.617	0.212	0.739	0.900	0.056	0.101
	中国	0.372	2	2 726	1 685	0.415	0.290	0.605	0.964	0.289	0.172
	美国	0.345	4	6 762	3 114	0.474	0.114	0.623	0.721	0.164	0.073
	日本	0.345	5	7 556	5 250	0.566	0.211	0.807	0.905	0.071	0.048
2019	德国	0.460	1	8 549	16 056	0.607	0.199	0.739	0.898	0.051	0.098
	中国	0.386	2	2 853	1 677	0.415	0.286	0.603	0.962	0.294	0.176
	美国	0.353	3	6 990	3 023	0.471	0.115	0.636	0.713	0.165	0.073
	日本	0.352	4	7 820	5 026	0.566	0.218	0.806	0.904	0.071	0.047

资料来源:根据 UNIDO CIP2021 数据库资料整理。

联合国工业发展组织将制造业产业类型分为资源依赖型、低科技型、中科技型和高科技型,德国、美国和日本的中高科技产业占比较高,尤其是日本达到80%以上、德国达到70%以上,三个国家的中高科技产业资源转化率和创新水平较高,高附加值产品供给充足,产业自主能力较强,产业基础能力发展较具优势。

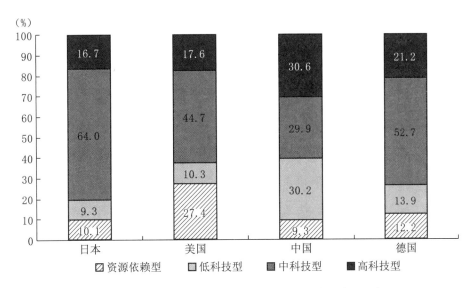

图 6.6　2018 年中国、美国、德国、日本制造业产业类型分布

资料来源:UNIDO《工业竞争力绩效指数报告 2020》。

2. 发达工业国家增强产业基础能力的经验

纵观美国、德国和日本提升产业基础能力的发展路径,三个国家皆注重以提升数智化技术作为增强产业基础能力的关键抓手,以扶持中小企业作为增强产业基础能力的先锋力量,以重视职业教育作为增强产业基础能力的重要举措,以打造绿色生态系统作为增强产业基础能力的战略布局。

一是以提升数智化技术作为增强产业基础能力的关键抓手。在产业基础能力提升的过程中,美国、德国和日本十分重视数字化和智能化技术的研发和应用,以现有先进技术为基础,积极整合创新资源,加强技术辐射效应,聚力突破关键和前沿技术。如美国注重加强未来颠覆性技术的研发,利用先进技术变革传统产业,积极资助和推动"数字化制造与创新设计研究中心"建立,以"数字制造公共平台"为产业数字化制造提供开源软件平台。德国将高科技手段和先进技术融入生产的每一环节之中,使得生产、加工、设计的每一道工序都十分严谨和精致。日本三菱集团将物联网技术、边缘技术应用到产品生产现场,加速产品数据采集、检测、处理和反馈,推动产业工艺创新。

专栏6.2　世界主要工业强国硬科技发展现状

硬科技是驱动制造业高端发展和产业转型升级的关键动力,是工业强国的重要标志,也是大国竞争的关键焦点。美国、德国、日本作为公认的世界工业强国,高度重视发展硬科技,在诸多关键硬科技领域拥有全球领先的实力。

美国硬科技领域企业实力全球领先,研发投入长期位居全球第一,在新一代信息技术、半导体高端制造、生物技术、航空航天等硬科技领域实力雄厚。例如,谷歌、苹果垄断了智能手机操作系统;民用航空发动机、大推力火箭、特种新材料等约占全球一半的规模;在全球前十大制药企业中占据 6 家、顶级器械医疗企业中占据 7 家。

德国产品导向型应用研发占重要地位,汽车及机械制造业垂直领域领先。德国汽车占世界五分之一以上市场,拥有世界上最大的汽车零部件供应商博世;德马吉森精机是欧洲第一大机床集团,德国通快集团在激光加工领域全球第一;化工制药领域拥有拜耳、默克等全球制药巨头。在机械制造业的 31 个部门中,德国有 27 个占据全球领先地位,共有 17 个部门位居前三。

日本政府主导推动产业升级,"集大成"式持续创新领跑先进制造业领域。日本在关键科技材料领域、产品关键零部件生产制造技术及新兴高科技制造和服务业领域掌握世界领先技术。日本超过 40 家企业入围全球百强制造业企业,28 家企业入围全球百大创新科研企业名单,仅次于美国;日本工业用机器人产量占世界总产量一半以上。

资料来源:侯雪、罗梦婷、魏强、张琳,《世界主要工业强国发展硬科技的经验借鉴与启示》,《赛迪顾问新锐评论》2021 年第 38 期。

二是以扶持中小企业作为增强产业基础能力的先锋力量。从美国、德国和日本的加强产业基础能力的过程来看,中小企业是产业基础能力提升的中坚力量。如美国不断出台相关政策支持中小企业发展、优化中小企业发展环境、刺激生机勃

勃的中小企业诞生。长久以来,中小企业为美国产业基础发展提供了近一半的就业机会,带来近两倍的发明创新。德国重视从政策上保障中小企业发展,经济利益和税收政策均考虑到中小企业的发展需要,从法律和行政双重视角确保大型企业和中小企业处于平等发展环境之中。日本则以大型企业集聚中小企业,大中小型企业分工协作,形成大型企业引领、中小企业围绕的上中下游产业链格局,实现大中小型企业的协同升级。

三是以重视职业教育作为增强产业基础能力的重要举措。伴随产业知识密集程度和专精程度的加深,美国、德国和日本越发重视职业教育的开展,通过加强职业教育不断提升产业人才综合素质和专业技术水平。如美国发布的《2014 年劳动力创新和机会法案》规定,企业可以使用法案提供的资金来支付学徒的工资,并不断扩大学徒教育投入,刺激专业技术人才的增长。德国的职业教育十分发达,近 80％的年轻人选择职业教育。同时职业教育实行学校和企业联合的双轨教学制,实现基础教育和专业技能的双重培养,培育诞生世界一级高技术产业工人,为德国产业基础发展提供质量保障。日本作为全民教育程度最高的国家之一,职业教育在日本发展十分普遍,成为日本教育体系的重要组成部分,为日本产业基础发展持续输送专业性人才,为日本产业基础提升奠定重要基础。

四是以打造绿色生态系统作为增强产业基础能力的战略布局。着眼美国、德国和日本产业基础能力提升过程,打造绿色生态系统是增强产业基础能力的重要组织形态,通过绿色发展优化产业资源要素、变革产业技术创新,构建产业基础发展新模式。如美国《美国创新战略》提出,要优先发展清洁能源、生物技术、纳米技术、先进制造业技术等,专门组建第五个创新研究院,用以专注研究降低关键基础材料所需能源的关键创新技术,通过对金属、纤维、聚合物以及电子产品废弃物等材料的回收和再制造,提升产业基础能力发展效能。德国先后出台《电力供应法》《可再生能源法》等刺激绿色制造的法律法规,积极研发新型智能电网等先进技术,以可再生能源和清洁能源全力刺激新能源汽车的发展,进而带动德国产业基础能力高级化发展。日本将绿色制造理念与大数据、物联网、新材料等紧密结合,研发绿色技术、绿色材料和绿色设备,有效提升绿色工艺和数智化水平以促进产业基础能力发展。

6.1.4 上海增强产业基础能力的战略方向

伴随国际环境日趋复杂、新一轮产业革命的蓬勃发展,上海需立足现有产业基础和资源禀赋,围绕技术创新原创能力、产业协同创新能力、基础设施支撑能力、产业发展可持续能力等,紧盯重点领域和关键环节,推动产业数字化、智能化发展,突破现有发展瓶颈和阈值,打造产业基础发展新优势。

1. 强化产业技术创新原创能力

技术创新原创能力是产业基础能力的内在驱动力,是增强产业基础能力的核心要素,对产业创新跃升具有基础性影响。上海应以强化科技创新策源功能为引导,通过稳固的基础技术研发和核心技术攻关,持续培育技术创新原创能力,推动产业提能升级。

一是深化基础研究能力。基础研究是技术创新原创能力的源头,上海需要从"源"和"策"两个方面发力,做到从理论研究到实践应用的转化,实现科技策源,带动产业创新。在"源"方面,联合和深化高校创新力量,组建重点研究团队,强化自由和创新思想,给予长期稳定的资金支持,注重基础理论和原创思想研究,营造深厚的基础研究探索氛围,建设高水平基础研究创新体系;继续由政府组织投资基础研究资金,同时激励企业和社会力量加大研究经费投入,构建多元投入体系。在"策"方面,上海要以基础研究平台为中介,积极推动基础理论研究向基础实践转化。围绕基础零部件、基础材料、基础软件、基础技术、基础工艺和基础产品,优化科研机构、重点实验室等,展开多领域的科技创新主体协同协作,攻克基础研究和应用转化短板,加强应用转化试验技术,形成基础零部件、基础材料、基础软件和基础工艺的整机发展,提升基础产品质量和基础技术水平,满足重点工程和高端应用的需求,构建先进的产业基础体系。

二是攻克关键核心技术。关键核心技术是技术创新原创能力的突破口，上海需要从共性和核心技术以及未来前沿技术加以突破。上海要围绕国家重大战略和上海产业发展规划，集聚优势资源，聚焦核心零部件、重大技术、高端设备、关键材料、核心工艺等持续推进攻坚。如面对集成电路领域中制造、设计、封装、测试等环节，推进先进制造工艺，布局关键材料制备，支持关键战略材料开发，推动核心零部件研发，提升 EDA 工具软件，优化工艺流程控制；针对生物医药领域，优化新靶点药物研制，推进核心零部件、共性技术、高端医疗设备和重大成套装备的国产化布局；在人工智能领域，应对基础层、技术层和应用层，建设高水平和大规模的算法、算力平台，加强核心芯片、共性和关键技术、智能设备的协同攻关。

三是增强创新系统能力。创新系统能力的强化是在基础技术和核心技术研究与攻关的基础上，予以人力和平台的汇聚增强。在人才培育方面，上海需要进一步以重点产业为引导，实现引育并举，加强创新人才的涌现。通过高吸引力薪酬和制度吸引国内外优质青年科技人才，包括有高级管理人才、技术人才、技能人才等。通过加强职业教育和高等教育，实现多层教育人才培养和吸纳，扩充产业人才后备军。以项目为载体，集聚领军人才和青年精英，打造高层次、高成长性人才队伍。以优质人才和优秀团队为对象，通过产教融合、产学研协同、专项奖励计划，实现政府、企业、高校的共同联通，以人才促进技术突破。在平台建设方面，上海需继续依托现有国家和市级重点实验室、研究机构、示范基地等平台，聚焦世界科技前沿和国家重点产业领域，瞄准集成电路、生物医药、人工智能、电子信息、生命健康、智能汽车、高端设备、先进材料、智能制造、工业大数据等产业，培育建设国家级和市级制造创新平台、技术创新平台、研发与转化功能平台等。

2. 强化产业集群协同创新能力

产业协同创新能力是产业基础能力的主体支撑力，是增强产业基础能力的主体要素。高效的产业协同利于优化产业资源配置和提升产业配套能力，进而提升产业完整度和产业韧度，为增强产业基础能力提供有力的支撑。产业协同创新应以产业链协同为引领，以企业间集群为基本，以品牌上联动为方向。

一是推进产业链协同。产业链协同共进利于促进产业集群化和系统化发展，以完备贯穿的产业链条促进产业创新升级。产业链协同共进可以从产业链现代化、产业链评估和产业链供需生态三方面展开。在推进产业链现代化方面，上海需以现有产业优势为基础、战略产业为方向，打造前沿性、战略性产业链，以前沿产业链带动产业创新。聚焦电子信息、生命健康、新能源汽车、先进材料、高端设备等，打通上下游环节，培育从零件、材料到技术、整机再到系统集成的全产业链条，从而优化产业资源配置，形成具有产业链控制力的产品，提升技术和产品附加值，提高产业链主导能力。在优化产业链供需生态方面，上海需科学审视集成电路、人工智能、生物医药、电子信息、新能源汽车、先进材料、高端设备等重点产业链的供需生态，梳理产业链供需中的薄弱和制约环节；针对受限于国外的供需环节加强对接机制，以及在国内积极寻求替代和扶持布局，针对国内的供需制约环节加强跨省市合作。在此基础上，优化产业链部署工作，加强产业链"补链固链强链"，推动产业资源市内和跨省市的高效流动，增强产业链发展韧性，实现产业链供需生态的优化发展，发挥产业强链对产业高质量发展的带动作用，切实增强产业基础能力。

二是创建企业间集群。优质企业尤其是高新技术企业、科技型中小企业是发展产业基础能力的重要力量，加强企业集群利于发挥企业集聚效应，缩短产品创新周期，增强产业领先优势。创建企业集群可以从集聚龙头企业、培育"专精特新"企业和构建创新企业联合体三方面发展。在集聚龙头企业方面，组建具有高层次、高效性特征的龙头企业创新联盟，通过创新联盟有效发挥龙头企业的研发力量，攻关和创新研发产业共性和关键核心技术，带动行业整体技术水平提升，增强龙头企业的国际话语权；通过项目合作，引导龙头企业积极联合承接国家重大、重点项目，发挥龙头企业资源和技术禀赋优势，提升龙头企业创新效能和产出效能，增强自主创新水平，从而提升产业基础水平。在培育"专精特新"企业方面，聚焦战略性重点产业，围绕上中下游，培育一批专注关键领域生产、设计、研发、制造、销售的中小企业，引导中小企业向专业化、精细化、特色化和新颖化发展，从而打造一批具有技术创新能力、产业竞争力和发展潜力的主力军，未来推动此类中小企业向产业链"链主"企业和龙头企业升级发展。在构建创新企业联合体方面，鼓励大中型企业与小微企业融通发展，推进创建包含龙头企业、大型企业和中小微企业的创新产业联合体。推动形成以龙头企业和大型企业为领军，带动上中下游中小企业发展的格局，通过龙头企业和大型企业的项目带动和资金带动，在生产制造、设计研发、管理销售等环节相互合作，实现部分资源向中小微企业倾斜，促进中小微企业研发能力的提升和产品市场的稳固。

三是促进品牌上联动。在联动产品品牌上，上海应加强企业间产品品牌联合，发挥名品和龙头企业效应，实现联合资源置换，开发联名创新产品，继续稳固和扩大企业产品市场。中小企业依据相同客户群体，加强企业资源融合，建设针对性、特色性产品，打响特色产品品牌。各产品品牌联合体应注重加强品牌的舆论宣传，积极参与国际国内产品交易和展览活动，展示产品品牌特性，树产品立品牌形象。加强政府、企业和社会的联动管理，政府建立具有法律效应的产品品牌保护和监督体系，社会积极实行产品品牌动态监管，企业紧密维护产品品牌声誉，实现产品品牌的持续性发展。在建设产业名园上，上海应继续投入资金、土地、人才、技术等资源，推进集群化、智慧化园区的建设。根据现有园区特色，引导园区内和园区间的合作，探索多园区联合运营模式，打造特色园区品牌，实现产业园区特强特优发展。

3. 强化产业基础设施支撑能力

产业基础设施能力是产业基础能力的基础支撑力，是增强产业基础能力的保障要素。伴随新产业、新业态的发展，发展新型产业基础设施成为必然。新型产业基础设施应以创新科技基础设施为基本、新型网络基础设施为驱动和新终端基础设施为服务，构成创新产业基础设施体系，推动创新策源，支撑产业升级。

一是科技基础设施建设。在重大科技基础设施建设方面，着眼战略基础设施，实现前沿布局。在人工智能方面，增强超级算法和大规模算力，通过多源异构运算技术，建设综合环境模拟平台，模拟先进技术、应用环境、主体协同操控等应用，促进智能传感、视觉计算、智慧生产等发展，实现综合性智能应用场景的打造。在生物医药方面,集成生物医药大数据,建设生物医药大数据组织、挖掘和分析系统,模拟真实生物医药精密测量、精准计算、系统解构、投入应用、信息反馈、关联计算等流程,促进生物医药创新研发、临床研究和调控干预。在先进产业科技基础设施建设方面,继续依托国家级集成电路中心,建设集成电路制造装备、关键材料和成套工艺验证服务平台;依托国家蛋白质科学研究(上海)设施、X线自由电子激光实验装置、超强超短激光实验装置等,继续搭建电镜设备、光学精密器械、高端医疗器械、先进医学影像等科学设施平台,服务原有设备及相关前沿设备开发,促进生物医药、新材料等领域的提能升级。在质量基础设施建设方面,通过提高计量标准的科学性、适用性和有效性,实现具有国际性影响力的计量基础共性标准、核心技术标准、关键行业应用标准;通过完善增强现实模拟水平和平台的建设,提升检测验证的可靠度、精确度和认可度;加强区域资源配置和辐射,以上海带动长三角质量认证一体化,继而引领全国和影响国际。

二是网络基础设施建设。在工业互联网方面,上海需进一步聚焦互联网技术、人工智能、物联网技术、云计算平台等,联通和升级工业互联网。加强工业、制造业智能化转型,推动建设智能车间、行业互联平台、企业云上平台等,构建互联互通的公共或私域工业互联网服务平台,打通数据要素、技术要素、生产要素和销售要素,实现研发、设计、生产、销售和管理的互联互通;加快升级互联网应用技术,增强工业互联网扩容能力,优化工业互联网虚拟化功能和设施接入功能,促进工业互联网个性化和定制化服务的开展,加强工业互联网的全面支持和应用能力。在5G建设方面,加强5G、宽带等通信网络基础设施建设,持续推进5G在全市的功能性覆盖和深度覆盖,利用5G技术实现云计算平台高效、高速率的资源分布与集聚,加强工业互联网5G内网共享,推动5G技术在工业、制造业的深度化和规模化应用。在网络安全基础设施方面,有必要积极发展网络安全技术,加强网络基础设施的安全检查和风险评估,提升网络基础设施安全防范意识和等级,构建科学完备的事前预防、事中控制和事后恢复网络基础设施保障体系。以安全为基础,持续推动网络基础设施的持续性发展。

专栏6.3　探索上海通信新型基础设施全面共建共享

按照《中国(上海)自由贸易试验区临港新片区通信基础设施专项规划(2020—2025)》,新片区将全面建成5G与新一代信息通信技术集成创新的通信基础设施体系。因此推进新片区通信新型基础设施建设共建共享意义非常重大。

(1)通信局房和互联网数据中心集聚建设。集聚建设项目统一规划、统一设计、统一建设,统一进行土建工程和机电工程集中招标,按照不同建设内容分签合同。集聚建设模式,有助于提升整体形象,节约有限的国土空间资源、电力配套资源,降低各家企业建设成本,加快建设速度,迅速投产支撑临港新片区数字经济发展。

(2)管道、光纤光缆和5G接入网集约化建设。切实有效落实推进电信、联通、移动5G接入网共建共享,率先启动尝试车机回传等新型覆盖技术。通信业面临巨大的"被管道化"压力,更加需要充分推动"管道"共建共享来实现降本增效。

(3)边缘计算机房和BBU/DUCU集中汇聚机房集合建设。5G是边缘计算新时代,必须在数据网络边缘构建小规模数据中心,推进计算和内容资源向用户端部署。统一规划建设边缘计算节点,承载政府、企业持久化存储和大算力应用,推动CDN网络能力下沉,引入云边协同等新技术推动CDN网络智能化改造,支持各类新业务灵活部署。

资料来源:李韩军、秦岭、孙筱和,《通信新型基础设施全面共建共享的新局面——以上海自贸区临港新片区为例》,《通讯世界》2020年第6期。

三是终端基础设施建设。终端基础设施建设是对社会重点领域管理和服务的智能化建设,包括有公共交通、物流运输、新能源设备、医疗设施等方面。在智能感知方面,积极促进智能传感布置,连接各智能传感点构建智能传感综合平台,以智能传感大数据为基础,促进交通、能源、物流等方面智能应用;在新能源设备方面,积极推进新能源汽车充电设施的优化布局,加快建设新能源汽车充电桩,实现对新能源汽车充电设施的科学管理和有效应用,促进新能源汽车的广泛应用;在智慧交通方面,以智能传感设备和传感大数据为基础,建立公共交通和公共停车场信息服务平台,提供实时公共交通信息服务。同时探索和开发自动驾驶汽车开放道路、实时道路信息、开放场景建设,构建自动驾驶信息服务平台,优化自动驾驶汽车的复杂道路驾驶能力和应变能力,促进自动驾驶汽车的开发和应用;在智慧物流方面,构建集成物品信息、道路信息、地理信息、传感信息为一体的物流配置系统,实现仓库存储到仓库配置到分拨中心到转运中心到配送中心的系统调配,展开实时交通最优配置路线制定,推进高效率、"无接触"配送的发展,优化物流配送从仓储、分拣、传送到配送的智能化和集成化服务。

4. 强化产业发展生态持续能力

产业发展可持续能力是产业基础能力的生态保障力,是增强产业基础能力的环境要素,提升产业基础能力和加强产业创新必须构建完善的产业发展生态。产业发展可持续能力包括产业绿色发展能力、国内国际双循环能力以及新型生产要素应用能力。

一是优化产业绿色发展能力。产业绿色发展能力是绿色发展战略的必然要求,是在产业发展中实现低碳、清洁、循环和高效的能力。优化产业绿色发展能力一方面需要加强绿色技术研发应用,通过加强绿色能源技术研发和二氧化碳资源化转化技术,优化产业用能系统,推进关键战略领域碳中和工作,提升产业绿色发展生产、清洁、管理和应用水平。并围绕绿色资源、绿色技术、绿色产品、绿色工厂构建全面的产业绿色发展体系,实现产业结构优化升级,促进绿色消费发展。另一方面需要开展产业绿色评价,包括绿色资源调配能力评价、绿色技术先进性评价、绿色产品生产评价、绿色工厂管理评价等,通过科学的评价手段和方法,了解产业绿色发展境况,并以此为依据实现产色绿色发展改进。

二是强化国内国际双循环能力。一方面需要继续深化上海关键战略领域在国际上的交流合作,包括研发技术、产业标准、知识产权等交流,鼓励国外资金、技术、材料、设备、人才等流入上海，在上海建立跨国产业基地、研究中心、生产线等，吸纳国际先进要素实现产业优化发展。另一方面是加强上海优势领域参与国际并购、境外设厂、境外参股等，扩大上海产业要素的国际输出市场。同时上海应继续深化长三角产业协同发展，加强联合技术攻关，实现产业优势互补和联动发展，打造关键产业创新集群。

三是加强新型生产要素应用能力。新型生产要素应用是在明确数据要素价值的基础上，积极推动数据要素与人工智能、云计算、5G技术、互联网的融通，将数据要素成功释放于核心战略领域。加快实行产业研发、生产、运营等全流程的数据采集、组织、存储和管理工作，促进数据要素在集成电路、生物医药、电子信息、新能源汽车、先进材料、高端设备等重点产业的集成化、虚拟化、个性化应用，以数据驱动实现产业创新。加强上海关键产业的数据感知、数据测试、数据安全、数据预警等能力建设，探索数据跨境流通规则，设置差异化数据出境安全管理制度，培育一批工业数据解决方案供应商，在维护数据安全的基础上激活产业数据潜力，赋能产业创新发展。

6.2 培育高新技术企业

高新技术企业作为科技创新和高新技术产业的重要载体，是创新决策、研发投入和成果应用的主体，促进高新技术企业发展对于增强产业基础能力、打造具有全球影响力的科创中心具有重大意义。

6.2.1 上海高新技术企业培育基本情况

近年来，上海十分注重高新技术企业发展质效，为高新技术企业培育成长和持续创新厚植政策土壤，高新技术企业发展取得显著成效。

1. 高新技术企业发展稳中求进

上海自实施高新技术企业培育工程以来，高新技术企业发展迅猛。2020年，上海高新技术企业数量排名全国第五,每万户企业法人中高新技术企业达 380 家,排名全国第一;高新技术企业营业收入规模排名全国第五,研发总投入为 1 264 亿元,排名全国第六;上海高新技术企业数量持续壮大,新认定高新技术企业 7 396 家,有效期内高新技术企业共 17 012 家,2020 年有效期内的高新技术企业数量相比 2018 年、2019 年的数量同比增长 84.79%、32.41%。

上海大中型高新技术企业经营发展势头强劲,提质增效效果显著。其中年销售收入高于 2 亿元的高新技术企业占比约为 5%,年销售收入位于 5 000 万—2 亿元的高新技术企业占比约为 18%,年销售收入位于 2 000 万—5 000 万元的高新技术企业占比达 20% 以上。

2. 高新技术企业领域聚集效应明显

上海高新技术企业领域集聚效应明显,有效期内高新技术企业中电子信息、先进制造与自动化、高技术服务三大行业领域占比最高,分别为总数的 1/3、1/4 和 1/5。生物与新医药、新材料领域占比约为 6%,资源与环境领域占比约为 4%,新能源与节能领域占比约为 3%,航空航天领域占比最少,约为 0.5%。在 2020 年认定的 7 396 家高新技术企业中,电子信息领域企业近 2 000 家,占比近四分之一,总量位居各大科技领域之首。

3. 高新技术企业区域集聚特色明显

上海高新技术企业创新要素相对集中,并且特色明显。浦东新区高新技术企业数量为全市第一,区内仅张江高科技园区高新技术企业就超千家,集聚了全球先进创新要素,科技成果转化动力强劲,辐射带动整个浦东新区创新产业发展。嘉定区高新技术企业数量仅次于浦东新区,区内嘉定工业园区、国际汽车城等区域已提前布局物联网、新能源汽车、高端医疗设备、智能制造、机器人等新兴产业。松江区、闵行区、金山区、奉贤区、青浦区、宝山区和崇明区的高新技术企业在制造类占比中相对较高,属于"制造引领型"。徐汇区、静安区、普陀区、黄浦区、长宁区、杨浦区和虹口区的高新技术企业信息科技类占比相对较高,属于"信息引领型"。上海高新技术企业通过吸收引进先进技术和不断提升自主创新能力,逐渐形成各具特

专栏 6.4　上海打造电子信息产业新兴集群

随着上海市最后一批 2020 年度高新技术企业拟认定名单的发布，全市四批共计 7 520 家拟认定的高新技术企业全部出炉。根据 2018 年上海发布《关于加快本市高新技术企业发展的若干意见》，计划 2020 年上海市高新技术企业拥有量将达到 1.5 万家，然而在 2020 年上海市高新技术企业拥有量预计将达到 1.7 万家，超额完成了原来的计划目标。在这座高新技术企业簇拥、产业集聚特色显著的城市中，电子信息产业的发展正以破竹之势，优秀企业正如雨后春笋一般不断涌现。

据估计，在 2020 年拟认定的 7 520 家高新技术企业中，电子信息领域的企业有近 2 000 家，占比近四分之一，总量位居各大技术领域之首。电子信息产业具有资金密集、技术密集的特点，技术创新是其发展的核心驱动力。为促进电子信息产业技术创新，上海市加大产业转型升级的投入力度，对拥有核心技术的重点企业，对工业强基、工业互联网、首批次新材料、首版次软件产品以及人工智能等核心关键领域，实施精准支持，将财政支出预算安排更突出重点，确保把钱花在刀刃上。此外，上海市为人工智能产业发展提供了丰富的应用示范场景和商业化应用"试验田"，积极推动智慧政务、智慧教育、智慧医疗、智慧安防等建设，形成了良好产业生态链，但是从应用试点向商业化推广仍存在诸多问题，如何制定上海市人工智能商业化路线图，促进人工智能与实体经济深度融合，将成为人工智能普及并进一步发展的关键。

在全球新一轮科技革命和产业变革的大趋势下，上海市电子信息产业集群将会发挥强大的基础支撑作用，成为推动科技创新、经济高质量发展的主力军，立足新时代新需求，打造具有未来竞争力的电子信息产品，创造高品质生活。

资料来源：《上海打造电子信息产业新兴集群》，www.shgqxh.com/memberdisplay/xhnewsdel/118。

色的高新技术产业集群，而随着高新技术产业链不断延伸，创新要素不断集聚，区域内产业基础能力得到进一步提升。

专栏6.5　漕河泾打造高质量园区发展样板

高新技术企业数量是衡量一个地区科创水平的重要标准。2020年漕河泾开发区本部新认定高新技术企业达到31家。全年成功申报91家高新技术企业,通过认定达95％,认定高新技术企业总数比2019年翻了一番,再创历史新高。

产业方面,漕河泾开发区长期以"1＋5＋1"产业体系作为产业规划核心,在上海确立以集成电路、人工智能、生物医药作为三大先导产业后,漕河泾开发区企业、产业的发展也高度顺应上海市产业转型的需要。以人工智能产业为例,漕河泾人工智能企业数量占比全市1/4,是近年来发展势头最为迅猛的产业。有别于上海其他以人工智能为特色的产业园区,漕河泾集聚了大量拥有原创算法的世界级人工智能龙头企业,包括商汤科技、腾讯科技、字节跳动、微软、快手科技等。同时,漕河泾以智慧研发办公楼、工业物联网工厂、智慧商业综合体为产品线,在重大项目中全域应用AI、大数据、云计算等数字化前沿技术,打造"10＋数字功能平台""50＋数字化标杆场景",形成具有漕河泾特色的更新示范标准、应用示范系统、伦理政策和数据开放准则,将漕河泾园打造成具有24小时活力的"智能产城融合区"。

园区的高速发展离不开企业的科技创新。漕河泾作为国家知识产权"双示范"园区迎来了其第十个年头。作为上海唯一一家,全国屈指可数的国家知识产权服务业集聚发展示范区和国家知识产权示范园区,十年来,漕河泾开发区始终坚持把知识产权作为发展原创经济发力点和突破点,坚持实施知识产权战略,以知识产权工作为核心来打造漕河泾科技服务示范区,形成了独特的"漕河泾科创模式"。截至2021年1月,开发区累计专利申请数5.3万件,年平均增幅接近20％,发明专利占比平均达到65％;当前发明专利授权突破1.2万件,每万人发明专利拥有量提升至419.6件,处于全国领先地位。

资料来源:《漕河泾打造高质量园区发展样板》,www.shgqxh.com/memberdisplay/xhnewsdel/185。

4. 高新技术企业研发投入大幅提升

在研发投入方面，2020 年上海高新技术企业研发总投入为 1 264 亿元，较 2019 年增长 13.9％，占全市研发总投入的 70％，拥有发明专利 11.11 万件。

在技术改造经费支出方面，上海规模以上高新技术企业 2019 年支出 12.05 亿元，相比 2018 年和 2017 年分别同比增长 71.1％和 59.4％，其中电子及通信设备制造业支出最高，达 11 亿元，占所有支出的 91.3％，其次是医药制造业支出 0.57 亿元，约占比 4.7％，医疗设备及仪器仪表制造业支出 0.4 亿元，约占比 0.03％。

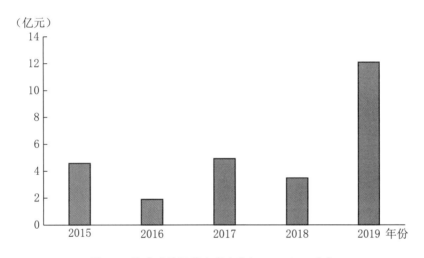

图 6.7　技术改造经费支出变化（2015—2019 年）

资料来源：根据上海市统计局资料整理。

在购买国内技术支出方面，上海规模以上高新技术企业 2019 年共支出 12.77 亿元，相比 2018 年和 2017 年分别同比增长 15.8％和 96.2％，其中电子及通信设备制造业支出 0.71 亿元，医药制造业支出 0.52 亿元，医疗设备及仪器仪表制造业支出 0.01 亿元。

在技术引进经费支出方面，上海规模以上高新技术企业共支出 11.1 亿元，相比 2018 年和 2017 年分别同比增长 15.8％和 96.2％，其中电子及通信设备制造业支出 0.53 亿元，医药制造业支出 0.4 亿元。

（亿元）

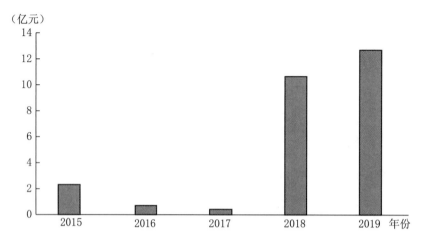

图 6.8　购买国内技术支出变化（2015—2019 年）

资料来源：根据上海市统计局资料整理。

（亿元）

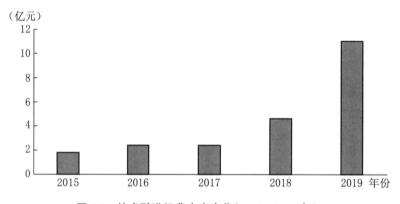

图 6.9　技术引进经费支出变化（2015—2019 年）

资料来源：根据上海市统计局资料整理。

5. 高新技术企业研发成果丰富

2020 年上海全年共认定高新技术成果转化项目 845 项，比上年增长 2.8%。其中，电子信息、生物医药、新材料、先进制造与自动化等重点领域项目占 83.6%。截至 2020 年末，累计共认定高新技术成果转化项目 13 785 项，累计落实高新技术成果转化财政专项资金超 100 亿元，实现高新技术成果转化政策人才落户 2 900 余人。在技术合同交易方面，实现技术合同交易 26 811 项，实现成交额 1 815.27 亿元，其中技术交易额 1 689.28 亿元；输出技术 26 356 项，实现成交额 1 583.33 亿元，其中技术交易额 1 461.73 亿元;吸纳技术 28 913 项,实现成交额 1 162.84 亿元,其中技术交易额 998.29 亿元。上海高新技术企业快速发展有力支持了上海创新创业活动,科技创新策源能力加快提升。

6.2.2 北上深高新技术企业培育成效比较

1. 高新技术企业培育政策对比

通过对比上海、北京和深圳的高新技术企业培育政策,分析其在组织引导、财政引导、科技引导、人才引导、需求引导和区位引导中的异同,发掘和提取先进性政策内容,为上海制定健全的培育政策体系提供参考。

在组织引导方面,三地区基本聚焦于开展培育培训和咨询活动、网络媒体宣传行为,但北京所制定的高新技术企业高级经营管理人员和技术骨干培训计划较其他两地具有新颖性和适用性。在财政引导方面,三地区注重通过提供入库资金支持、税收优惠、科技金融产品来扶持企业发展,但北京出台的扣除低效益高新技术企业员工的工资应纳税额的政策出发点和关注点较具先进性。在科技引导方面,三地区出台政策类似,基本聚焦于建设研发机构、推进产学研合作、开展知识产权保护等。在人才引导方面,三地区同样注重于实施人才奖励补贴、促进高新技术人才落户、吸纳国内外人才等政策,但北京所出台的高新技术企业员工享受北京市市民待遇政策,以及深圳所出台的高层次人才可领市和区双重购房补贴政策较上海不同,并具备可借鉴性。在需求引导方面,三地区基本着手于实施政府采购和促进高新技术企业参报科技项目等政策。在区位引导方面,三地区注重实施高新技术企业土地租用和使用优惠政策,但北京和深圳两地所实行的减免城市基础设施和市政公用设施建设费政策对上海具有参考作用。

综合上海、北京和深圳在高新技术企业组织引导、财政引导、科技引导、人才引导、需求引导和区位引导中实施的培育政策,可以发现,在组织引导方面,上海可以采纳高新技术企业高级经营管理人员和技术骨干培训计划的政策,在培训企业大众的同时,也注重高级人才的培训。在财政引导方面,上海可从高新技术企业员工

表 6.3　北上深高新技术企业培育政策对比

	上　海	北　京	深　圳
组织引导	组织高新技术企业认定及培育培训会；建立上海企业服务云门户网站	制定高新技术企业高级经营管理人员和技术骨干培训计划	设立高新技术产业促进中心进行宣传与推广交流工作；举办申报培训会；一对一协助企业梳理高新技术企业认定申报材料
财政引导	入库资金支持；税收优惠；发放"科技创新券"和"四新券"；推广科技金融产品；促进政策性融资	税收优惠；扣除低效益高新技术企业员工的工资应纳税额	税收优惠；设立科技三项经费、创业资助金；发放定额债券；加速固定资产折旧；优先融资上市
科技引导	推进创新体系及研发机构建设；鼓励高新技术企业参与科技攻关	建立高新技术研究开发机构；设立知识产权发展和保护资金；支持产学研合作	建设、运营和管理配套支撑体系；支持产学研合作；开展知识产权保护、创造、推广行动
人才引导	优先高层次人才职称申报；促进高新技术人才落户	高新技术企业员工享受本市市民待遇；促进高新技术人才落户	人才奖励补贴工程项目；促进高新技术人才落户；高层次人才可领市和区双重购房补贴
需求引导	实施政府采购；鼓励高新技术企业参与科技项目	实施政府采购；促进高新技术企业参报科技项目	实施政府采购；促进高新技术企业参报科技项目
区位引导	实施高新技术企业租房优惠	减免土地使用权出让金；减免城市基础设施"四源费"；减收市政公用设施建设费	协议安置厂房调剂、优先获取办公用地；减免土地使用权出让金、交易手续费、产权登记费等；减免城市基础设施增容费

资料来源：根据相关资料整理。

工资应纳税额角度出发，出台相关财政优惠和补贴政策。在人才引导方面，上海可借鉴高新技术企业员工享受本市市民待遇、高层次人才可领市和区双重购房补贴等政策，充分吸纳和留住人才。在区位引导方面，上海同时需要注重城市基础设施增容费和市政公用设施建设费等政策的研究和发布。

2. 高新技术企业经营能力对比

在高新技术企业数量方面，上海高新技术企业共 17 012 家，相比 2019 年、2018 年实现同比增长 32.41％、84.79％,数量排名全国第五。北京高新技术企业数量达 2.9 万家,相比 2019 年、2018 年实现同比增长 20.6％和 31％,数量居全国城市第一位。深圳高新技术企业达 18 650 家,相比 2019 年、2018 年实现同比增长 9.71％、29.51％,数量居全国城市第二位。高新技术企业数量排名为北京、深圳和上海,高新技术企业增长率为上海、北京和深圳,上海虽然高新技术企业数量较少,但增速较大。

在高新技术企业规模方面,三地区领军企业占比排名为上海、深圳和北京,大型企业占比排名为上海、深圳和北京,中小型企业占比排名为上海、北京、深圳,源头企业占比排名为北京、深圳和上海(北京、深圳并列)。上海领军企业和大型企业占比较高,说明上海高新技术企业竞争能力较强,提质增效潜力较高,但中小企业和源头企业仍需挖掘和提升。

在高新技术企业结构方面,上海高新技术企业着重于电子信息、先进制造与自动化、高技术服务三大行业领域,北京高新技术企业聚焦于电子信息和高技术服务两大行业领域,深圳高新技术企业中电子信息技术领域占半壁江山。上海高新技术企业重点领域相对较为广泛,其中电子信息、先进制造与自动化、高技术服务是现今社会发展的关键领域和战略方向,注重其发展有利于促进高新技术企业实现关联性和高成长性发展。

在高新技术企业集聚方面,上海、北京和深圳的高新技术企业主要集聚于经济发展效益显著、产业集聚效应明显和政府政策着重扶持的相关地区。

3. 高新技术企业研发能力对比

在高新技术企业成果方面,高新技术企业实现技术合同交易排名为北京、上海和深圳,实现输出技术排名为北京、上海和深圳,实现吸纳技术排名为北京、上海和深圳。上海研发创新效果明显,创新产品成果转化效率和收益显著,具有良好发展势头。

在高新技术企业研发投入方面,高新技术企业实现科技活动经费内部支出排名为北京、深圳和上海,R&D 经费内部支出排名为深圳、北京和上海。上海在高新技术企业的研发投入相对较为欠缺,应积极增加研发投入,促进产品创新;在高新技术企业人才方面,高新技术企业从业人员排名为北京、深圳和上海,R&D 人员排名为深圳、北京和上海,留学归国人员排名为北京、上海和深圳。上海高新技术企业创新人才相对较少,需积极出台相关政策和营造创新氛围,吸纳市外创新人才和留住市内创新人才。

6.2.3 长三角高新技术企业培育成效比较

1. 长三角高新技术企业培育政策对比

在组织引导方面,长三角五地区基本聚焦于开展高新技术企业的培育培训和相关政策的讲解活动,但宁波设立高新技术及产业化处用来指导宁波高新技术发展及产业化规划和政策,更加重视顶层设计。在财政引导方面,五地区注重通过提供高新技术企业培育资金、税收优惠、科技金融产品来扶持企业发展,但合肥出台的与社会机构进行合作来得到资金支持的方法较具先进性。在科技引导方面,五地区出台政策类似,基本聚焦于建设研发机构、推进产学研合作、开展知识产权保护等,其中南京对于处于不同阶段的高新技术企业分类精准施策,更加具有针对性地进行科技引导。在人才引导方面,五地区同样注重于实施人才奖励补贴、促进高新技术人才落户、吸纳国内外人才等政策;在需求引导方面,五地区基本着手于实施政府采购和促进高新技术企业参报科技项目等政策。在区位引导方面,五地区注重实施高新技术企业土地租用和使用优惠政策,但杭州鼓励高新区所在地政府按高新区上缴财政贡献和土地出让收入给予一定奖补,以及南京用地采取划拨方式供应均对上海进一步深化政策具有参考作用。

表6.4 长三角重点城市高新技术企业培育政策对比

	上 海	南 京	杭 州	宁 波	合 肥
组织引导	组织高新技术企业认定及培育培训会; 建立上海企业服务云门户网站	开展多角度、多元化的高企培训活动,壮大科技创新企业集群	举办高新技术企业所得税政策讲解、高新技术企业认定操作指南和高新技术企业财务要点解读等专题培训会	设立高新技术及产业化处; 举办高新技术企业申报培训会; 建立定期会商机制,加强市区协同部门联动	利用网络传媒平台加强政策和申报优惠宣讲; 开展专业化申报培训; 组建高新技术企业创新与研发项目管理高级研修班

续表

	上　海	南　京	杭　州	宁　波	合　肥
财政引导	入库资金支持； 税收优惠； 发放"科技创新券"和"四新券"； 推广科技金融产品； 促进政策性融资	税收优惠； 发放科技创新券等方式对购买科技服务、科技成果等进行补贴； 奖励国内外 500 强技术转移和产业化成果	税收优惠； 给予优秀高企申报补助	税收优惠； 设立培育发展专项资金； 推广应用科技创新券； 引导社会金融资本和天使投资加大金融支持	注重科技金融产品供给； 创建"风险资金池"； 加大天使投资基金投资力度； 支持社会资本成立专项基金； 扩大合创券"高新技术企业专用券"应用范围
科技引导	推进创新体系及研发机构建设； 鼓励高新技术企业参与科技攻关	针对企业不同成长阶段分类精准施策； 建设知识产权保护中心； 建立专利预审员制度； 对提供专利等知识产权质押融资的金融机构给予风险补助	实施企业专利"清零倍增计划"； 给予申报补助； 深入推进利用"创新券"购买公共服务； 支持产学研合作	支持高新技术企业建设专业众创空间，实现与科技型企业、科研院所的有机结合； 推动和优化社会中介服务机构提供优质高效服务	组建高新技术企业培育专家咨询团队； 建立重点实验室、企业技术中心等研发平台； 推进知识产权贯标，加大企业研发支持力度和奖励力度
人才引导	优先高层次人才职称申报； 促进高新技术人才落户	实施青年大学生"宁聚计划"； 对高新技术企业的相关人员根据其对本市经济贡献给予奖补； 高新技术人才优先买房	高新技术优秀人才个人所得税返还以及提供生活补助； 推广"人才码"，对人才给予政策倾斜	加大高新技术企业、科研院所、创新团队人才的引进力度，予以资金支持； 吸引高新技术企业整体搬迁到宁波，并予以税收优惠以及相应补贴	人才按照实际支付薪酬的30%予以一次性补贴； 对创业的高新技术人才给予创业资助； 给予人才一次性补助以及引进人才企业给予奖励
需求引导	实施政府采购； 鼓励高新技术企业参与科技项目	实施政府采购； 促进高新技术企业参报科技项目	实施政府采购； 促进高新技术企业参报科技项目	实施政府采购； 促进高新技术企业参报科技项目	实施政府采购； 促进高新技术企业参报科技项目
区位引导	实施高新技术企业租房优惠	参照公益性科研机构用地采取划拨方式供应；出让起始价可按不低于同区域科研用地基准地价的20%执行	优先保障高新技术产业用地需求； 鼓励高新区所在地政府按高新区上缴财政贡献和土地出让收入给予一定奖补	扩大高新技术产业开发区发展空间； 允许高新技术企业厂房可以按幢、层等进行分割登记和转让	予以高新技术企业住房补贴和优惠； 优化闲置厂房和办公楼，引进符合的高新技术企业

资料来源：根据相关资料整理。

综合上海、南京、杭州、宁波、合肥在高新技术企业组织引导、财政引导、科技引导、人才引导、需求引导和区位引导中实施的培育政策。在组织引导方面,上海可以进一步设立高新技术及产业化处用来指导上海高新技术发展及产业化规划和政策。在财政引导方面,上海可以考虑引入社会力量,与社会机构合作给予高新技术企业相应的补助和优惠,从而实现互利共赢。在区位引导方面,上海可以参照公益性科研机构用地采取划拨方式供应,进一步优化闲置厂房和办公楼,引进符合的高新技术企业,提高办公楼的使用率。

2. 长三角高新技术企业经营能力对比

在高新技术企业数量方面,上海高新技术企业共 17 012 家,相比 2019 年、2018 年分别同比增长 32.41%、84.79%,数量排名全国第五。南京高新技术企业数量 6 507 家,数量居江苏全省第一位,相较于 2019 年净增 1 871 家,同比增长 39.98%。杭州高新技术企业 7 711 家,数量在全国副省级城市排名第三。宁波高新技术企业数量达到 3 102 家,与 2019 年、2018 年相比分别增长 44.35% 和 110.88%,数量居全国城市第 19 位。高新技术企业数量排名为上海、杭州、南京和宁波。上海高新技术企业不仅数量较多,而且增速也较快。

在高新技术行业领域方面,上海高新技术企业侧重于电子信息、先进制造与自动化和高技术服务三大行业领域,南京高新技术企业聚焦于智能装备制造业和新材料制造业两大行业领域,宁波高新技术企业中先进制造与自动化领域占半壁江山,合肥高新技术企业电子与信息领域占比最高,接近一半。相对来说,上海高新技术企业的重点领域分布更广泛些,高技术服务领域的发展对优化产业结构、促进高新技术企业服务业的进一步成长具有重大意义。

在高新技术企业集聚方面,南京市高新技术产业主要集中江宁区、江北新区、溧水区三个工业主导区,杭州市以滨江区和余杭区为高新技术企业培育重点地区,宁波市中心城区内的高新技术企业占高新技术企业总数的一半,合肥市以高新技术产业开发区为中心向外扩散。由上可知,南京、杭州、宁波、合肥四个城市与上海分布特征较为相似,高新技术企业的分布都集聚在几个区域,且主要集聚于经济发展效益显著、产业集聚效应明显和政府政策着重扶持的相关地区。

3. 长三角高新技术企业研发能力对比

在高新技术企业研发能力方面，R&D经费内部支出排名为上海、杭州、南京、宁波和合肥。在高新技术企业成果方面，高新技术企业实现技术交易额排名为上海、南京、杭州、合肥和宁波，实现输出技术排名为上海、南京、合肥、杭州和宁波，实现吸纳技术排名为上海、南京、杭州、合肥和宁波。上海无论是交易额、输出技术项目数还是吸纳技术项目数都在五个城市中位列第一，说明上海在高新技术研发方面成果上较为领先。

在高新技术企业人才方面，高新技术企业年末从业人员排名为杭州、上海、宁波、南京，R&D人员排名为上海、南京、杭州、宁波，留学归国人员排名为上海、杭州、南京、宁波。上海较其他城市高新技术企业创新人才相对较多，南京、杭州等城市需积极出台相关政策，吸引更多的创新人才。

6.2.4 上海高新技术企业培育制约问题

通过对上海高新技术企业政府培育政策以及高新技术企业群体发展情况分析发现，上海高新技术企业存在来自外部政策的制约和内部自身的制约。

1. 培育政策偏向财政、科技供给，政策工具多样性不足导致精准辐射效应不强

上海高新技术企业培育政策偏向财政供给和科技引导，两类型政策占比达60％以上。在人才引导、组织引导、需求面引导上政策倾斜不足，造成培育政策体系发展不平衡。同时，与北京、深圳、南京、杭州等地区相比，上海培育政策较为通用，特色创新政策及细节性政策不足，如面对高新技术企业用地优惠，北京、深圳所实行的减免城市基础设施和市政公用设施建设费政策更具适用性。在组织引导方面，缺乏类似北京和合肥出台的高级管理人员和技术骨干研修班政策，注重高层次人才的深度培训。在财政引导方面，缺乏北京和杭州出台的较具实用性的高新技术企业员工工资应纳税额减免政策。在科技引导方面，欠缺为高新技术企业提供智库支持等政策。在人才引导方面，北京发布的高新技术企业员工享受北京市市

民待遇政策,以及深圳发布的高层次人才可领市和区双重购房补贴政策,更能吸纳和留住人才。在需求引导方面,宁波实施的增加高新技术企业产品在政府采购项目的技术部分评分权重政策,利于扩充企业产品市场。

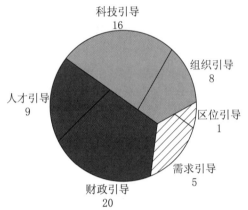

图 6.10 上海高新技术企业培育政策工具分布

资料来源:根据相关资料整理。

2. 企业理解参与政策存在困难、政策流通内外协同不畅,降低政策执行效率

上海高新技术企业培育政策在流通、执行环节存在企业与政府多方制约。部分企业对政策具体内容理解有限,靠官方网站渠道获取信息的方式单一,参与申报

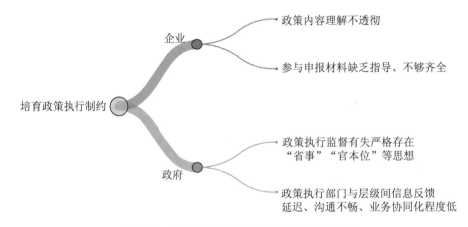

图 6.11 上海高新技术企业培育政策执行制约

资料来源:根据相关资料整理。

了解渠道不足,企业认定环节因缺少指导造成认定资料不齐全、研发费用未单列等管理问题而无法达到认定标准,致使部分优质企业缺乏政策了解而错失培育机会。在政策执行过程中,部分政府专员存在"省事""官本位"等思想,培育政策执行部门与层级间信息反馈延迟、沟通不畅、业务协同化程度低等现象,在一定程度上降低政策流通效率,导致政策落实不够彻底。

3. 技术成果转移转化有限,科技创新产品市场有待活跃

技术合同成交额是科技成果转移转化的重要指标,也是反映地区科技创新活跃态势的重要指标。上海技术合同成交额位列七地区第二,但是与北京相比具有3.5 倍的差距。同时,上海技术合同成交额占 GDP 比重为 4.69%,远低于北京的17.5%。上海输出技术成交额同样远远落后于北京,吸纳技术成交额也低于北京和深圳。上海技术市场的功能和效力未得到充分发挥,技术交易活跃程度需进一步提升。目前上海高新技术企业一方面存在相关激励政策主要针对技术开发和技术转让,技术服务和技术咨询享受政策优惠较少,导致高新技术企业技术成果转移转化市场化程度有限。另一方面,上海高新技术企业处于市场需求不断变化,技术产品市场竞争激烈,新产品、新技术在市场上的输出扩散速度具有一定程度的不确定

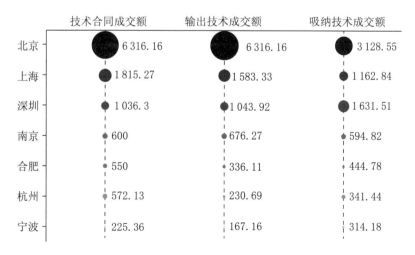

图 6.12　技术合同、输出技术与吸纳技术成交额(亿元)

资料来源:根据科技部火炬中心资料整理。

性环境之中,并且面临技术吸纳意识与能力较弱,引进技术创新产品和提升企业竞争力的主观能动性不足的局面。

专栏6.6　科技成果转移转化的三个痛点

痛点一:互相掣肘的政策、法规

从科学技术到成果应用,除了专业的人员与平台,政策更是至关重要的推动力。在成果转移转化的具体过程中,大家对法规政策的执行往往是"就高不就低"——不是看哪项法规政策属于上位法,而是看哪个法规政策要求的最严格、最细致就执行哪个,因为这样最不容易出问题。一位不愿意透露姓名的科技人员就遇到过这样的情况:他所在团队的一项技术创新成果适合转移转化,但究竟单位和团队在收益中能够占比多少却一直无法商定,最后只能不了了之。这位科研人员坦承:"其实就是领导也不敢拍板,怕被人说有侵占国有资产的嫌疑。"

痛点二:科技成果转化经理人无法满足需求

技术交易离不开市场。建立一个技术成果转移转化的交易平台,远比每个研究机构都自己培养转移转化队伍要更有效率。目前,国家有两所获批的交易所,即上海技术交易所和中国技术交易所。国内技术交易市场正在逐步完善,技术交易所也在摸索中前行。在这种情况下,对科技成果转化经理人的需求越来越多,要求越来越高。但是,目前这支队伍的建设情况尚无法满足行业需求。

痛点三:科研机构与企业脱节

除了政策与人才方面存在的不足,科技成果转化自身也有需要突破的瓶颈。大量研究表明,不少企业还停留在对先进企业的跟踪模仿阶段,在人才、资金、设备等方面,都不具备承接新技术的能力。一项实验室成功的技术要想放大到能够在生产中使用,需要经过很多"坎儿"。例如有些技术对材料的纯度有要求,而在实验室能够轻易达到的纯度,在生产阶段就变得极为难以控制。这些"坎儿"

需要科研机构和企业共同克服,要求企业起码应该有一支过硬的技术队伍,需要有一定的资金支持,更要有承受失败的能力和勇气。但目前国内不少企业尚不具备这样的实力。

资料来源:詹媛,《科技成果转移转化的三个痛点》,《光明日报》2020年12月30日。

4.高层次创新人才缺乏,高新技术企业创新人才集聚不足

高层次创新人才对于高新技术企业开发新技术和新产品、获得市场竞争力、增加经济效益具有关键性作用。从高新技术企业从业人员来看,上海在七城市中排名第三,与北京和深圳相比存在明显差距。从高新技术企业R&D人员数量来看,上海R&D人员不及深圳的一半,与北京相比依旧存在较远距离,与南京和杭州之间的人员数量差异也相对较小。上海高新技术企业研发人员仅占从业人员的10%,对高层次创新人才"引育留用"效用不足。一方面,由于上海高房价引发的租房成本和人力人本、较高的员工薪酬、政策丰富性相对不足等因素,多数企业难以引进或留住高层次创新人才。另一方面,上海高新技术企业数量相对较少,就业机会低于北京和深圳,超级明星企业孵化动力不足,精准引才具有局限性。

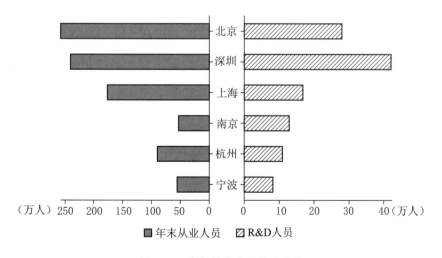

图6.13 高新技术企业从业人员

资料来源:根据科技部火炬中心资料整理。

5. 企业梯级发展差异较大,创新资源与实力分布不均衡

高新技术企业类型分布可以反映地区高新技术产业的创新资源配置和持续发展态势。上海高新技术企业分布呈"气球型",与"梨子型"的北京和深圳相比,小微企业比重相对较少,来自源头的持续供给和输送能力相对较弱;领军企业占比相对较多,但缺乏极具全球行业话语权和引领力的领军企业。与分布相对均匀的"苹果型"的宁波地区相比,上海大型与领军企业和中小微企业间的比重差距较大,大部分企业属于较低层次创新梯级。在多数科技创新资源集中于高层次创新梯级的情境下,世界级领军企业孵化相对较少。上海高新技术企业存在创新资源配置失衡,资源利用效率偏低,创新能动力不足的问题。上海有必要进一步探索如何扩充高新技术企业供给,优化创新资源配置和提升高层次创新企业。

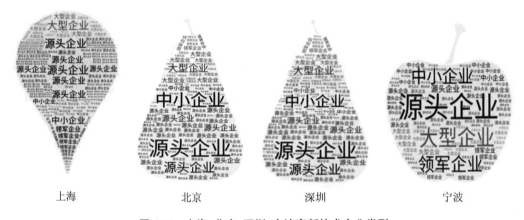

上海　　　　　　　北京　　　　　　　深圳　　　　　　　宁波

图 6.14　上海、北京、深圳、宁波高新技术企业类型

资料来源:根据相关资料整理。

6. 科技服务机构能力较弱,企业群体规模孵化支撑不足

科技服务机构是促进高新技术企业认定和培育的黏合剂。目前上海地区科技服务机构整体质量不高,一方面部分科技服务机构对企业了解程度不深,撰写申报材料不够明晰;另一方面多数高新技术企业通过熟人介绍、推荐等方式寻找科技服务机构,难以确保所选科技服务机构具备较强专业性和较高责任心。部分科技服务机构专业性背景不足,部分科技服务机构从业人员对企业研发项目的专业知识

掌握有限，但基于逐利目标，又较少聘请相关专家，导致相关评审报告有失客观和公正。政府对科技服务机构服务规范制度较少，政府对高新技术企业科技服务机构的相关准入机制、监管和惩罚措施的政策相对较为缺乏。

6.2.5　上海培育高新技术企业的战略方向

1. 均衡培育政策覆盖领域，夯实高新技术企业培育基础

适当增加区位引导、需求引导方面政策培育倾斜，补齐培育政策领域短板，保障培育政策体系全覆盖与丰富性。围绕企业孵化、认定、培育全生命周期，构建涵盖市、区、科技、税务等多部门的政策宣传体系，创新宣传形式，发挥新媒体传播作用，加强政策内容宣传解读。对产业链关键环节企业、疫情防控企业、外资企业等予以重点关注，加强政策宣传和培育力度。引导多层次金融支持政策，通过引导政策性银行等金融机构对高新技术企业进行扶持，在授信额度、科技成果转化、高新技术产品产业化等各个环节给予行业优惠的融资政策。进一步优化土地资源配置，盘活低效用地，鼓励存量工业用地二次开发，实行直接用地补贴，为高新技术企业扩充发展提供建设性用地便利。

2. 分阶段有序实现技术要素市场化，提升技术成果市场转化效能

分阶段有序进行技术要素市场培育，由政府引导配置技术要素市场过渡到政府与市场并行，逐步实现市场主导运营的技术转移市场，提升技术成果市场转化效能。建立涵盖政府机构、非营利组织和企业参与的多层次、多形式技术转移服务机构，逐步形成大规模技术成果转化服务市场。创新转化形式，增加产业园、科技园早期投资职能，以股份形式参与技术成果前期转化。探索新型技术转移服务机构和企业之间的合作新模式，解决技术转移过程中技术定价和知识产权共享与保护等问题。

3. 构建高新技术企业成长体系，推动技术成果全周期转化

遴选重点产业链中的关键卡脖子环节企业，开展跟踪辅导服务，扩充高新技术幼苗企业培育库。依托现有高新技术企业创新合作平台，鼓励中小企业和源头企业与大型企业开展技术研发合作，帮助中小企业和源头企业在技术细分领域深耕

研发,以增强中小微企业创新活力,从而提升高新技术企业整体创新生态。打造创新产品品牌,开发联名创新产品,扩大用户群体,扩充企业产品市场。助推高新技术企业深入全球市场,引导和鼓励高新技术企业加大产品出口、投资建立境外生产基地、开展产品推广会等,积极参与"一带一路"建设,帮助企业开拓海外市场。

4. 增加中小企业人才吸引度,营造高新技术企业创新氛围

通过适当向中小企业倾斜人才政策,放宽中小企业员工人才优惠门槛等方式,提升中小企业对于高新技术人才的吸引力度,解决中小企业人才紧缺难题。在市或区层面定期开展上海高新技术企业高管、技术骨干在运营管理、技术技能以及企业家精神方面的培训,创新企业人才培育体系,树立优秀创新企业家典型,通过领军人才带动形成上海高新技术企业积极创新氛围。充分发挥上海在国际和长三角的影响力,设立高新技术企业海外研发机构和联合实验室,开放配置全球创新资源,利用具有全局带动作用和重大引领作用的战略性新兴项目辐射和吸引国内外高层次人才,提高人才显示度。

5. 优化科技服务水平,打造优质科技创新服务载体

完善准入机制、职业操守培训、监督管理机制,建立多部门信息通报联合惩戒机制,强化专利申报质量与管控,规范科技服务机构运行。实行高新技术企业科技服务机构名录管理,严格名录清单更新机制,加强对科技服务机构管理,打造优质科技服务载体。通过引导建立和发展包括知识产权保护法律、创新政策支持、创业投融资渠道、管理咨询服务等服务机构,从研发投入、成果转发、人才队伍、项目管理、知识产权等方面开展全方位的辅导服务,全力挖潜扩容,提升创新要素水平和申报质量,提升全方位科技创新服务水平。

6.3　构建未来产业研究机构

未来产业技术是赢得第四次工业革命的制高点,也是产业创新的重要推动力。掌握这一制高点和推动力就要求在相关领域实现颠覆性技术突破。未来产业研究

机构正是推动这些颠覆性技术突破的新型组织形式，其核心功能是寻找解决人类社会重大发展基础性与全局性问题的战略性技术和发展方向。当前，世界主要国家都对此密切关注、积极布局。以美国和英国为代表的发达国家已经开始筹建未来产业发展研究机构，主要目的是抢占未来技术高地，保持本国在未来发展中的全球竞争优势。中国也在积极谋划未来产业技术研究和相关机构建设，"十四五"规划明确提出"在科教资源优势突出、产业基础雄厚的地区，布局一批国家未来产业研究机构"，以推动颠覆性技术研究突破，增强产业创新策源力量。

6.3.1 未来产业研究机构备受关注与支持

1. 未来产业研究机构具备四大战略性功能

第一，聚焦人类社会发展的基础性与全局性问题。与现有在单一领域内解决国家和市场现阶段需求的创新模式不同，未来产业研究机构不以解决单向任务、取得局部进展为目标，而是聚焦人类健康、环境治理、贫困治理等人类社会发展的全局性、复杂性、长远性重大问题，追求事关国计民生和国家安全需要的颠覆性技术创新突破，强调科技转化的路径和效率，重视可持续发展的基础和环境建构。这些问题将会影响国家乃至人类在未来很长一段时间的发展水平，直接影响国家在未来的竞争力，一旦实现技术突破，将对相关领域产生颠覆性影响。

第二，未来产业研究机构承担实现从 0 到 1 的颠覆性技术创新重任。未来产业研究机构致力于通过技术创新解决人类社会面临的重大问题，这种技术创新具有颠覆性，是从 0 到 1、从无到有的创新。所谓颠覆性技术，主要是指导致传统产业归零或价值网络重组，并对社会技术体系升级跃迁产生决定性影响，或重构国家现有基础、能力、结构等的战略性创新技术。对中国来说，还包括破解一批"卡脖子"难题，自己掌握关键领域的核心技术。与一般技术研发机构不同，未来产业研究机构强调通过基础研究和产业发展的交叉跨界融合，实现技术突破。

第三，未来产业研究机构致力于构建一套有利于多主体跨界高效合作的新型创新治理机制。未来产业研究机构是一种促进创新的新型组织方式，强调通过构建多主体跨界高效合作,实现技术颠覆性突破。通过这一创新治理机制把政府、市场、社会等各方力量拧成一股绳,形成龙头企业牵头、高校院所支撑、各创新主体相互协同、社会资本共同支持的创新联合体。该机制一方面能够帮助多主体摆脱既有创新体制约束,使科研人员可以在其原本归属的机构和研究院之间自由流动;另一方面能够实现多主体的高效协同,相关主体可根据自身资源优势决定合作方式。例如,地方政府可以提供用地、税收优惠、公私合作和金融方面支持,产业和企业可以提供资本、工程开发条件和大数据等资源支持,大学可以提供科研人员、研究生和校园空间等支持。这一创新组织模式的核心是项目提出机制的创新,国家、学术界、产业界、社会多元主体均可提出项目。论证立项过程主要以引导而非限制为主,以免排除掉"出乎意料"的但有前途的研究方向。

第四,未来产业研究机构着力于实现科学研究和产业转化的无缝衔接。与现有技术创新模式相比,未来产业研究机构的一个重要突破点是要打破基础研究和产品转化各自为政的局面,建立创新链和产业链融合联动的全链条运营体系。其一是打通从基础研究到产品推广的全链条运营。未来产业研究机构强调建立一条将实验室科学发现转化为产业领域实际应用的清晰途径,即通过产品推广创造价值,为基础研究的可持续发展奠定基础,减少从基础研究到产品商业化各环节间的协调沟通成本。其二是实现从任务导向型到自由探索型项目的全链条运营。现有的技术创新模式主要关注对单一类型项目尤其是短期任务导向型项目的支持力度,对投入成本高、收益预期低的自由探索型项目支持力度不大,但技术的颠覆性突破很有可能就蕴藏在这些看似"不太可能"的项目当中。因此,未来产业研究机构要对创新项目失败保持较高的容忍度,在支持任务导向型项目的同时,加大对自由探索型项目的支持力度,保障科研人员的探索边界和转化空间。

2. 发达国家正积极推动构建未来产业技术研究机构

新一轮科技革命和产业变革的兴起及全球科技和产业竞争的加剧推动了美国等发达国家加快对未来产业的布局。2019 年 2 月,美国白宫科技政策办公室(OSTP)发布《美国将主导未来产业》报告,指出人工智能、先进制造、量子信息科学、5G 等是能够保证美国长期繁荣、改善国家安全的关键技术。2020 年 1 月 14 日，美国提出《未来产业法案》，要求确保在人工智能、量子信息科学、生物技术、下一代无线网络和基础设施、先进制造、合成生物学等未来产业的联邦研发投入，以保持美国在全球经济的领导地位。同年，美国通过了《未来产业法案》，提出建立未来产业协同委员会(Industries of the Future Coordination Council)，并在 2021 年发布了《未来产业研究所：增强美国科技领导力的新模式》，详细刻画了未来产业研究所的面貌。

此外，欧洲也有针对未来产业及相关研究机构的类似布局。欧盟委员会曾于 2019 年 8 月起草了一项宏伟计划，由成员国出资组建规模高达 100 亿欧元的主权财富基金——欧洲未来基金，致力于对欧盟具有战略性意义的重要领域的企业进行长期投资，以鼓励欧洲公司赶超来自美国的竞争对手。德国联邦经济事务与能源部 2019 年 2 月签署发布了《国家工业战略 2030》，有针对性地扶持汽车、光学、3D 打印等十大重点工业领域，以保持其先进工业制造的全球核心竞争力。这些产业领域的依托机构正在逐步建立，相关文件也正在逐步出台。此外，英国于 2021 年 2 月 19 日也正式宣布建立先进研究与发明局，与美国提出的未来产业研究所相似，主要负责资助高风险、有可能获得高回报的研究，支持可能改变人们生活的突破性发现。

3. 以深圳、北京等城市为代表的国内城市明确提出"构建未来产业策源地"

长远来看，中国必将成为全球新经济发展强有力的推动者和引领者，而未来产业正是关系到中国中长期竞争力和国家安全的重大战略问题。继"十四五"规划明确提出后，2021 年 4 月 19 日，国家发改委再次提出要组织实施未来产业孵化与加速计划，谋划布局一批未来产业研究机构，从中央层面明确了未来产业发展研究机构的具体方向。北京、湖南、浙江、广东、安徽等 22 个省份曾明确提到要发展未来产业，并计划建立相关研究机构。其中，深圳和北京在围绕未来技术构建新型创新组织体制方面走在全国前列。

早在 2009 年，深圳就确定生命健康、航空航天、海洋、机器人、可穿戴设备和智能装备为六大未来产业,2014 年起每年从市财政中拿出 10 亿元设立未来产业发展专项资金,用于支持核心技术攻关、创新能力提升等。此外,深圳还在"十四五"规划中提出构建"未来产业策源地"的发展计划:一是场景创新,打造全球新技术新产品率先应用推广高地;二是未来产业引领,推出"未来产业试验区"建设计划等。按照规划,深圳将建设包括龙岗阿波罗、南山留仙洞、龙华观澜高新园等在内的 10 个未来产业试验区,并在其中探索新技术新产品分阶段分类管理、更具弹性的监管等一系列制度创新。

北京则利用自身雄厚的企业和高校优势,不断加快建设全国科技创新中心的战略部署。在中知学(中关村大街、知春路、学院路)原始创新组团聚焦人工智能、区块链、网络信息安全等领域,在上地、西三旗组团聚焦人工智能、大数据、云计算等领域,在怀柔科学城组团聚焦科学仪器和传感器、高性能纳米材料、关键战略材料、研发服务等领域;同时不断优化中关村示范区产业空间资源布局,发挥高校集聚优势,打造国家实验室、国家工程(技术)研究中心,加快完善高质量链接,导入全球创新资源,吸引国际科技成果在中关村转移转化。

6.3.2 上海亟须构建未来产业研究机构以提升产业创新能力

上海在科教和产业方面具有独特的比较优势,若率先构建起未来产业发展研究机构,将使上海成为未来产业发展模式创新的主要策源地,也将成为上海推进科创中心建设的重要推动力。

1. 未来上海提升产业竞争力迫切需要占据未来产业制高点

在本轮产业竞争中,上海在人工智能、生物医药和集成电路等领域取得了较大发展成就,但与深圳等城市相比,仍在成果转化、机制灵活度等方面面临较大挑战。例如,深圳发展出了华为、大疆、华大基因等世界性企业,5G 技术与产品全球领先,电子信息产业、互联网应用产业、智能制造产业、新能源汽车产业等供应链较为完整。而上海目前培育的具有世界影响力的本地品牌还比较稀缺。与国际领先地区相比,虽然上海对集成电路等产业布局较早,但全球集成电路产业仍由美、日、韩、欧等寡头垄断。上海在技术上目前仍落后发达地区两至三个代际，需更加积极地布局前沿技术。在互联网领域，也需要在标准、芯片、终端、网络设备等关键环节进一步提升核心技术的自主化率。

在此背景下，上海已积极行动，在"十四五"规划中专门提出要"加强前瞻性、探索性的技术研究，抢占未来产业发展先机"，布局一批代表前沿技术发展和产业升级方向的先导产业，包括第六代移动通信技术、光子芯片与器件、基因与细胞技术、类脑智能等，其中的前沿和交叉领域亟待通过类似未来产业研究机构的新型组织形态来实现突破。

2. 上海具备构建未来产业研究机构所需的多层次人才资源和智力支持

第一，上海拥有丰富的高校科研院所和新型研发机构。上海交通大学、复旦大学、同济大学、华东师范大学、上海科技大学、中科院上海分院等一批一流高校院所为上海源源不断地提供优质科研团队和拔尖人才。上海拥有 191 位院士，居城市院士人数排名第二位。此外，上海的国家级实验室数量也居全国前列，还拥有一批包括李政道研究所、上海量子科学研究中心、上海清华国际创新中心、期智研究院在内的顶尖研究机构及上海微技术工业研究机构等一批一流的科研成果应用转化研究机构。

第二，高水平的城市发展使上海更容易招揽全球顶尖人才。上海作为具有世界影响力的经济中心、金融中心和贸易中心，国际化水平较高，基础教育和医疗卫生条件雄厚，在招揽全球顶尖人才时具有明显优势，包括华为在内的知名企业在上海建立世界级科研中心正是看中了这一点。

第三，上海拥有长三角科技创新共同体的智力支撑。长三角拥有全国超过 1/4 的"双一流"高校，还有包括紫金山实验室、姑苏实验室、合肥超级计算中心在内的一批国家重点科学中心。在类脑智能、生命健康、量子计算等领域具有明显的科技优势，为未来产业技术研究提供基础设施集群和基础设施网络打下了坚实基础。上海可以充分发挥科技创新中心龙头带动作用，充分利用长三角地区在科研院所、人才储备、对外开放等方面的优势，赋能未来技术和产业发展。

3. 上海拥有未来产业机构实现基础研究到成果转化的科创和产业基础

上海拥有较完备的高端产业布局,孕育形成未来产业的发展空间巨大,其中生物医药、人工智能和集成电路三大产业领域的产业基础优势更为明显。以人工智能产业为例,上海人工智能重点领域企业有 1 116 家,其中 183 家规上企业 2018 年总产值达到 1 339.78 亿元,位居全国第二,世界第四。人工智能人才达到 10 万余人,占全国规模的三分之一以上。此外,上海连续三年举办世界人工智能大会,已成为上海作为国际科创中心的重要品牌。目前上海已经形成了较为成熟的人工智能产业发展体系,建立了上海人工智能战略咨询专家委员会、上海人工智能实验室、上海白玉兰开源开放研究院、上海市人工智能行业协会、张江人工智能赋能中心、上海人工智能发展联盟等创新平台,提出了"4+X 融合创新载体"的发展模式。

雄厚的产业基础为上海基础研究和产业发展的交叉融合奠定了基础。例如,人工智能、5G 和集成电路的发展,赋能上海优势明显的汽车产业,已打造出国内首个特大型城市中心城区智能网联汽车开放测试道路场景,并带动形成整车制造、关键零部件研发制造、芯片、通信、软件、大数据等一系列高端制造产业集群。上海目前还在生命科学、微纳电子、类脑智能等前沿领域集中开展攻关,发起了"全脑介观神经联接图谱"国际大科学计划,成立了类脑智能国家实验室。

6.3.3 上海构建未来产业机构需要创新管理模式

未来产业发展具有其规律性,要实现颠覆性技术突破,只有在现有创新体制之上建构一套新的创新组织形式,其战略性功能主要体现在对未来发展进行战略性投资与布局,在目标和运作机制上体现变革。上海率先构建未来产业研究机构,将有助于其成为科学技术创新体制变革的重要策源地,进一步增加上海未来竞争优势。

1. 上海筹建未来产业研究机构的路径

第一种是挂牌路径。上海科学院目前涉及领域基本符合未来产业发展的相关方向,因此可以对以上海科学院为主体的现有存量研究机构进行整体转制,在上海科学院现有机构之下增设未来产业研究机构,实行"两块牌子、一班人马",实际上由上海科学院推进技术创新体制变革工作。其优势是实施成本较低,但技术创新体制的变革可能面临较大难度,有可能遭遇"新瓶装旧酒"的困境。

第二种是功能性平台路径。即建立一个功能性平台,对上海市范围内涉及未来产业发展的相关机构进行整合。其优势是实施成本较低,技术创新体制的变革阻力较小,但功能性平台可能过于松散、面临"有名无实"的困境。

第三种是增量新建路径。即在现有研究体制之外建立一套新型组织体制,吸纳所包含领域的权威研究人员以及成果转化和推广专家形成核心团队,同时与相关高校、研究机构和金融机构等达成协议,建立紧密合作关系。其优势是能够在较短时间内实现技术创新体制较为彻底的变革,但可能需要政府投入大量前期成本,可以通过局部试点方式进行探索试错。

表6.5 上海筹建未来产业研究机构的实施路径比较

实施路径	具体内容	优 势	劣 势
挂牌路径	在上海科学院现有机构之下,增设未来产业研究机构,实施"两块牌子,一班人马"	实施成本低	技术创新体制的变革阻力大
功能性平台路径	新建一个具有功能性平台性质的组织,整合协调上海市范围内的既有资源	实施成本低,创新体制的变革阻力较小	功能性平台可能过于松散、协调难度大
增量新建路径	重新建立一套组织体制	创新体制的变革较为彻底	实施成本高(可先试点降低成本)

资料来源:根据相关资料整理。

相较而言,第二种路径更符合当下对未来产业研究机构的定位需求。因为未来产业研究机构强调对既有技术创新体制的突破,通过增量新建路径能够更快、更实地实现这一目标。由于未来产业研究机构主要承担具有高风险、超长期、强不确定性的技术攻关,无论采取何种实施路径,都需要政府在筹建初期发挥"引水""搭台"等引领作用。在这方面,世界主要大国的做法高度相似。因此,建议以10年为基本单元,明确核心的资金支持和研究方向,资金支持数量和方式可根据不断变化的机会和需求由委员会进行调整。随着未来产业研究机构的发展成熟,有望形成可自我持续的商业模式,非政府资金将逐步成为研究所经费的主要来源。

2. 上海未来产业研究机构可以从类脑智能、量子计算等领域开始试点

基于上海"十四五"规划,应按照稳步推进原则,争取在"十四五"结束时,在类脑智能、生命健康、量子计算、海洋科技和低碳能源等领域,建成五家未来产业研究机构。目前,这五个领域在上海都具备相当的科研优势和一定的产业转化基础。例如,上海在类脑智能领域已经形成了较成熟的研究基础,上海脑科学与类脑研究中心已经构建起以上海为核心、辐射长三角的脑科学研究网络。该领域所涉及的智能芯片、信号转化、极限探测及数据存储等研究方向具有巨大的挖掘和拓展潜力,能够为生物医药、集成电路等其他领域的深入发展提供关键性理论基础和技术支撑。基于此,可以率先试点建立上海类脑智能产业研究院,以其既有的长三角脑科学研究网络为基础,具体探索建立相关组织架构、治理机制、发展规划及产业转化等事宜,争取在一年内完成组织架构、资源筹集和研究议题的准备工作,以此来激活引导其他各领域的研究和转化。在五家研究院均筹建完成后,其研究方向和成果可以实现共享互通,形成网状支撑和创新生态,并在其后为具有颠覆性突破的交叉方向设置新的专门机构和院所,为真正能够解决未来人类面临的重大问题提供前瞻性解决方案。

3. 上海构建未来产业研究机构应主动探索更灵活、创新的内部治理体系

一是采用以公司制为主、基金会为辅的内部治理体系。在治理架构上,建议每个研究机构设立"委员会＋核心领导团队"的双层组织架构。委员会由机构内部成员和外部专家组成,负责任命研究所核心领导团队,定期对研究所进行项目审查和财务监督,对机构发展成效进行评估。核心领导团队设置不多于五个职位,包括行政事务官、资金运营官、项目运营官、场景运营官等职务。外部可以设立平行的非营利基金会,以接受可作税收抵免的公益捐赠和社会资助。

二是着力推动项目运营、人事管理和场景运营的机制创新。未来产业研究机构的重要工作是探索建立有利于产出颠覆性技术的新型创新治理机制。主要包括三个方面:项目运营方面,试行"揭榜挂帅""赛马制"等新型立项机制,推行"技术总师负责制"、经费"包干制"、"信用承诺制"等新型管理机制。人事管理方面,深化企事业单位科研人员双向流动机制,允许对离岗开展创业的科研机构人员保留原关系3—5年;聘请企业科学家担任科研机构兼职,适用项目分成、职称评定等激励考核措施。场景创新方面,设立场景运营官,专门负责科学研究成果的产业转化,尤其是推动技术应用的场景创新等事宜。

三是设立未来产业研究机构公共服务中央平台。未来产业研究机构打破既有创新体制的一个重要方面是减少行政事务对研究活动的干扰。因此,可以按照购买服务模式,建立未来产业研究院公共服务中央平台,为未来产业研究机构提供日常行政和管理事务的代理服务,以减少行政负担和管理层级,将科研人员从行政事务中解放出来,集中精力开展科技创新工作。

4. 上海应抓紧研究未来产业研究机构筹建及配套措施,同时积极争取国家政策支持

第一,尽快成立未来产业研究机构协调筹建小组并编制具体规划。建议在筹建未来产业研究机构之前,先在市级层面建立领导小组或协调机构,统筹各部门及相关产业园区,实现与国家层面战略定位与政策需求的有效对接,及上海市内科研和产业资源的高效整合。此外,还要建立未来产业研究机构筹建专项小组,在领导小组的指导下具体统筹协调研究院的筹建事宜,对存量基础进行摸底,整合已有力量推动未来产业研究机构建设。在此基础上,按照"总分结合"的思路抓紧编制出台《上海2040未来产业发展规划》,推动未来科技系统、长期发展。美国在规划未来产业时采取以10年为基本规划单位,上海在编制未来产业发展规划时可以参考此模式,以10年为基本发展单位,以20年为一个周期。在总规划的基础上按照类脑智能、生命健康、量子计算、海洋科技和低碳能源五个未来产业方向编制分规划,形成"1+5"规划体系。

第二,积极推动国家在上海建立与未来产业相关的配套机构平台。建议建立国家级未来产业交叉创新实验室,作为未来产业研究机构的配套设施,支撑未来产

业发展科研创新;呼吁建立未来技术国家重大科技专项,围绕未来产业设立相关人才岗位;推动在上海设立中国未来产业发展创新联合体,打造未来产业发展交流高地。此外,还可以推动国家在上海建立未来产业知识产权国际交易中心,探索创新未来产业发展背后的知识产权共享机制;建议围绕类脑智能、生命健康、量子计算、海洋科技和低碳能源五大领域,建立一批国家级未来产业跨界融合先导示范区,作为推动未来产业技术创新的生态载体,以解决未来产业交叉融合发展的用地、空间等问题,形成集聚和带动效应。

第三,尽早建立未来产业与技术发展委员会和投资基金平台。利用机构将各个领域力量集中起来,解决未来产业研究机构的智力支撑问题。除了将科研院所相关领域的院士科学家进行整合调动,更重要的是将产业实体中的技术专家群体吸纳进来,围绕未来产业的细分领域、用人制度、项目管理和知识产权认定等方面,开展研究和重大决策咨询。同时,谋划建立上海未来产业发展投资基金。按照整体设计、分期募集的方式,建立首期规模 100 亿元的全球未来产业发展投资基金,发挥母基金资本放大功能。随后以市场化、专业化的运作方式,带动更大规模社会资本投资,最终形成 1 000 亿级基金群,并努力打造成为具有全球科创引领功能的全球科学研究基金平台,参与全球科技治理活动。结合未来产业研究机构的科研活动需要,在已有实践基础上继续发起建立国际大科学计划,以全球视野谋划和推动创新,积极融入全球创新网络,使上海成为全球未来产业技术发展的主阵地。

第 7 章

加强区域创新，提升创新协同能力

　　创新资源在区域内的持续投入与优化配置是强化科技创新策源功能的重要途径，区域内大学科技园、高科技园区、区域创新中心和区域创新网络是创新策源功能集聚的空间载体。大学科技园是高校智力成果市场化的重要平台，做强大学科技园有助于提升高校科技创新策源功能。高科技园区是高新技术企业成长、壮大的主要基地，做大高科技园区有助于增强企业创新策源功能。区域创新中心是各类创新主体分工合作的有机共同体，建设区域创新中心有助于激发全社会的创新活力。区域协同创新是创新策源功能的节点化、网络化延伸，推进长三角区域协同创新，有助于更好发挥上海创新策源的龙头带动作用，加快长三角区域高质量一体化进程。

7.1　做强大学科技园

　　大学科技园是创新策源功能的重要源头，是创新发展驱动力的重要载体。上海的大学科技园应充分、全面、高效地利用上海科创中心、经济中心的优势地位，不断学习先进管理制度，凸显大学科技园在创新资源集成、科技成果转化、创新创业孵化、创新人才供给等过程中的作用，为上海经济高质量发展作出重要贡献。

7.1.1 上海做强大学科技园的现实基础

上海拥有众多优质大学资源,基础科学研究能力位居全国前列,形成以高校资源为中心的开放创新空间形态,成果转化日益成熟,创业培育初见成效,协同发展不断深化。

1. 数量和质量稳步发展,居全国前列

在沪国家大学科技园整体发展态势较好,规模数量在全国均名列前茅。截至2021 年,上海市已获批 14 家大学科技园项目,位居国内第三,仅低于江苏省(20 家)和北京市(16 家)。2021 年,有 3 家科技园在协同评比中获优,其总量占优秀科技园总数的 13.6%。从市区空间分布来看,14 家国家大学科技园中的 7 家主园区集中在杨浦区,徐汇区、长宁区各有 2 家,静安区和普陀区各有 1 家,宝山区有 1 家。

表 7.1 上海市国家大学科技园基本情况(2021 年)

国家大学科技园名称	运营公司	所在区	认定年份
复旦大学国家大学科技园	上海复旦科技园股份有限公司	杨浦区	2001
上海交通大学国家大学科技园	上海交大科技园有限公司	徐汇区	2001
同济大学国家大学科技园	上海同济科技园有限公司	杨浦区	2012
东华大学国家大学科技园	上海东华大学科技园发展有限公司	长宁区	2003
上海大学国家大学科技园	上海大学科技园有限公司	静安区	2003
华东理工大学国家大学科技园	上海华东理工科技园有限公司	徐汇区	2005
华东师范大学国家大学科技园	上海华东师大科技园管理有限公司	普陀区	2006
上海理工大学国家大学科技园	上海理工科技有限公司	杨浦区	2006
上海财经大学国家大学科技园	上海财大科技园有限公司	杨浦区	2009
上海电力学院国家大学科技园	上海电力科技园股份有限公司	杨浦区	2009
上海工程技术大学国家大学科技园	上海工程技术大学科技园发展有限公司	长宁区	2010
上海海洋大学国家大学科技园	上海水产科技企业管理有限公司	杨浦区	2013
上海体育国家大学科技园	上海体院科技发展有限公司	杨浦区	2013
上海第二工业大学国家大学科技园	上海二工大柴立方科技管理有限公司	宝山区	2021

资料来源:"大学科技园发展新机制研究"课题组整理。

2. 孵化功能较强,培育出大量高新技术企业

截至 2021 年,上海市已获批 14 家大学科技园项目,约占全国总量的十分之一。不仅复旦大学、上海交通大学、同济大学科技园荣膺其列,上海财经大学、上海体育学院的科技园也在国家大学科技之列,体现出上海大学科技园建设的专业化、特色化特点。这些国家级大学科技园的规划、建设、运营均由有限责任公司以市场化方式进行专业化管理。2020 年,全市正在孵化企业数达到 1 101 家,在园的 2 984 家企业中,上市企业共计有 41 家,收入过亿元企业 42 家,涌现出了东方财富、饿了么等一批知名创新型企业。

3. 初步显现区域创新集聚态势,形成多个知识经济产业集群

上海多个区域依托区内高校、科研院所等,与社会资本积极合作形成了创新资源在大学科技园的集聚态势。例如,杨浦区多家大学科技园区,已经成为所在区域产业培育和税收贡献的重要支撑,初步形成了环同济知识经济圈、复旦创新走廊、上海财大金融谷、上理工产业园等"一圈、一廊、一谷、一园"的特色产业集群,实现"上下楼就是上下游、不出园就有产业链"的链式合作格局。

4. 部分大学科技园自身优势突出,已向上海周边地区拓展

部分大学科技园聚焦品牌效应,已在长三角多地成立分园,推进大学科技园成果在周边区域的品牌溢出。譬如,以"交大慧谷"品牌为代表的上海交大科技园,已在杭州市、常熟市、常州市等城市扎根,以凝聚上海交大校友为核心,全面发挥大学科技园分园的创新枢纽作用,高效开展创新创业服务,推动初创公司孵化培育。

5. 与国外大学科技园开展合作,积极引入国际资源

上海市国家大学科技园的国际交流水平和国际合作程度长期处于国内前沿,是上海成为链接全球创新资源的关键节点。譬如,上海大学国家大学科技园围绕新材料、人工智能、数字信息等领域打造了中韩科技成果孵化转化平台;与白俄罗斯高校、科研机构合作互建中白大学科技创新中心。华理科技园对标全球先进科技园区的实践经验与综合服务方式,以"R&D 环境供应商"为市场定位,以市场化、专业化、规范化、国际化为发展目标,成功吸引多家大型跨国公司区域总部与 R&D

中心入驻科技园。园区内已经聚集毕克化学(BYK)等全球行业领先的 R&D 机构,将全球生物化工领域的高能级创新资源聚集在园区内,推动地区产业的集群化发展。

7.1.2 上海做强大学科技园的问题和挑战

在沪的国家大学科技园建设虽然为推动区域经济发展作出了贡献,但在功能定位、转化机制、人才培养、空间布局等方面存在不少问题与挑战,一定程度上制约了国家大学科技园科技创新策源功能的充分发挥。

1. 大学科技园功能定位认知存在误区

一是将大学科技园当作大学附属机构。大学科技园多是由高校资产管理公司全资或合资搭建的大学科技园公司来运营管理的服务机构。将大学科技园视作高校附属机构,容易导致大学科技园的决策程序错位,科技园发展"等、靠、要"意识过强,管理体制机制模式不完善,员工积极性、创造性不足等问题。二是忽略大学科技园的创新服务职能。大学科技园是高等院校创新成果转化、创新人才培养的重要平台,但目前高校科技园普遍存在重经济效益、轻创新服务的现象,导致科技园与高校创新体系衔接松散。三是将大学科技园视作一般产业园区。大学科技园是以高校基础研究和创新资源为依托的高新技术企业孵化器,以服务高校及区域科技创新为主要目标。高新技术产业园区则是以前沿技术为核心,推动高新技术企业在园区集聚,实现产业化、规模化发展的实验基地。二者定位不清可能导致大学科技园在竞争压力下过度注重短期经济效益,严重制约着大学科技园乃至科技创新体系的持续健康发展。

2. 大学科技园成果转化效率不高

一是依托科技园培育的高校科技成果无法满足市场需求。目前高校科研存在重前沿性、轻适用性,重专利数量、轻专利质量,重论文成果、轻成果转化等现象,使高校科技成果与市场需求不够匹配,其成果转化价值不高。同时,缺乏常态化行业动态和市场需求搜集反馈体系,导致高校与市场之间的信息不对称。二是成果转化服务体系不完善。高校科研成果透明化程度不高，缺乏对研发过程、数据资源的前端监测及成果最终流向的后端监督；科技成果推广和市场开发服务体系不完善，资源对接效率不高；科技成果转化认定与定价机制不完善，转化模式不成熟；专业性人才支撑不足，成果转化体系运转缺乏活力。三是成果转化积极性不高。受容错、纠错等机制和政策缺失的影响，相关领导对科技成果转化持谨慎态度。高校对科研人员的评价以论文、课题等成果为主，对从事科技研发、成果转化获得的成果认定不清晰，相关奖励、收益分配激励机制不完善。科技园绩效考核缺乏对科技成果转化成效的评估，科技园内部缺乏成果转化动力。

3. 创新创业人才培养体系不完善

一是创新创业人才培育模式亟待转型升级。高校创业教育理论发展不成熟，专职创业教师缺乏，创业课程数量及质量缺乏保障。二是高校创新创业教育与科技园丰富的专业性人才资源没有形成常态化的合作交流机制。科技园创新创业教育活动多以科技园为主阵地，在校内的创业教育宣传、教育活动开展较少，覆盖面窄。三是面向师生的创新创业服务体系有待健全。大学科技园很难直接参与园内企业的投资决策，集种子基金、天使投资、创投、风投于一体的融资链条尚不完善，且大部分科技园较少开展企业投融资中介活动，企业融资渠道有限；同时，园区创业增值服务也略显不足，缺乏知识产权保护、财务、法律等方面的咨询及人才培训活动。

4. 各类科技园功能重复，特色优势不凸显

与其他类型的科技园区相比，大学科技园在产业定位布局、招商政策、服务模式诸多方面趋于同质化发展。园区经营收入仍以房租和物业为主，与"二房东"角色并无本质区别。大学科技园依托大学学科优势、技术研发优势集聚相关初创企业的特色优势不明显。此外，不少国家大学科技园区内缺少功能分区，不同成长阶段企业的发展需求并不平衡，园内企业间的联系也不是很紧密。

5. 大学科技园与高校在物理空间上的相对隔离

伴随着办学规模的扩张，许多高等院校将学校主体搬离了城市中心，新校区周

边的科技园区没有被纳入国家大学科技园区的统计范畴。入园企业与承接高校之间的人员设备及知识要素流动成本上升,各类资源利用效率有所下降。新校区周边的新兴园区缺少有关政策扶持,基础设施配套不够完善,制约着大学科技园的规模化、品牌化、高端化发展。

7.1.3 上海做强大学科技园的战略方向

1. 明晰大学科技园功能定位

相关部门要改革现行以资产性经营为导向的科技园考核体系,探索突出成果转化、产学研合作、创新创业人才培养等内容的科技园考核评估体系,从行政治理层面引领大学科技园的功能回归。同时,应加强大学科技园与评估机构的双向沟通,在科技园基础功能框架上进一步丰富评估的维度和内容,将大学科技园园区名称、标识、双创空间、书店、文化空间、展会品牌、产业基地、飞地等品牌价值评估纳入体系。

2. 强化大学科技园发展顶层设计

相关高校应将国家大学科技园发展纳入高校"一把手"工程,纳入高校发展统筹规划。在加快推进校内创新资源开放共享的绩效评价与补助机制的同时,针对各类型创新资源的自身特征,出台具有指引性的开放共享标准,通过细化创新资源开放共享机制加快政策落实,畅通大学科技园的资源导入渠道,保障大学科技园的人、财、物资源支持。有条件的高校也可以基于自身情况先行先试,通过信息化手段将校内创新资源相关信息与大学科技园共享,探索形成大学科技园最大化发挥校内创新资源效用的典型案例并加以推广,最终形成开放共享的创新生态体系。探索构建由学校相关行政部门、科技园运营部门、市场企业代表共同参与的联席会议制度,健全大学科技园与高校人才培养、成果转化等多部门的联动机制,构建多样化的大学科技园创新发展体系。

3. 提升大学科技园治理水平

各级政府的相关部门要优化完善政策保障机制,保障大学科技园的外部资源支撑。提升大学科技园相关政策文件制定的延续性，在财税、投融资、场地等方面给予科技园持续支持，提高大学科技园相关政策文件的执行覆盖率。上海市各区级相关部门要以《关于加快推进我市大学科技园高质量发展的指导意见》为主要依据制定符合区情的政策文件，形成国家—市级—区级政策文件体系，为各大学科技园提供更加切实的支持。强化大学科技园相关政策落实落地，参考《上海市优化营商环境条例》的落实办法，分阶段对《关于加快推进我市大学科技园高质量发展的指导意见》的举措进行逐条对照，并及时制定相关配套政策。高校要明确大学科技

专栏 7.1　上海支持大学科技园高质量发展

以习近平新时代中国特色社会主义思想为指导，深入贯彻党的十九大和十九届二中、三中、四中全会精神，贯彻落实习近平总书记考察上海重要讲话精神，坚持对标国际最高标准、最好水平，以培育经济发展新动能为目标，以提升创新服务能力为着力点，强化科技成果转化、科技企业孵化、科技人才培养、集聚辐射带动等核心功能，塑造品牌、形成特色、提升能级，将大学科技园建设成为具有全球影响力的科技创新中心的重要策源地和承载地。要优化大学科技园功能及布局、发挥高校的主体支撑作用、加强大学科技园能力建设、增强区域创新服务和承载能力、完善大学科技园治理体制机制以及强化组织协调与配套保障。到2025 年，基本形成多层次、开放性的大学科技园体系，显著提升大学科技园市场化、专业化、国际化水平，有力支撑上海科技创新策源功能的提升。在全面拓展大学科技园发展内涵和服务能力的基础上，全力打造 3—5 家具有一定影响力和品牌效应的大学科技园示范园，辐射带动高校周边高新园区、产业园区等形成若干产值规模达到千亿元级的创新创业集聚区，孵化培育 1 万家有发展潜力的科技型企业。

资料来源：上海市《关于加快推进我市大学科技园高质量发展的指导意见》，2020 年 10 月。

园的市场主体地位,保证其经营管理按照市场规律开展。校内有关部门在大学科技园的管理运行中要充分放权,建立有限责任公司制度进行市场化管理。建立尊重人才、尊重知识、尊重投资人合法权益的激励考核机制。转变大学科技园盈利模式,鼓励大学科技园通过资源对接、信息咨询等中介服务获取收益。结合大学科技园的基础条件与资金状况,建立风险投资与预警机制、设立专项扶持基金,通过参股、融资等多种方式向发展前景较好、市场潜力大的高科技成长型企业倾斜,在设置投资业绩考核指标时要充分考虑科技园的特殊属性,不应将保值增值和投资收益率作为考核主要指标,同时应综合考虑其在高水平科技成果转化和经济社会效益创造等方面的综合作用。

4. 增加需求导向性成果供给

高校要鼓励成立多方创新主体参与的联合创新中心,建立常态化市场信息收集及反馈机制,通过线上线下多渠道定时定点将市场需求、产业最新动态等信息资源向高校科研人员、创业师生等多元创新主体进行反馈,引导、鼓励并激发高校科研人员积极与企业就专业技术领域开展合作,丰富科技园服务内容。强化技术绩效考核,引导确立以成果转化为中心的高校科研价值取向,提升技术实用性和市场潜力。

5. 加强科技创新成果管理服务

高校要严格执行职务披露制度,对本单位教职工及硕博研究生开展科研信息管理培训,对于违反职务发明披露的人员采取合理的惩罚措施。充分利用大学科技园、成果转化中心的线上平台,搭建分门别类、信息完备的科技成果线上展示区,增强高校科技成果曝光。高校和科技园应加大对线上推广平台的投入,加强信息化工具的应用,尝试构建具有学科特色、数据更新及时、覆盖全媒体平台、与高校现有信息系统高度关联的科技成果推广矩阵,并同步制定相关运营标准,为高校、大学科技园、企业就成果转化相关事项的沟通提供良好环境。积极开展线下科技成果推介会,搭建科技成果资源流通平台,做好市场与高校科研的衔接工作。

6. 优化科技成果转化服务体系

各级政府和有关高校要加快构建覆盖科技成果评估、转化、运营推广等关键流程的科技成果转化服务体系。强化与知识产权保护、品牌价值评估等专业性机构的联系，明确各类主体在成果转化过程中的功能定位与职能边界，形成高校、大学科技园、科研人员、相关政府部门、专业性机构多元主体共同参与科技成果转化的格局。有条件的高校可根据学科特点、项目特征探索科技成果转化的典型做法，进一步推进全市大学科技园成果转化工作的流程化、规范化、专业化水平。

7. 建立健全创业投资服务体系

各级政府有关部门应加强对初创企业——特别是创新型企业的投融资支持，设立政府投资基金并着重提高基金使用效率，引导民间资本设立大学生创新创业扶持基金和天使投资基金，建立健全监督管理机制。进一步推进载体空间的优化升级，充分发挥上海国家大学科技园联盟等社会组织的重要作用，探索不同学科科技园产业基地的拓展或合作机制，加快实现优势互补，提升科研人员成果转化动力。丰富大学科技园服务内容，整合学校、高校、社会资源，建立并完善与创新创业服务机构的合作，为创业者在知识产权、产学研对接、市场开拓、政策培训和宣讲等方面提供全过程全方位服务。组建创业导师队伍，鼓励推广联络员制度，使辅导员、创业导师等各类资源和服务有效配置有需求的企业。

7.2　做大高科技园区

高科技园区，也被称为高新技术开发区（国家级）、高新技术产业园区（省级），作为新型产业空间，是一种以智力资源为基础，以集中开发高技术和开拓新产业为目标，促进科学研究、教育与生产有机融合，推进科学技术与经济、社会协调发展的地域。自 20 世纪 50 年代以来，高科技园区在促进高端科技成果的转化、培育高科技企业和企业家、孕育前沿技术和新兴产业中发挥了重要的推动作用，是提升科技创新策源功能不可或缺的着力点。

7.2.1 上海高科技园区发展现状和优化基础

1. 高科技园区已经成为上海科技创新主要平台和创新活动重要载体

上海高新技术产业园区科技创新平台作为创新活动的重要载体,在推动园区科技创新和高质量发展过程中发挥着举足轻重的作用。近年来,在吸引更多企业试验研究和发展机构落户园区的同时,围绕共性技术与核心技术,积极推进重点实验室、工程技术研究中心、专业技术服务平台,加速推进科研成果认定、转化落地,注重培育创新型科技企业,着重引领创新企业文化风尚,进而引导产业创新发展。数据显示,上海高新区拥有国家、市、区批准的重点实验室、工程技术研究中心、专业技术服务平台、R&D 及转化功能平台等重点科技创新平台 200 余个,占全市重点科技创新平台总数的三分之一。工程信息技术 R&D 中心与专业知识技术发展服务管理平台在产业园区科技创新平台中的占比较大,分别超过 50% 和 30%。

2. 高科技园区已经成为上海经济发展的重要驱动力

上海高科技园区经过长期的建设与培育,在产业规模、产值、收入等方面均呈现出了快速增长的态势。其中,张江国家自主示范区以强化科技创新策源功能、建设具有全球影响力的科技创新中心为根本目标,全面落实"四个新、四个第一、两个一批"的要求,至 2020 年底已聚集超 10 万余家科技企业,其中九成经认定为高新技术企业,科创板上市企业数占全国比重超过 14%,园内规模以上企业营收已经突破 6 万亿元,年均增幅超过 10%,税收突破 3 000 亿元。2020 年,张江示范区集成电路产业销售规模约 1 800 亿元,占全市集成电路销售规模的 87%,占全国市场份额的两成;生物医药产业工业总产值 1 100 亿元,占上海市生物医药总产值的 78%;人工智能类企业集聚规模达到 2 400 家,占上海市同类企业的七成。此外,园区还致力于吸引专业技术人才、优化人才服务环境,区内从业人员中中青年人才比例达到 80%,高端人才比例在上海市中的占比达到 80%。

3. 高科技园区已经成为上海高等级创新人才、高水平创新主体的集聚地

近年来,张江高科技园区围绕优化营商环境开展服务工作,创新创业成本有所

降低，企业运营成功率持续提高，高等级人才和高水平主体加速集聚。园区外向型人才（留学归国人员和外籍人员）占从业人员总量的比值超过 3%。国际化高端创新创业人才运用全球创新资源，凝聚起国际顶尖研究与创业团队，如前罗氏研发总经理陈力博士在张江创办了华领医药技术（上海）有限公司，探索"IP＋研发＋资本"的研发新模式。公司聘请了全球一流的专家团队，常年定期为公司提供新药研发创新的技术指导，明显提高了新药研发效率。此外，园区共有高能级的创新主体约 260 家，各类共性技术研究平台超过 60 个。其中，"国家队"有中科院上海药物所、上海光源、超算中心、国家新药筛选中心、上海科技大学、上海中医药大学、复旦大学软件学院及药学院等高校和科研机构；"跨国阵营"有辉瑞、诺华、阿斯利康、罗氏、礼来、GE 等；"本土阵营"有微创、中信国健、宝信软件、格科微电子等迅速成长的行业领军企业。

7.2.2　上海做大高科技园区的主要问题

1. 园区功能复合程度不高

与城市新区开发导向的高科技园区相比，上海高科技园区的功能定位相对单一，主要功能定位为研发和产业发展。"产"与"城"融合不够紧密，"产"是独立的经济发展园区，而"城"则为产业园区之外的城镇发展区域，园区对城镇发展没有任何管理权限，"城"的发展受市场支配，城镇区域发展不能完全与产业区域的发展统筹融合。

2. 内生与外生创新要素联动不够

受产业周期性因素的影响，一段时期内同类型企业会扎堆入驻高科技园区，导致部分园区出现产业结构趋同、内生动力不足等现象，使得这些园区被锁定在关键技术及特定价值链的特定环节，其中不乏一些低端环节。由于处于全球价值链低端的产品附加值不高，产品同质化趋势明显，往往会造成区域市场结构固化和过度竞争。加之已入驻企业的要素禀赋结构惯性，其研发和人才等内生要素投入结构短时期内难以提升，使得园区内生创新要素与外生创新要素之间互动减弱，制约了园区创新产出效率的提升。

7.2.3　上海做大高科技园区的对策建议

1. 加强与海内外园区之间的开放合作

有关部门和园区要支持校企、院所企合作,构建产业技术与资本联合的创新联盟。积极发挥科技园和院士工作站等创新载体的作用,推进和完善创新服务载体建设。加强国内领先的高科技园区以及市内各园区之间合作,利用各自优势形成与各园区之间常态化交流。在此基础上,进一步加强与境外科学园区的相互合作与交流,汲取其发展经验;组织常态化人员交流,并为人才流动创造条件。

2. 推进园区风险资本市场建设

以国有资本为发起人,同时向社会公开募集股本,组建以国有资本为核心的风险创业投资公司。鼓励其他类型风险投资公司的组建与发展。通过各种优惠政策,鼓励法人和私人自由组合,成立各种风险创业投资公司。鼓励风险投资公司以股权形式支持创业者组建高新技术股份公司,并优化完善风险投资公司的股权退出和收益获取机制。

3. 发挥龙头企业辐射带动作用

各园区要着力培育一批具有全球知名度和影响力的龙头企业,打造创新型产业集群,加强龙头企业的辐射能力,带动上下游中小企业共同发展。组织龙头企业独立或联合承接国家重大项目;有重点地选择在开发运营模式、创新成果与技术应用等方面有突出优势的企业,在市场开拓、成果转化、配套设施等方面给予针对性支持。以大企业为主体,建立多样化的 R&D 机构,引导大企业开展战略性关键技术和重大装备的研究开发;进行基于创新专利的研发合作,形成一批具有强劲创新活力和长期研发能力的企业集团,构建以龙头企业为主体的创新网络。支持龙头企业积极参与国际市场交流与合作,拓宽国际贸易、销售与采购渠道;支持有实力的企业在境外建立研发、销售与生产机构,提升国际竞争力和影响力。

4. 提升园区支持政策的精准度

各园区要明确激励目标，划定政策优惠范围；制定详细的核准条件，有具体准确的指标要求；建立跟踪考察机制，确保税收优惠等政策效果符合政策初衷，定期对优惠政策实施对象的资格进行复查。针对区域中的不同类型企业，提供差异性的优惠政策。此外，应当特别重视对相关税收政策的解释和推广工作。

7.3　建设区域创新中心

当前，上海具有全球影响力的科技创新中心核心区和承载区建设已进入全面攻坚的关键时期，必须站在更高的视野，更好地集聚全球创新要素，提升创新资源配置效率，打造引领未来的创新集群。

7.3.1　机遇和挑战

1. 新一轮科技革命角力带来的创新局面

创新是城市活力的不竭源泉，谁拥有引领世界的创新技术，谁就握有更多的话语权。当前，世界主要经济体纷纷寻找新的增长动力，依托国内科技创新中心城市集聚全球高端创新要素资源，加速占领新兴产业领域，这就使得上海加快建设区域科技创新中心的任务愈加紧迫。面对大国博弈和新冠肺炎疫情蔓延两大风险与挑战，迫切需要依靠科技自立自强实现更高质量发展，迫切需要聚焦重点领域强化战略导向的科技攻坚突破，打造国内大循环的中心节点和国内国际双循环的战略链接，加快建设若干区域创新中心，实现从要素驱动发展到创新驱动发展的蝶变。

2. 创新活动区域集聚带来的发展要求

成功的科技创新离不开合适的创新环境，包括良好的工作和生活环境、创新要素自由流动的市场环境、完善的产业配套环境、有效的金融服务环境等。这些代表性区域创新中心，集聚配置全球创新资源，牵头制定国际创新活动规则，并在区域创新网络中作为龙头，推动区域协同创新体系的形成。这就为上海建设科创核心区和承载区提出了迫切要求。

3. 城市能级和品质提升带来的迫切需求

城市能级提升需要全面推进城市数字化转型,加快新旧动能转换。满足人民对美好生活的向往需要提供可持续发展和高质量公共服务供给,提供更多的创新创业机遇。迫切需要上海加快区域创新中心建设,塑造区域创新的引领优势和节点优势。

7.3.2 基础和优势

1. 区域创新集聚度和显示度加快形成

张江国家科学中心正加速推进国家级大型实验室建设与集群发展,建成和在建的国家重大科技基础设施数量达 14 个,初步形成全球规模最大、种类最为齐全、综合科研实力最强劲的光子重大科技基础设施群。张江科学中心新建和集聚了以上海清华国际创新中心、上海脑科学与类脑研究中心、李政道研究所等为代表的一批引领全球科技发展方向的高能级 R&D 机构;逐步涌现出世界首次 10 拍瓦激光放大输出、全球首例人工单染色体真核细胞、全球首个节律紊乱疾病克隆猴模型等一批首创性科研成果;以上海科研机构为单位的科学家在《科学》《自然》《细胞》三大国际顶级学术期刊上已发表论文数超过 120 篇,约占全国总量的三分之一。同时,面向国家重大科研需求,上海市已加快承担并落实国家重大基础科学任务,参与完成北斗、蛟龙、雪龙、墨子、天眼、天宫、大飞机等重大项目,千米级高温超导电缆、100 千瓦级微型燃气轮机等重大成果填补国内空白。在经济高质量发展需求方面,上海科研机构在刻蚀机、光刻机等战略产品重大突破过程中贡献了巨大力量,在人工智能、集成电路等特定领域已攀升全球价值链高端,实现能耗比居于全球领先水平。在人民生命健康方面,上海以生物医药产业为主导,成功推动血流导向装置、先进分子成像设备、国产心脏起搏器等重大原创产品的研发与上市。

2. 区域创新特色优势持续提升

上海国际科技创新中心承载区发展各具特色。以张江、临港为代表的浦东科

表 7.2　上海市科创中心核心区和承载区现状(2021 年)

所属区域	特色优势产业	建设目标
浦东—张江	国家重点实验室、大科学设施集群	打造国际一流科学城
浦东—临港新片区	先进制造、现代服务业、创新开放经济业态	具有较强国际市场影响力和竞争力的特殊经济功能区
徐汇区	人工智能、健康医疗服务业	上海创新策源的先行之区
闵行区	半导体、生物医药、数字经济、新能源	上海南部科创中心
嘉定区	汽车"新四化"、智能传感器及物联网、高性能医疗设备及精准医疗	上海科技创新中心重要承载区、长三角科技节点
杨浦区	人工智能、现代设计、数字经济	高能级科技创新引领区
松江区	数字经济、生物医药、智慧安防	科技创新策源与高端产业引领的科创之城
黄浦区	金融科技、生物医药、人工智能	全球科技创新资源配置枢纽、重点领域科技创新策源枢纽、新兴产业总部研发贸易枢纽、全球科技创新服务生态枢纽
静安区	大数据、人工智能、云计算、物联网、5G、区块链	世界知名、全国领先的新兴产业创新发展先导区和应用融合示范区
长宁区	金融科技、人工智能	科技创新人才集聚区
普陀区	智能软件、研发服务、科技金融、生命健康	"一带一路"国际创新合作承载地、长三角一体化创新企业总部集聚地、上海科技创新重要承载区
虹口区	信息服务、科技服务、大数据、大健康、新材料、新能源	"硅巷"式科技创新发展、上海科创中心建设的特色功能区和重要节点
宝山区	邮轮旅游、智能智造	上海科创中心主阵地
金山区	生物医药、大健康产业、绿色化工	"上海制造"品牌重要承载区
青浦区	生物医药、人工智能、电子信息、卫星导航	全球资源配置、科技创新策源、高端产业引领、开放枢纽门户
奉贤区	生物医药、大健康	创新之城、数字之城、文化创意之都
崇明区	生态产业、现代农业、海洋装备业、智能制造	具有全球引领示范作用的世界级生态岛

资料来源:根据各区创新发展"十四五"规划和科技进步报告整理。

技创新中心核心区加速形成。浦东新区加速布局世界前沿科技的研究机构和大科学设施群。为提升基础研究能级,增强科技成果转化能力,增加了科技公共服务平台数量。临港新片区自规划设立以来,积极推进科创中心建设和前沿产业发展。其他区域则错位发展各具特色的科技创新中心承载区。黄浦区聚焦金融科技、人工智能、生物医药等前沿科技领域,着力打造科创中心服务功能核心承载区;静安区以大数据、人工智能、云计算等战略新兴产业发展为引领,加快发展在线新经济;徐汇区依托人工智能、生命健康两大产业集群,统筹推进科创中心重要承载区和双创示范基地建设;长宁区依托20年"数字长宁"政策积淀,以虹桥智谷为核心平台推动区域创新发展;普陀区加快推进智能软件、研发服务、科技金融、生命健康等四大重点培育产业;虹口区则以深化"硅巷"式创新推进区域创新中心建设,推动区域发展和虹口科技创新发展;杨浦区面向全球、面向长三角的建设技术创新协作网络,全面提升区域创新策源能力和区域科技创新能级;宝山区加快构建科创中心主阵地空间架构;嘉定区着力做大做强高端制造业重要阵地、科创中心重要承载区和长三角重要节点三大核心功能;金山区以建设生物医药产业集聚区打造上海区域创新建设重要空间;松江区依托长三角G60科创走廊策源地战略优势,形成了千亿级和百亿级产业集群;青浦区推动科创"一带三中心"建设和长三角一体化科技创新协同发展;奉贤区努力建设以中小企业创新发展为特色的区域创新中心建设承载区;崇明区打造国际一流农业高科技创新承载区。

3. 创新要素多点集聚布局

从科技创新要素空间分布来看,上海全市呈现出显著的非均衡分布特征。中心城西南和东北地区,包括徐汇北部、长宁东部、老静安连片区、杨浦西部和虹口东部连片区,是传统的大学和科研机构集聚地;东部的张江国家自主创新示范区是创新要素集聚高地;漕河泾、紫竹地区等属于点状分布的次高区域;嘉定是郊区最明显的要素集聚区,松江新城、临港、枫泾、青浦新城等是创新要素较为集中的区域。

7.3.3　存在问题

1. 中心城区创新资源联动弱

以漕河泾科技园区和杨浦大学城为例，其创新资源最为集中，但联动机制未完全形成。漕河泾缺少大学与科研院所，与周边大学的互动相对有限；杨浦大学城则是以高校和科研院所的创新为主，与周边的企业互动相对有限。其他中心城区多是以旧厂房改造和城市景观塑造为主的文化创意园区，散布在内环、苏州河、大学片区等地区，缺少高能级、前沿领域的研发型创新综合体或创新楼宇。

2. 城市边缘区和郊区城市功能有待提升

城市边缘区的科技园产城融合程度较低，仍然处于传统投资开发区的状态，尚未向功能完善的城市功能区转化。张江核心区聚集了远超其承载力的工作人群，白天上下班时，地铁站附近人流量巨大，道路交通十分拥堵。远郊新城功能定位分散，主导产业清晰、创新链条完善的科技城并未真正形成，战略性新兴产业基地建设尚处于初级阶段，导致远郊的科技资源布局相对较为分散。例如，祝桥大飞机项目与临港的装备加工制造等产业基地建设起步晚、发展慢、联系不够紧密，没有充分利用好所在区域的基础资源条件和土地价格优势，与建成生活设施完备的城市创新功能区的目标仍有较远距离。

7.3.4　路径与对策

1. 提升张江综合性国家科学中心的集中度和显示度，完善科技创新中心核心区布局

集中力量完善以张江综合性国家科学中心为代表的创新中心核心区空间布局。瞄准全球科技前沿，对标国际一流科学中心标准，以建设重大科学基础设施集群为核心，以高水平高等院校、科研机构和高新技术企业等深度融合的创新体系为依托，汇聚和配置全球创新资源，全方位打造世界一流科学城。聚焦创新发展需求，逐步完善张江科学中心创新产业的空间布局，推进园区依托优势禀赋多样化发

展。明确张江示范区的优势产业,加速创新资本、人才等基础要素向区内集聚,进而攀升产业链、创新链高端,构建特色鲜明、优势突出的高质量创新生态体系。优化园区内的创新资源空间布局,全面、高效提升整体创新产出能级,以生物医药、集成电路与人工智能等重点产业为基础,着力释放创新要素活力,深化园区在人才政策、金融支持与科技成果认定与转化方面的制度改革。

2. 加快构建各具特色的科技创新中心重要承载区,发挥重点区域的人才承载功能

持续强化科技创新中心承载区的既有优势,进一步推动创新驱动区域经济高质量发展。全面支持杨浦地区成为创业孵化示范基地;推动徐汇区提升区域创新服务功能,打造科技创新环境示范区;强化静安区先导产业发展优势,以新型产业为核心建设产业发展融合示范标杆;普陀区依托中以(上海)创新园,大力推进研发主体在国际上的创新交流与合作;全力打造虹口区国际创新港品牌,逐步建设高能级的创新承载区;支持宝山区立足吴淞等重点开发区域建设沪北科创中心重要承载地;推动奉贤以生物医药产业为核心,建设集聚特色的生命健康产业高地;鼓励其他区域以特色资源禀赋为基础,加速相关创新要素集聚,优化创新环境,以此激发创新主体进行研发活动的活力,并打造科技创新人才品牌,加强人才政策落实和衔接配套。

3. 加快中心城区的创新空间塑造,完善近远郊科技园区功能定位与规划调整

加速以知识创新为核心的中心城区创新空间建设,推动城区功能布局向混合化方向优化。改变中心城区产业集聚方式,从以往单一的依靠资本集聚、劳动力集聚向多元化人才集聚、创新要素集聚转变,充分利用中心城区高校资源丰富、配套设施充足的特点,进一步推动中心城区政府、高校与企业等创新主体的联动合作,全方位、高标准构建知识创新经济共享空间。明确近、远郊区的功能配置,推动区域创新资源在城市边缘空间的优化配置。结合五大新城建设,以实现产城融合为发展目标,动态化调整郊区的产业规划和布局,引导功能单一、定位滞后的开发区、工业区向以研发和创新为主导功能的创新集聚地转型,优化园区产业导入机制和

综合服务功能,使得各类片区不仅具备创新发展功能,还具有配套齐全的城市生活功能,建设经济强劲、环境宜人、文化深厚的高质量产城融合发展示范区。

7.4　推进长三角区域协同创新

长三角区域是中国创新能力最强的区域之一。要充分发挥上海龙头带动作用,优化区域创新布局和协同创新生态,深化科技体制改革和创新开放合作,着力提升区域协同创新能力,努力建成具有全球影响力的长三角科技创新共同体。

7.4.1　长三角区域协同创新现状及成效

1.建立跨区域合作的协调机构

2003 年 11 月,上海、江苏、浙江签署《沪苏浙共同推进长三角地区创新体系建设协议书》,建立了联席会议制度。自 2008 年起,上海、江苏、浙江、安徽一市三省轮流召开"长三角地区创新体系建设联席会议"。2018 年初,一市三省签署《关于共同推进长三角区域协同创新网络建设合作框架协议》,出台了《长三角区域协同创新网络建设行动计划(2018—2020 年)》。同年 10 月,一市三省签署了《长三角地区加快构建区域创新共同体战略合作协议》。2020 年以来,长三角各地对区域创新协同工作更为重视,相继出台相关政策文件。2020 年 1 月,《上海市贯彻〈长江三角洲区域一体化发展规划纲要〉实施方案》发布,大力推动协同创新产业体系建设,在加快科技成果转移转化、持续推进长三角 G60 科创走廊建设等七方面做出重要部署。同年 12 月,科技部发布《长三角科技创新共同体建设发展规划》。2021 年 5 月,长三角科技创新共同体建设办公室正式揭牌,办公室由科技部与一市三省共同组建,实行"双主任"制,共同对区域性创新目标、重点任务、资源布局等进行协商和统筹。长三角区域创新协同度整体上升,长三角区域协同创新指数从 2010 年的 100 分增长到了 2019 年的 204.16 分,年均增长率为 8.25%,协同创新水平稳步提升(浙江省科技信息研究院等,2020)。

专栏7.2 长三角城市群27城市科技创新驱动力指数发布

上海社会科学院专家通过 AHP-EVM 模型构建城市科技创新驱动力评价指标体系,测度2020年长三角城市群的上海市,江苏省南京、无锡、常州、苏州、南通、扬州、镇江、盐城、泰州,浙江省杭州、宁波、温州、湖州、嘉兴、绍兴、金华、舟山、台州,安徽省合肥、芜湖、马鞍山、铜陵、安庆、滁州、池州、宣城27个城市的科技创新驱动力综合指数。

综合来看,长三角城市群27个城市的科技创新驱动力呈现出四个等级层次。第一层次是上海,综合指数得分超过0.7,可界定为领军城市;第二层次有南京、杭州、苏州、合肥4个城市,综合指数得分超过0.4,可界定为核心城市;第三层次有芜湖、无锡、宁波、常州、南通、扬州、镇江7个城市,综合指数得分超过0.25,可界定为重点城市;第四层次共有15个城市,可界定为一般城市。

不同等级城市的科技创新驱动力差异显著,尤其是上海在27个城市中处于龙头地位,其科技创新驱动力的综合得分高达0.717,明显高于其他城市,领先优势明显,是长三角城市群创新驱动发展的“领头羊”。第二层次城市得益于省会城市的优势以及紧邻上海的大都市圈优势,是长三角城市群创新驱动发展的中流砥柱,并对周边城市具有中心辐射作用。第三层次城市得益于产业集聚及其在产业创新上的布局,是长三角城市群创新驱动发展的后起之秀和潜在空间。第四层次城市的产业结构总体上比较传统,农业仍有较大影响。

长三角城市群科技创新驱动力空间分异可分为高质连片区和城市组团区,即上海、南京、合肥及其周边城市形成科技创新驱动力高值连片区域;围绕上海或省会城市形成科技创新驱动力较强的上海—苏州—南通、南京—镇江—扬州—常州—无锡、合肥—芜湖、杭州—宁波城市组团。

资料来源:王振、杨凡,《长三角城市群27城市科技创新驱动力指数报告(2020)》,《长三角观察》2021年第11月号(总第115期)。

2. 推动科技联合攻关与合作示范

2004 年，上海、江苏、浙江共同设立了长三角地区联合科技攻关计划。2013 年以来，长三角一市三省共同组织实施长三角科技联合攻关计划 28 项。《长三角科技合作三年行动计划(2018—2020)》的出台，加大了科技合作力度，拓宽了合作领域。聚焦长三角公共安全、民生保障、生态治理等公共领域以及人工智能、信息技术、节能环保等战略性新兴产业共性关键技术，开展联合研究，联合攻克一批核心技术。推动长三角一体化示范区科技创新合作，支持 G60 科创走廊建设，在高质量发展、医保一体化、绿色发展、绿色保险、一体化发展指数体系、中医联合体等多领域签订框架合作协议等。围绕产学研合作，区域内许多高校在高新技术开发区内设立常驻办事机构，与企业联合共建研究院、实验室等，还根据地方产业特色需求建立了专门的产学研合作平台。

3. 推动区域内大科学仪器设施共享协同

重大科技基础设施对于区域原始创新能力提高至关重要。2020 年 3 月，科技部、财政部出台《关于推进国家技术创新中心建设的总体方案》，明确提出聚焦长三角一体化国家战略，布局建设综合性国家技术创新中心。长三角一市三省根据此方案共同推进量子通信"京沪干线""未来网络试验设施""高效低碳燃气轮机试验装置"及超算中心等重大科技基础设施建设取得进展。在设施共享方面，一市三省科技部门共同建立"长三角区域大型科学仪器协作共用网"，已整合区域内超 2.6 万台(套)30 万元以上的大型科学仪器设施。近两年，上海共有 124 家服务机构的 1 913 台(套)大型仪器为沪苏浙皖近 3 万家企业提供了共享服务。

4. 探索共享服务体系和管理机制

2004 年，上海、江苏、浙江组建了"长三角科技中介服务战略联盟"。2018 年 10 月，科技部及一市三省科技部门共同启动了长三角科技资源共享服务平台建设，探索可复制推广的经验。一市三省根据业务需要开展共享服务，资源共享能级逐步提升，支撑体系逐步完善。已集聚包括上海光源等在内的重大科学装置 19 个，科学仪器超过 3 万台(套)，总价值超过 360 亿元；加工梳理了 2 400 余家服务机构的 1.5

万余条仪器检验检测服务项目。

5. 聚焦长三角 G60 科创走廊产业协同创新中心建设

长三角 G60 科创走廊产业协同创新中心建设是长三角区域协同创新的重要工作组成,其实质是长三角 G60 科创走廊沿线九城市推进科技、产业一体化发展的模式创新。其主要运作模式是由各地政府依托当地国企、政府平台或园区开发公司等投资主体,在松江、临港、漕河泾园区及其附近购买、租赁或自建整栋楼宇,然后安排和吸引当地优势制造企业建设异地研发中心和科创孵化器。从现有项目功能定位来看,可以分为两种类型:一类是在上海的异地研发中心、孵化器和人才窗口,比如金华市希望借助创新中心建设充分借用上海的创新人才和创新资源,发力解决金华产业的技术难题,"借鸡孵蛋"帮助企业培育转化核心技术和产品,提升自主创新能力。浙江科创基地(松江)项目目标定位之一是打造浙江省在上海的人才飞地,面向全国、全球招引高端人才和创新团队,打造服务于浙江企业的人才集聚中心,将以后在全国、全球招引的高端人才和创新团队放在基地工作。另一类是比较综合型的,如宣城(上海)科创中心项目则将产业孵化、协同攻关、成果转化等功能融为一体。无论是何种模式,长三角 G60 科创走廊产业协同创新中心形成了"研发在上海、生产在江浙皖,孵化在上海、转化在江浙皖,前端在上海、后台在江浙皖"的科创及产业合作新模式。

7.4.2 长三角区域协同创新推进过程中面临的问题

1. 参与全球竞争的创新策源能力不足

按照长三角代表国家参与全球科创竞争的核心功能定位,实现科创一体化和产业一体化是区域一体化的核心。现实来看,上海市、南京市、杭州市及合肥市等核心城市创新要素集聚和城市群产业配套优势尚未完全凸显,对于面向国家战略需求和市场需要,以及区域产业发展特色的重点产业和关键领域,筛选产业共性技术、关键技术发展滞后,原始创新能力不足,"卡脖子"问题突出,且自主协同创新的载体效率较低。

2. 区域协同的产业技术创新统筹不足

目前，中国在全球产业链和价值链中处于中低端的位置，一个很重要原因是对产业共性技术科学基础的研究不够，芯片、操作系统和高端材料等产业基础一直受制于人。长三角区域内部的行业分布有一定趋同性。在"十三五"规划中，长三角各城市均提出了"发展壮大战略性新兴产业""加快发展现代服务业"等，并有 36 个城市将金融业作为优先发展产业；区域产业分工日益精细化，产业集聚效应日益体现，但产业技术创新布局仍较为割裂，整体性不强，区域系统集成、合力攻关的产业技术创新模式还未能很好实现。

3. 针对关键技术产业的标准建设不足

标准是产业高地，是未来产业竞争核心，掌握了标准话语权才能获得产业利益最大化。上海虽然牵头了"长三角一体化新能源和智能网联汽车标准化技术研究合作协议"，但在国家标准建设抢夺中仍落后于北京、天津、重庆，主要表现在标准有效供给不足、对标准政策鼓励不够等方面，需要进一步强化智能汽车等关键技术产业的标准建设。

4. 聚焦重点领域的有效人才供给不足

人才是最为关键的创新要素之一，跨区域自由流动和知识共享水平影响科创中心建设和一体化建设的质量。其中，领军人才在增强自主创新能力方面具有重要的引领作用。尽管中国在世界范围内是公认的人力资源大国，在基础研究领域正在涌现出一批具有重要国际影响力的科学家与学者，但高层次科技人才尚且存在短缺的现象，世界级科技领军人才更是面临匮乏的困境。长三角地区作为国内人才高地，各类高层次人才绝对数量不少，但在人才流动和共享方面的一体化程度仍不高。有关数据显示，上海、江苏、浙江三地的人员流动相对较弱，流动跨度较小，三地人才的异地流动次数仅有人均 0.83 次。

5. 创新投入与收益的地区平衡机制尚未建立

在区域协同创新进程中，由于各类创新主体的资源投入、风险承担与贡献不同，为了提升创新主体的积极性与能动性，需要建立创新体系驱动供给与成果评估体系,增强政策对主体的内外驱动,重视区域范围内政策间的协调与统一,并明确主体间利益分配与共享,提升创新服务水平。目前,这方面的机制还不够健全,区域内多个创新主体完成特定重大任务后,成果的跨单位认定及利益分配协调问题尚未解决。

7.4.3 长三角区域协同创新推进建议

1. 完善区域协同创新相关机制和手段

依据科创贡献度建立健全区域创新协同激励机制。在产业协同创新中心取得一定运营经验和成效的基础上,对不同种类产业协同创新中心进行认证,根据其科创主业占比和对上海科创中心建设的实际贡献度进行评估打分,相应给予不同优惠级别的政策支持,适时出台政策激励措施,鼓励外省市多带资源来上海进行产业技术研发,使产业协同创新中心真正聚焦科创孵化、科技研发等主业,避免其因为各种原因而偏离科创主业甚至导致对上海的过度招商。在制定完善《长三角科技创新券通用通兑管理办法》的基础上,探索建设长三角科技创新券一站式"通用通兑"集成服务平台,设立沪、苏、浙、皖四地"通用通兑"结算中心,加速科技创新券在长三角的通用通兑。借鉴日本政府产业集群工程的成功运营管理经验,采取政府引导、市场主导的形式,加强长三角区域性产业联盟组织建设和功能建设,落实长三角协同创新规划协调、管理协同、行业共管等职能,建立全面协调可持续的长三角协同创新区域产业创新协同发展和空间治理体系。

2. 设立区域协同创新发展基金

遵循政府引导、社会主导、企业运营的原则思路,从长三角一市三省政府科技专项经费中出资,按政府占比不超过40%、企业与社会融资不低于60%的比例,设立初期资金规模不低于500亿元,远期资金规模不低于2 000亿元的长三角协同创新发展基金,由专业的基金团队进行市场化的运营管理,政府负责监管。并由一市三省政府按照约定分成比例,对创新飞地产业化项目的利益进行共享。

专栏 7.3　长三角 G60 科创走廊科技成果转化基金成立

长三角 G60 科创走廊科技成果转化基金是在科技部指导下,由长三角 G60 科创走廊联席办牵头,会同九城市人民政府共同出资,并引入社会资本联合发起设立的专项基金。该基金兼顾盈利性和公益性,50％份额将重点投向九城市集成电路、生物医药、人工智能等七大战略性新兴产业的中早期项目。希望通过基金助力建设市场化、立体化、多元化的科技创新成果有效转化投融资服务体系,持续有序推动长三角 G60 科创走廊建设,更好服务长三角一体化发展国家战略。

资料来源:根据媒体公开报道整理。

---

3. 完善相关配套服务

在人才资质互认方面,建议长三角区域设立统一标准,在发展阶段不同的区域、行业可根据需要设置人才评价的权重系数,实现人才跨区域的互认、转换。在生活配套服务方面,建议与协同创新区域达成战略协议,通过在协同创新区域设立分公司等形式,将区域从业人员的社保等交至所在协同创新区域,其子女可以享受该区域的教育资源。住房可以由协同创新区域管理方引进酒店式公寓、公租房等方式解决。

4. 加快推进长三角区内创新溢出

支持与区域已有技术相关度高的知识分支进行深化探究,引导区域创新水平进一步提高。各区域在制定产业发展政策时,应围绕当前的优势产业和技术门类,积极发展相近技术门类的产业,促进区域内部相似技术门类创新主体之间的沟通和合作,提高区域创新效率改进生产率,提升市场竞争力。加快构建区域"政产学研金用"协同创新体系。以长三角 G60 科创走廊为纽带,充分发挥长三角区域以大学、科研院所为主体的知识创新能力、以企业为主体的技术创新能力和以院士工作站为主体的产学研合作能力,深化基础研究、应用研究和技术开发,打通科创—技术—产品—产业间链条,推动科创和产业相互促进、协同发展。

5. 以上海为龙头,建设区域联动创新网络

发挥上海张江、安徽合肥综合性国家科学中心的科技支撑作用。通过重大科学设施的共建共享,实现长三角重大科技项目的联合攻关;以长三角"双一流"高校为主导,促进不同高校之间的学术交流、科研合作、人才联合培养,建设高校创新发展共同体。此外,鼓励企业、行业协会、相关非营利机构从事科技中介和成果转化活动,促进技术创新成果在长三角内的优化配置和转移转化,着力建设长三角前瞻性基础研究、引领性原创成果创新核心区,关键共性技术研究、前沿引领技术、现代工程技术颠覆性创新源头高地。发挥长三角G60科创走廊在跨省市行政审批一体化等方面的先行先试优势,对跨省市科创企业认定、行政许可互认衔接、信息共享、指标统计、创新成果转化等问题,率先进行研究协商试点和突破,加快建立多层级跨省域利益协调共享机制,从制度层面规范引导产业协同创新中心健康可持续发展,推进长三角各城市之间的分工协作。

第8章

汇聚创新人才，建设科创人才高地

加快建设世界重要人才中心，继续下好创新人才"先手棋"，着力做好"海聚英才"大文章，是上海进一步发挥科技策源功能的重要战略举措。集聚全球创新人才，需要营造人才"强磁场"，加快完善符合国际惯例的人才制度体系，不断优化高品质人才生态系统。同时，也要加大培育拔尖创新人才，努力实现科技创新的自立自强。

8.1　建设人才高地

建设高水平人才高地是贯彻习近平总书记关于新时代人才工作的新理念新战略新举措，是落实中央人才工作会议精神的重要体现。上海建设高水平人才高地，要彰显国际化的人才导向，构筑世界级的人才平台，实行更开放的人才政策，造就战略性的人才力量，构建金字塔型的人才结构，营造高品质的人才生态系统；要建立科学的指标体系，明确上海高水平人才高地的基本内涵和目标愿景；要确立下一步的战略方向，在引进高端人才和精心培养拔尖人才方面下功夫。

8.1.1 内涵功能与典型特征

上海建设中的世界级高水平人才高地是全球性优秀人才的向往之地、高峰人才的成长之地、卓越人才的培育之地、人才资源的配置之地,并支撑上海成为原创性理论的策源地、颠覆性技术的发明地、开创性产业的诞生地、世界性先进文化的交汇地。

1. 基本内涵

上海着力打造的高水平人才高地是创新策源高地、高端产业高地、人才汇聚高地、政策配套高地的综合体,是人才创新能力卓越、科技引领作用突出、人才规模效

专栏8.1　建设世界重要人才中心和创新高地的战略擘画

加快建设世界重要人才中心和创新高地,必须把握战略主动,做好顶层设计和战略谋划。习近平总书记着眼2025年、2030年、2035年三个重要时间节点,提出了明确的建设目标。到2025年,全社会研发经费投入大幅增长,科技创新主力军队伍建设取得重要进展,顶尖科学家集聚水平明显提高,人才自主培养能力不断增强,在关键核心技术领域拥有一大批战略科技人才、一流科技领军人才和创新团队;到2030年,适应高质量发展的人才制度体系基本形成,创新人才自主培养能力显著提升,对世界优秀人才的吸引力明显增强,在主要科技领域有一批领跑者,在新兴前沿交叉领域有一批开拓者;到2035年,形成我国在诸多领域人才竞争比较优势,国家战略科技力量和高水平人才队伍位居世界前列。这三个重要时间节点的目标,为加快建设世界重要人才中心和创新高地确立了"时间表"和"路线图",对于实现党的十九届五中全会提出的到2035年我国进入创新型国家前列、建成人才强国的战略目标,具有重大意义。

资料来源:《加快建设世界重要人才中心和创新高地——论学习贯彻习近平总书记中央人才工作会议重要讲话》,《人民日报》2020年9月30日。

应显著、创新策源动力强劲、产学研用深度融合、生态环境活力迸发的人才密集区。具体而言,上海建设高水平人才高地需坚持党对人才工作的全面领导,构建高质量发展的人才制度体系,打造高品质人才生态系统,以集成电路、人工智能、生物医药产业集群为先导、国际大科学计划与大科学工程为引领、国家实验室和新型研发机构为平台,集聚一批重要主要科技领域的世界领跑者、关键核心技术领域的战略科学家、一流科技领军人才和创新团队,构筑高水平人才高地和科学发现新高地的战略支点,形成青年科技人才、卓越工程师等全球优秀人才集聚的雁阵格局,服务于世界科技前沿、全球经济发展、国家重大需求和人民生命健康。

2. 核心功能

一是全球优秀人才的向往之地。上海高水平人才高地将以"产业"和"园区"为坐标轴,打造人才循环动力机制,形成辐射全球的人才网络,实现对全球标杆人才的"磁吸效应",全方位提高上海作为全球创新型城市的国际人才影响力。一方面,以世界级产业集群建设为牵引(如世界级生物医药产业集群)、以世界级重大科技基础设施集群(如光子重大科技基础设施集群)为平台,依托重点产业集聚一批关键核心技术领域的战略科学家、顶尖科学家、一流科技领军人才和创新团队、卓越工程师,构筑高水平人才高地的战略支点。另一方面,以"园区"为坐标轴,以高科技产业园区(如张江高科技园区)为阵地、以留学人员创业园(如临港留学人员创业园)为载体,依托发展平台集聚一批青年科技人才、基础研究人才,呈现全球优秀人才集聚的雁阵格局。

二是全球人才资源的配置之地。作为全球高端人才资源网络的"中心枢纽",上海高水平人才高地将成为全球人才资源流动与配置的重要"网络节点"。依托高品质的人才生态系统和强大的人才循环动力机制,高水平人才高地将推动全球创新资源要素进一步向上海集聚,从而使上海成为全球高端人才集聚的极点("增长极")和支点("能量核"),以点上"爆发式"效应带动全国的人才发展,服务于国家重大战略需求。作为高水平人才高地,上海可沿"长三角G60科创走廊"实现对长三角区域科创策源、人才集聚的显著辐射带动效应。

三是全球卓越人才的培育之地。上海高水平人才高地将依托世界一流的高等教育体系与成熟完备的产学研合作机制,打造全球卓越人才培育的"制高点"。一方面,世界一流大学直接培育全球卓越人才,并借助高质量发展的技术授权或转化机构推动人才研究成果的迅速产业化应用,推动全球卓越人才的大面积"孵化";另一方面,引导科学研究的产业化导向,满足在沪全球创业人才对卓越人才的旺盛需求,为产业持续升级注入不竭动力,为开创性产业建设提供保障。

四是全球原创性理论的策源地与颠覆性技术的发明地。高水平人才高地力求实现在沪高校(上海交通大学、上海科技大学等)、科研院所(中国科学院上海生命科学研究院等)、科技龙头企业("中国芯""创新药""智能造"等领域的龙头企业)、高科技园区(张江、临港新片区)的产学研用创新联盟,推动多学科交叉、多主体联动、跨区域协同,打造跨界集成、深度融合的创新共同体,实现产业链、人才链、创新链、价值链"四链"融合,推进重大基础前沿科学研究、关键核心技术地攻关突破和系统集成创新,策源对标世界一流的原创性理论和颠覆性技术,成为全球原创性理论和颠覆性技术的"首发地"。

五是全球开创性产业的诞生地。上海高水平人才高地将打造"世界级重大科技基础设施集群——国际高水平研究机构——世界级科技龙头企业——科技金融体系——科技服务机构"的全链条、数字化创新创业生态,以世界科技前沿技术成果和全球"卡脖子"技术瓶颈为牵引,整合世界级重大科技基础设施集群、国际高水平研究机构、世界级科技龙头企业、对标国际的科技金融体系与服务机构形成科技创新联盟,全面提升战略性新兴产业实力,培育未来产业,构筑具有国际影响力的创新产业集群。特别是在人工智能、生物医药、集成电路等战略性新兴产业,重点培育发展第六代通信、氢能源等高端前沿领域,以未来产业新动能为引擎,通过链接全球产业发展的要素、产能、市场、规则,逐渐形成以"中国芯""创新药""蓝天梦""未来车""智能造""数据港"为代表的高技术、高附加值、引领全球的开创性产业。

六是世界先进文化的交汇地。伴随着全球高端人才流动与配置、国际前沿技术的引领与流转,高水平人才高地将不断汲取世界优秀文化成果的"养分",并借助高端人才的全球流动向世界弘扬中华民族的优秀传统文化，进而促进中华民族文化与其他世界先进文化更为深入地融合交汇。从长远来看，上海高水平人才高地将实现对世界先进文化发展潮流的时代引领。

七是全球性高峰人才的成长地。上海高水平人才高地上将形成集成电路、生物医药、人工智能三大先导产业的产业集群，以及电子信息、汽车、高端装备、先进材料、生命健康、时尚消费品六大重点产业的产业地带，引领张江高科技园区、上海自贸试验区临港新片区的世界级重大科技基础设施集群（国家实验室、国家工程研究中心、国家技术创新中心、科技成果转化中试孵化基地等）的建设与空间集聚，并通过融入全球高端人才体系、参与全球科技治理与人才治理，为全球高峰人才的空间集聚与科技创新策源提供产业先导、平台支撑、规则对接。

八是全球"人才＋科创"体制机制改革"试验田"与制度供给高地。上海建设高水平人才高地过程中，将获得人才制度、科创政策方面诸多"先行先试"的重要契机。对标全球创新型中心城市重点人群特殊政策，上海将在国内人才户籍、住房、专项、培养、激励，国外人才工作许可、签证、执业、税负补贴、服务等方面加大政策示范力度，探索扩大相关人才政策在国内的应用范围和政策的实施力度。

3. 典型特征

一是创新要素深度融合与创新资源高度集聚。上海高水平人才高地建设，将增强对全球优秀人才的吸引力，呈现创新要素的深度融合和创新资源的高度聚集，包括拥有一大批具有国际影响力的标志性人才——战略科技人才、顶尖科学家、一流科技领军人才及科技创新团队、卓越工程师；拥有一系列人才集聚和发展所需的高能级平台或标志性机构集群——国家实验室、国家工程研究中心、国家技术创新中心、科技成果转化中试孵化基地，以及高水平研究型大学、科技领军企业。特别是，创新资源的规模总量、高端人才的集中程度、高能级平台或标志性机构集群的分布密度要显著高于国际范围内其他区域。

二是高端人才资源的全球性流动与高质量配置。上海高水平人才高地将实现高端人才资源的全球性流动与高质量配置，并对长三角区域乃至全国形成高辐射与强带动效应。与此同时,全球高端人才资源将在上海实现高密度集聚、高质量配置与高层次交流合作,这将进一步强化上海在全球科技创新策源、高端产业引领、先进文化交汇方面的辐射效应与引领作用。

三是"产业链""人才链""创新链""价值链"的深度融合与共生发展。高水平人才高地是上海实现产业、人才、技术深度融合发展的重要支点。一方面,上海高水平人才高地建设中依托产学研的深度融合和高效协同机制,将促进在沪高校、科研院所、科技龙头企业、高科技科创园区的合作共赢,实现产业链、人才链、创新链、价值链"四链"融合,推动关键共性技术和重大战略产品等方面的攻关突破。另一方面,上海以科技创新赋能产业链再造和价值链提升,将带来重点产业集群的蓬勃发展,如集成电路、人工智能、生物医药和航空航天等重点产业集群,这将为全球高端人才提供技术孵化地(高能级创新创业平台),势必"磁吸"人才形成人才高峰,带动上海高水平人才高地建设。

四是呈现卓越的技术转化率与产业贡献度。高水平人才高地将促进全球高端人才资源向国际前沿科学技术、全球原创性理论成果、上海开创性产业蓬勃发展的加速转化。上海建设高水平人才高地,将实现全球高端人才资源的高速流动与前沿技术成果的迅速转化,孵化出诸多颠覆性技术、关键共性技术、现代工程技术、前沿引领技术等重大基础前沿科学技术成果以及生物医药领域、人工智能领域、集成电路领域的原创性理论成果。

五是呈现制度型开放的人才政策体系与高品质的人才生态系统。上海高水平人才高地的建设过程中将打造制度开放型人才政策体系,如更加灵活的技术移民政策、更具活力的科技人才签证。此外,上海高水平人才高地将塑造适应未来全球人才竞争态势的高品质人才生态系统,包括政策制度环境、经济商务环境、科技服务环境、科技金融环境、投资融资环境、人才市场环境、社会文化环境、居住生活环境。其中,活跃的科技金融市场为全球人才创新创业提供风险投资、促进其科技成果转化,进而激发他们创新创业的积极性,是上海高水平人才高地建设的强有力支撑。

8.1.2　测度指标体系

根据相关研究，上海高水平人才高地建设的测度包含人才投入、人才集聚、人才影响力、人才贡献率 4 个维度及相应的三级指标体系。其中，一级指标包含人才研发投入水平、标志性机构数量、人才生态环境、标杆性人才数量、科技创新主力军建设水平、对全球优秀人才的吸引力、国际科技合作与人才交流水平、重大基础前沿科学技术成果数量、原创性理论成果数量、开创性产业数量、技术贡献率、产业贡献率。

1. 人才投入维度

人才投入维度包括人才研发投入水平、标志性机构数量（载体投入水平）和人才生态环境（环境投入水平）3 个一级指标。

（1）人才研发投入水平通过全社会研发（R&D）经费占上海全市生产总值（GDP）的比例和基础研究经费支出占全社会研发经费支出比例 2 个二级指标来测度。

（2）标志性机构数量（载体投入水平）涵盖世界级重大科技基础设施集群数量、国家实验室数量、国家基础科学中心数量、国家工程研究中心数量、国家技术创新中心数量、国家临床医学研究中心数量、科技成果转化中试孵化基地、世界级科技龙头企业数量 8 个二级指标。其中，世界级重大科技基础设施集群包括即将使用的光子重大科技基础设施集群以及生命科学、能源领域、海洋、空天领域将要建设的世界级重大科技基础设施集群。

（3）人才生态环境（环境投入水平）评估包括政策制度环境、科技创新环境、经济商务环境、科技服务环境、科技金融环境、投资融资环境、人才市场环境、社会文化环境、宜居生活环境 9 个二级指标。其中，政策制度环境包括对科学研究领域、技术创新领域、成果转化领域的政策制度评估；科技创新环境以 CNS 发文、ESI 高被引的科学家数量、科研影响力（FWCI）、区域产学研合作论文占比、全球高水平科技创新直接贡献等来衡量；经济商务环境以商务过程的公平性、公正性、透明度、申诉机制来衡量；科技服务环境从知识产权保护情况和科技中介服务水平方面来衡量；科技金融环境包括对创业孵化、技术转移、跨境技术贸易方面的评估；投融资环境包括对投融资渠道、种类、配套以及商业性金融机构服务水平的评估；人才市场环境包括人才市场发展水平、法治环境、流动便利性等方面的评估；社会文化环境旨在评估鼓励创新、宽容失败的社会文化氛围以及科学家精神、企业家精神、工匠精神；宜居生活环境包括居住、交通、生态、户籍、教育、医疗等方面的评估。

2. 人才集聚维度

人才集聚维度包括标杆性人才数量、科技创新主力建设水平2个一级指标。

(1) 标杆性人才包括全球顶级科学家、顶尖科学家、哲学家、社会科学家、文学艺术家5个二级指标。其中，全球顶级科学家主要指拥有符合国际公认的专业成就（如诺贝尔奖获得者）的科学家；顶尖科学家指全球前2%顶尖科学家以及ESI"高被引"科学家。

(2) 科技创新主力军包括战略科技人才、科技领军人才、科技创新团队、杰出青年科技人才、卓越工程师、科技创业人才、科技创新人才、科技服务人才8支人才队伍。其中，科技创新团队重点测度基础前沿科技创新团队的个数；杰出青年科技人才指标突出强调本土杰出科技人才占比，皆在体现杰出科技人才的自主培养能力；科技创业人才指具有标杆效应和高成长潜力的企业家；科技创新人才包括重点领域的应用研究、技术开发、实验室技能人才；科技服务人才主要包括技术转移人才、科普人才、复合型服务人才。

3. 人才影响力维度

人才影响力维度包括对全球优秀人才的吸引力、国际科技合作与人才交流2个一级指标。

(1) 对全球优秀人才的吸引力通过外国高端人才占比、外国优秀留学生占比、海外归国人员占比3个二级指标来测量。其中，外国高端人才数量以核发的外国高端人才（A类）工作许可证数量来测度。

(2) 国际科技合作与人才交流通过国际大科学计划或工程、世界顶尖国际联合实验室、世界顶尖科学家论坛、海外创新中心、国际科技合作基地、全球跨境技术贸易中心、UNDP全球金融科技创新中心7个二级指标来衡量。

4. 人才贡献率维度

人才贡献率维度包括国家科学技术奖、重大基础前沿科学技术成果、原创性理论成果、开创性产业、技术贡献率和产业贡献率 6 个一级指标。

（1）国家科学技术奖包括国家最高科学技术奖、国家自然科学奖、国家技术发明奖、国家科学技术进步奖、中华人民共和国国际科学技术合作奖等奖项的获奖数量及占获奖总量的比重。

（2）重大基础前沿科学技术成果包括颠覆性技术、关键共性技术、现代工程技术、前沿引领技术、ESI 全球前 1% 学科 5 个二级指标。

（3）原创性理论成果包括生物医药领域成果、人工智能领域成果、集成电路领域成果 3 个二级指标，其中，生物医药领域成果主要以在《自然》《细胞》发表的论文数量来衡量；人工智能领域、集成电路领域成果主要以在《科学》发表的论文数量来衡量。

（4）开创性产业，即现代化开放型产业，主要以"中国芯""创新药""蓝天梦""未来车""智能造""数据港"六大硬核产业的附加值和它们对上海市先导产业与重点产业的贡献率来衡量。

（5）技术贡献率，主要以每万人口高价值发明专利拥有量和 PCT 专利年度申请量衡量。

（6）产业贡献率，主要以战略性新兴产业增加值占 GDP 比重、技术合同成交额占 GDP 比重来衡量。

表 8.1　上海高水平人才高地建设的测度指标体系

维度	一级指标	二级指标	三级指标
人才投入	人才研发投入	全社会研发经费占比	—
		基础研究经费支出占比	—
	标志性机构（载体投入）	世界级重大科技基础设施集群	生命科学、能源、海洋、空天领域设施集群
			光子重大科技基础设施集群
		国家实验室	—
		国家基础科学中心	—

维度	一级指标	二级指标	三级指标
人才投入	标志性机构（载体投入）	国家工程研究中心	——
		国家技术创新中心	——
		国家临床医学研究中心	——
		科技成果转化中试孵化基地	——
		世界级科技龙头企业	——
	人才生态环境（环境投入）	政策制度环境	科学研究领域、技术创新领域、成果转化领域
		科技创新环境	CNS发文、ESI高被引的科学家数量
			科研影响力（FWCI）
			区域产学研合作论文占比
			全球高水平科技创新直接贡献（策源力）
		经济商务环境	商务过程的公平性、公正性、透明度、申诉机制
		科技服务环境	知识产权保护情况、科技中介服务水平
		科技金融环境	创业孵化、技术转移、跨境技术贸易
		投资融资环境	投融资渠道、种类、配套；商业性金融机构服务
		人才市场环境	人才市场发展水平、法治环境、流动便利性
		社会文化环境	鼓励创新、宽容失败、科学家精神、企业家精神
		宜居生活环境	居住、交通、生态、户籍、教育、医疗
人才集聚	标杆性人才	全球顶级科学家	符合国际公认的专业成就（如诺奖获得者）
		顶尖科学家	全球前2%顶尖科学家、ESI"高被引"科学家
		哲学家	——
		社会科学家	——
		文学艺术家	——
	科技创新主力军建设	战略科技人才	——
		科技领军人才	——

维度	一级指标	二级指标	三级指标
人才集聚	科技创新主力军建设	科技创新团队	基础前沿科技创新团队
		杰出青年科技人才	本土杰出科技人才占比
		卓越工程师	—
		科技创业人才	具有标杆效应和高成长潜力的企业家
		科技创新人才	重点领域应用研究、技术开发、实验室技能人才
		科技服务人才	技术转移人才、科普人才、复合型服务人才
人才影响力	对全球优秀人才的吸引力	外国高端人才占比	外国高端人才(A类)工作许可证核发数量
		外国优秀留学生占比	—
		海外归国人员占比	—
	国际科技合作与人才交流	国际大科学计划或工程	—
		世界顶尖国际联合实验室	—
		世界顶尖科学家论坛	—
		海外创新中心	—
		国际科技合作基地	国际重要科技组织、知名科研机构在上海设立总部或分支机构的数量
		全球跨境技术贸易中心	—
		UNDP 全球金融科技创新中心	—
人才贡献率	国家科学技术奖	国家最高科学技术奖	—
		国家自然科学奖	—
		国家技术发明奖	—
		国家科学技术进步奖	—
		中国国际科学技术合作奖	—
	重大基础前沿科学技术成果	颠覆性技术	—
		关键共性技术	—
		现代工程技术	—
		前沿引领技术	生物 3D 打印、区块链技术、自主智能无人系统
		ESI 全球前 1% 学科	—

续表

维度	一级指标	二级指标	三级指标
人才贡献率	原创性理论成果	生物医药领域	在《自然》《细胞》发表论文
		人工智能领域	在《科学》发表论文
		集成电路领域	在《科学》发表论文
	开创性产业	"中国芯"	产业附加值
			对集成电路产业的贡献率
		"创新药"	产业附加值
			对生物医药产业的贡献率
		"蓝天梦"	产业附加值
			对航空航天产业的贡献率
		"未来车"	产业附加值
			对先进制造产业的贡献率
		"智能造"	产业附加值
			对先进制造产业的贡献率
		"数据港"	产业附加值
			对人工智能产业的贡献率
	技术贡献率	每万人口高价值发明专利拥有量	—
		PCT专利年度申请量	—
	产业贡献率	战略性新兴产业增加值占GDP比重	—
		技术合同成交额占GDP比重	—

资料来源:根据相关资料整理。

8.1.3 目标愿景与整体思路

1. 目标愿景

为进一步贯彻落实人才引领发展战略、在人才强国雁阵格局中发挥"头雁效应",上海将构建具有全球竞争力的高水平人才高地,建设世界重要人才中心和创新高地的重要战略支点,为上海建设具有世界影响力的社会主义现代化大都市提供科技支撑和人才基础。

近期目标(2025 年):全社会研发经费投入大幅增长,支出占 GDP 比例达 4.5％左右,其中,基础研究经费支出在全社会研发经费支出中占比达 12％左右。科技创新主力军队伍建设取得重要进展,集聚和培育一批具有国际影响力的战略科技人才、顶尖科学家、一流科技领军人才和创新团队、杰出青年科技人才,其中本土杰出青年科技人才占比增加、自主培养能力稳步提升;打造一批基础前沿科技创新团队。形成一支专业化、市场化、国际化的科技创业人才与科技服务人才队伍。人才科技贡献率不断提升,全市 PCT 专利年度申请量达 5 000 件左右,每万人口高价值发明专利拥有量达 30 件左右;人才产业贡献率不断提升,战略性新兴产业增加值占 GDP 比重达到 20％左右。

中期目标(2030 年):全社会研发经费投入实现跨越式增长,支出在 GDP 中占比上升 5％—7％左右,基础研究经费支出在全社会研发经费支出中占比增长 20％—25％左右。形成适应高质量发展的人才制度体系,出现一大批本土培养的一流科技领军人才和杰出青年科技人才。在主要科技领域出现一批领跑者,逐渐形成具有国际影响力的战略科技人才成长梯队;顶尖科学家、一流科技领军人才和创新团队、杰出青年科技人才、基础前沿科技创新团队实现跨越式增长,在基础研究和新兴前沿交叉领域出现一批开拓者。形成一支以具有标杆效应和高成长潜力的企业家为代表的科技创业人才队伍与专业化、市场化、国际化的科技服务人才队伍。外国高端人才占比显著提高,对世界优秀人才的吸引力逐渐增强。人才科技贡献率进一步提升,PCT 专利年度申请量增加 20％—25％左右,每万人口高价值发明专利拥有量增加 5％—10％左右;人才产业贡献率进一步提升,战略性新兴产业增加值占 GDP 比重增加 5％—10％左右。

远期目标(2035 年):全社会研发经费投入实现飞越式增长,支出在 GDP 中占比增长 7％—10％左右,其中基础研究经费在全社会研发经费支出中占比增长 25％—30％左右。形成"超海外"的人才制度体系;出现科学素养深厚、组织领导能力突出、具有国际影响力的战略科学家成长梯队;一流科技领军人才和创新团队、杰出青年科技人才、青年科技人才实现飞跃式增长,其中本土科技人才占比较高、自主培养能力显著增强;集聚和培育一批顶尖科学家和基础前沿科技创新团队,在基础研究和新兴前沿交叉领域研究出现一批攻坚者。形成一支以具有国际影响力的杰出企业家为代表的科技创业领军人才队伍与对标国际一流的科技服务人才队伍。外国高端人才(A类)占比实现突破式增长,对世界优秀人才的吸引力显著增强。人才科技贡献率大幅提升,PCT专利年度申请量增加25%—30%左右,每万人口高价值发明专利拥有量增加10%—15%左右;人才产业贡献率进一步提升,战略性新兴产业增加值占GDP比重增加10%—15%左右。

2. 总体思路

上海建设高水平人才高地,必须服务国家重大战略需求,树立全球视野、对标国际一流,着力推进人才发展治理体系的制度型开放,加强高品质人才生态系统建设,搭建世界级人才发展增值平台——重大基础设施集群和重点产业集群,在全球范围内集聚和配置引领技术前沿、支撑产业发展、具有国际影响力的标志性人才及团队,创设与社会主义现代化大都市建设定位相适应的现代化人才制度体系,将上海打造成为全球高峰人才的集聚地和成长地。依托"塔尖集聚高层次人才、塔身培育领军骨干人才、塔基培养行业创新人才"的金字塔型人才结构,与全球科技"制高点"和世界产业"增长级"建设形成平行互动,以期在高水平人才高地建设中实现上海"创新链""产业链""人才链""价值链"的深度融合发展。

一是以错位思路、实用原则实现全球高端人才引进。一方面,面临海外的多重技术封锁,错位引进流动安全性高、流动意愿强的高端人才;另一方面,重视高端人才的实用性,聚焦身处创造力高峰的青年科学家、在细分领域或关键技术中表现突出的技术专才。

二是以产业需求为导向、用人单位为主体构建全球寻才引才网络。该网络应囊括在沪高校、科研院所、行业协会、留学生联谊会、国际知名猎头、在沪跨国公司等多主体,并充分利用国际科技合作契机(如国际大科学计划)。

三是精准满足高端人才来沪发展的核心需求。通过千亿量级平台、高能级平台——"基础设施集群+重点产业集群",来满足高端人才的发展平台需求;通过技术授权办公室、技术孵化研究院满足高端人才的技术转化需求；通过大型政策性担保基金满足高端人才的融资需求；通过顶尖科学家实验室和高端人才工作室保障高端人才的团队建设。

8.2　引进高端人才

面临西方国家封锁技术、打压企业的国际环境，上海要在引进全球高端人才方面不断进行政策突破与服务完善，以充分发挥上海开放引才的综合优势，大力吸引集聚海外高层次人才，让上海成为天下英才的筑梦之地、逐梦之城、圆梦之都。

8.2.1　错位引才、实用为本

1. 以错位思路引进海外人才

上海的海外引才视线应避免一味聚焦美国等西方国家重点关注的目标群体，而是以错位思路，多渠道摸排、引进退休院士、教授等专家群体，以及在高科技产业领域被排挤打压、处境恶化的科学家群体和一些对华态度中立或相对友好国家的人才群体。

2. 以实用原则引进技术精英

根据上海市科学学研究所与施普林格·自然集团合作完成的《2021"理想之城"——全球青年科学家调查》报告，上海对 30 岁以下青年科学家的吸引力全球最强。可充分挖掘接洽富有创造力、符合上海产业需求的青年科学家，考虑重点引进极具发展潜力、流动意愿强的青年科学家等中高端人才群体。立足重点产业基础和发展需求，引进产业细分领域或关键技术处于国际领先水平的高端人才。

8.2.2　数图结合、精准扫描

1. 以多元共同体推进全球人才大数据挖掘与技术分布地图建设

切实抓住政务数字化转型的机遇，打造国际人才大数据对用人主体全球高端引才过程中的全方位支持机制,以"人才数据地图＋技术空间分布"实现全球人才的精准招引与动态掌握。在具体实施过程中,可重点考虑通过战略合作、重点研发计划、服务外包等形式推动海外工作网络、重要行业协会、海外人力资源战略伙伴、海外专业技术社团、国际知名猎头机构、国际职业社交平台、海外联谊会、校友会等多主体参与国际人才大数据库建设与全球技术空间分布地图绘制,进而实现对全球高端人才的"雷达式扫描"。

2. 依托国际人才大数据实现对海外人才的"雷达式扫描"

聚焦"卡脖子"技术领域和战略必争领域,建设全球高端人才大数据以及引才"图谱",以"论文＋专利＋产业"的科学组合来呈现全球高端人才的"精准画像"与世界前沿技术的空间分布。基于 Web of Science 国际论文数据库、Google 国际专利数据库,加强对海外高层次创新创业人才及团队、产业领军人才、技术专才(尤其是海外华裔科学家)的专业履历、机构信息、职业阶段、行业领域、社会人脉等信息的收集;聚焦关键共性技术、前沿引领技术、现代工程技术、颠覆性技术,绘制全球技术空间分布地图,进而绘制国际高端人才分布地图;依托海外人力资源战略伙伴、海外专业技术社团、国际知名猎头机构(FESCO 等)、国际化职业社交平台(LinkedIn 等)、海外联谊会等机构进行数据补充。

3. 依托云服务共享平台实现对海外人才的"精准式引进"

借鉴东京湾区建设日本科学技术振兴机构的经验,基于云服务系统打造面向在沪用人主体、整合海外前沿技术与全球人才信息的共享平台,将前沿研究成果或最新专利技术及其作者、机构信息以中文简介形式在共享平台中呈现,按学科专业、行业领域、作者简介、机构信息呈现国际论文数据库和全球专利数据库中最新研究成果和前沿专利技术,使用人主体能够以产业需求、技术瓶颈为牵引,实现全球范围内高端人才的"精准式引进"。

8.2.3 厘清需求、搭建网络

1. 基于先导/重点产业人才需求与技术瓶颈制定"全球引才清单"

新形势下,要向用人主体充分授权,实现全球高端引才从政府主导模式到"政府搭台、企业唱戏"模式地转变,充分发挥用人主体在全球高端人才集聚过程中的主导作用。具体而言,上海可考虑将三大先导产业、六大重点产业的发展需求"下沉细化"为用人主体的人才需求和技术需求,依据高科技园区及重点产业领域采集技术瓶颈与人才需求,并会同重要行业协会构建全球高端人才需求和技术需求数据库,制定全球引才规划及"重点引进清单",作为上海进行全球高端人才引进的重要依据。围绕战略性新兴产业优化升级的需要、国际前沿研究与尖端技术瓶颈突破的需要,面向全球高端人才"发榜",并以"揭榜挂帅"形式鼓励全球高端人才携科创项目或前沿技术前来"揭榜"。

2. 构建用人主体为核心的"全球寻才引才网络"

上海可考虑以用人主体为核心、以产业难点与技术瓶颈为牵引,广泛吸纳拥有海外人才资源或掌握海外引才渠道的在沪高校、科研院所、行业协会、海外人才工作站、留学生联谊会、校友会、国际知名猎头、在沪跨国公司等主体共建"全球寻才引才网络",通过更大范围内"伯乐计划"鼓励各主体在引才领域"揭榜挂帅",充分发挥自身优势或阶段性便利去"精准挖掘"海外人才。探索将人才政策以"配额+统筹"形式下放给高科技园区、龙头企业,并充分发挥用人主体在世界顶尖科学家论坛、浦江创新论坛、世界人工智能大会、"海聚人才"创新创业大赛等活动中的"话语权"。可参照海外前沿技术或重点产业分布地图科学设置全球留学人员创新创业大赛"海外赛区"。

3. 借国际科技合作与学术交流契机拓展"全球寻才引才网络"

加强人才工作部门、在沪高校、科研院所的引才合作,鼓励在沪高校、科研院所(重点实验室、工程研究中心)充分利用人才培养、项目合作、海外招聘等渠道隐匿高效地"靶向聚才"。重点依托中外合作办学的高校院系或承担国际联合攻关项目的科研院所进行海外寻才引才,大力拓展海外引才渠道,广泛挖掘海外高端人才资源。利用与国际顶尖研究机构联合开展国际大科学计划和大科学工程的契机引进高端人才。比如,借鉴美国国际空间站计划等世界级科学项目的经验,设立量子科学研究大科学计划,通过世界顶尖科学家论坛、科学家线上论坛等活动汇聚全球顶尖科学家开展交流与合作,进而实现高端人才的柔性引进。

4. 增强行业协会与海外组织在"全球寻才引才网络"中的活跃度

增强那些掌握重点产业(尤其是细分领域)的技术与人才分布的重要行业协会(学会、研究会)在海外引才过程中的活跃度。充分发挥海外人才工作站、校友会和留学生联谊会的寻才引才功能和前端触角作用、对接纽带作用,引进"高精尖缺"科创项目和海外高端人才。

5. 借"全球寻才引才网络"促进上海人才政策宣传的"精准推送"

借助"全球寻才引才网络"实现对海外高端引才政策地强有力宣传,以个性化突破解决个案性问题,并为引进顶尖人才寻找"政策定制"的依据。以国外赛区或"云参赛"("云招聘")为主阵地,参照全球前沿技术分布与重点产业地图来科学设置赛区;主动对接那些有回国可能或有回国意愿的海外高端人才。比如,面向青年科学家重点宣传落户政策、留创园扶持政策等,面向海外高端人才则重点宣传上海的世界级重大科技基础设施集群的建设水平与未来前景。

8.2.4 平台转化、规则接轨

1. 以"基础设施集群＋重点产业集群"延揽全球领军人才及团队

加强与全球高端人才联系,协助他们对接上海的高科技产业园区、世界级重大科技基础设施集群(国家实验室、国家工程研究中心、国家技术创新中心、科技成果转化中试孵化基地等)、重大科技专项集群、高能级创新平台和世界级科技龙头企业,实现全球高端人才的快速引进。持续推进重大科技基础设施向全球科学家和科研机构开放,建立国际顶尖的联合实验室或研究中心,依托国际顶级合作平台实现全球顶级科学家、科技领军人才和科技创新团队的空间集聚。

2. 以技术转化前景和基础研究支撑吸引全球创新创业人才来沪

以在沪高校为重点,依托大学高科技园区成立技术授权办公室,加速创新类人才技术成果的产业化应用与市场收益分配;引导高校、科研院所以重点产业为导向开展基础科学研究,并以专利授权形式满足创业类人才的技术优化升级需求;协助高端创新创业人才接洽在沪高校，联合成立支撑其技术成果孵化的研究院。此外，可考虑由政府部门牵头设立大型政策性担保基金，带动民间资金进入，打造扶持重点产业、前沿技术领域高端人才的风险投资基金体系。

3. 以制度型开放推进人才制度规则与服务体系的国际接轨程度

一是在知识产权保护制度方面。上海需要通过对标最高标准的国际经贸规则，以最高水平建立知识产权保护制度，以最大力度实施知识产权侵权惩罚性赔偿制度。要对标国外最新法律条款与规定要求，围绕海外高端人才的专利权归属、职务发明成果方面的制度规则，在国际规范中审慎操作海外高端人才引进过程中的成果使用，以规避国际知识产权纠纷。

二是在相关制度的国际互认与接续方面。探索海外高端人才的成果所有权制度、国际资格互认制度和跨国养老金的接续互补制度，为海外高端人才在流动过程中的资格衔接和生活保障接续提供可靠保证，打通人才流动堵点。

三是在国际税收体系方面。为海外高端人才提供个税征收优惠，降低其永久居留门槛。探索海外高端人才个税征收精细化梯度渐进增长模式，缓解海外高端人才来沪创新创业初期的纳税压力。

专栏 8.2　上海需建设离世界"最近"的高水平人才高地

打造离世界"最近"的高水平人才高地，要求上海更加积极地拥抱世界、更加主动地推动开放，特别是聚焦有基础、有优势、能突破的重点领域，推进以人才规则、规制、管理、标准等为主要内容的制度型开放，加快制定流动最自由、从业最便捷、竞争最充分、发展最全面的具有国际竞争力和吸引力的人才制度体系，不断提升人才开放层级、提升人才开放能级。同时，也要求上海深入着眼全球发展方向，建立新的集聚机制、拓展新的发展网络，不断增强全球人才资源配置的能力、吸引力、影响力。

资料来源：汪怿，《吸引全球"最强大脑"建设高水平人才高地》，《光明日报》2021 年 11 月 14 日。

---

4. 为海外高端人才提供团队引进或团队建设方面的政策支持

以顶尖科学家实验室、高端人才工作室的形式实现海外领军人才的团体式引进；参照国家优秀青年基金设置海外版的做法，增设面向海外高端人才及其团队核心成员的科研项目；面向全球高端人才，开辟无需依托承担单位申请基金项目、上海户籍的绿色通道，甚至可允许他们来沪前申请基金项目，便于其来沪后及时发放；免除海外高端人才的团队核心成员及其家属落户时的社保缴纳期限制，以及免除他们在取得户籍或积分居住证前的从业限制。

8.3 培养拔尖人才

上海在拔尖人才培养工作方面，正快速推进并日臻完善。下一步，要探索实现拔尖人才评价从单一主体到多元主体的转变，大幅度提升拔尖人才从事科学研究的自主权，打造分类科学、梯次清晰、涵盖拔尖人才成长全周期的支持计划体系，考虑依托产学研联盟实现拔尖人才的"基地式""团队式"培养乃至大面积"孵化"，着力实现拔尖人才高质量发展的"软环境"从"类海外"到"超海外"蜕变。

8.3.1 推进拔尖人才评价为核心的制度型开放

以国际科技前沿引领、开创性产业贡献为导向，切实推进拔尖人才评价体系为核心的制度型开放，切实打造多主体、多渠道、多导向的拔尖人才分类评价体系与遴选机制，构建拔尖人才培养的"标尺"。

1. 打造市场评价、社会评价、同行评价的多主体评价体系

转变政府主导式拔尖人才评价机制，积极引入市场评价、社会评价、同行评价等多元渠道来打造拔尖人才评价体系。重点打造以用人单位（高科技园区管委会、科创龙头企业）为主导、重点行业协会（学会、研究会）深度参与、对标国际通行标准的拔尖人才评价机制。

一方面，要突出市场化、社会化，由用人主体和行业协会共同完成拔尖人才评

价。推动由高科技园区主导、重点行业协会（学会、研究会）牵头制定科技创业人才评价标准，基于科技人才在重大基础及应用研究和前沿技术突破、解决重大工程技术难题中取得的标志性业绩，研判其标志性成果、项目/工程经历能否转化为上海重点产业优化升级所需的科技创业项目来衡量科技创业人才。试点推行"以赛代评"（创新创业大赛峰会）来评价科技创业人才。引导科创龙头企业、重点行业协会（学会、研究会）牵头制定科技创新人才评价标准，通过研判科技创新人才掌握的关键核心技术（技术发明/专利论文/学术奖励）能否有效破解上海战略性新兴产业的升级瓶颈来评价科技创新人才（产业贡献），切实培养一批符合上海产业发展需要和企业技术攻关需求的拔尖人才。

另一方面，上海应当更加凸显拔尖人才评价机制的国际化，注重拔尖人才的国际前沿引领和国际公认程度，通过国际行业协会、国际同行对标国际权威职业资格（如金融领域 ACCA 证书）或运用国际通行规则来评价拔尖人才。

2. 以价值导向、能力导向、贡献导向实现拔尖人才的分类评价

上海要根据基础研究、应用研究、技术创新、成果转化等不同活动的规律和特点，以价值导向、能力导向、贡献导向实现拔尖人才的分类评价。

一是对于基础研究领域拔尖人才，可考虑坚持价值导向，实施"以代表作评价人才"。通过行业协会、国际同行对标国际资质、国际通行标准，来鉴定拔尖人才的研究能力、学术贡献和价值创造，重点评价其研究成果是否能开辟新领域、是否提出了新理论、是否发展了新方法、是否解决了重大科学问题、能否引领国际前沿。

二是对于应用技术领域拔尖人才，可考虑坚持能力导向，实施"以技术成果评价人才"。突出其颠覆性技术成果的前沿引领水平、成果转化程度与产业发展贡献，特别是共性核心技术的创新与集成水平、技术成果的市场化与产业化水平。比如，在生物医药领域，可以临床批件、新药证书等成果对"出新药"核心目标的贡献率为重点指标来评价拔尖人才，切实提高科学技术成果的转化效率。

三是对于创新创业领域拔尖人才，可考虑坚持贡献导向，依据其是否具有颠覆性技术成果或科技创业项目来评价。突出考察其颠覆性技术成果，科技创业项目是

否符合上海先导产业,重点产业的转型升级需求,以及对于开创性产业的贡献水平。

8.3.2 "盘活"拔尖人才创新创业活力

对拔尖人才的培养不能仅限于"标尺"的建立,更需要为人才"松绑",即基于科技创新规律和人才成长周期,持续深化拔尖人才发展体制机制改革,系统优化拔尖人才的支持计划与资助体系,"盘活"拔尖人才从事科技创新创业活力,以更好地适应新时代国家人才强国战略与战略性新兴产业优化升级的迫切需要。同时,要坚持"拔尖人才培养与技术、产业深度融合",服务于上海成为全球原创性理论和颠覆性技术的"首发地"这一重要战略定位,进而推动上海集成电路、人工智能、生物医药和航空航天等重点产业的高质量发展。

1. 基于科技创新人才成规律"松绑""盘活"拔尖人才

一是"松绑人才"。可考虑以首席科学家负责制实现科技创新领军人才"挂帅出征",并建立以信任为基础的科创人才使用机制,促进科技创新领军人才在技术路线决策、科研经费调剂、项目资源调度、创新团队组建方面拥有更多自主权。

二是"盘活人才"。可考虑系统研究不同行业领域的产业发展周期与人才成长规律,进而作为拔尖人才资助体系、考核周期、检查方式的重要依据。此外,加强对拔尖人才资助支持与考核评价的分类管理,对基础研究领域进行分阶段、持续性、增长型经费支持,使其能潜心进行深入研究;对工程技术领域则应注重以专项项目的形式进行考核与评价。

2. 为拔尖人才成长提供"全链条""全过程"支持

借鉴美国自然科学基金(NSF)等资助体系的建设经验,建立健全为拔尖人才定制"全链条""全过程"的支持体系,包括实现覆盖基础前沿、技术支撑、科技创业、科技服务等创新全链条的拔尖人才科研资助体系;抓好青年科技人才队伍这个"源头活水",增加青年科技人才支持计划(资助体系)的覆盖面,建立涵盖不同阶段、不同层级、不同类别的青年拔尖人才,分类科学、梯次清晰、有机衔续的青年拔尖人才培养支持机制。

专栏8.3　改革评价机制，激励人才创新

上海破除"唯论文、唯职称、唯学历、唯奖项"评价弊端，分类推进人才评价机制改革。中科院上海药物所打破以"出论文"为唯一标准，对新药研究人员的评价围绕"出新药"核心目标，将临床批件、新药证书与高级岗位聘用挂钩，提高科研人员从事新药研发的积极性，为科技成果转化提供持续可转化项目。上海科技大学探索以常任教授制为核心，借鉴国际通行评价办法，建立以"五重"（即重道德品行、重教书育人、重学术水平、重发展潜力、重国际公认）为核心指标的人才评价新体系。

2016年，上海出台人才"30条"，提出完善科技成果转化奖励机制，上海理工大学太赫兹团队成为第一批吃螃蟹的科研团队。此后越来越多的高校、科研院所尝到了"授权松绑"的甜头。上海交通大学、复旦大学、中科院上海药物所、上海大学等6家高校院所获批科技部赋予科研人员职务科技成果所有权或长期使用权试点，占全国试点总量15%。科技成果使用权、处置权、收益权"三权下放"在上海的高校院所全面落实。2019年上海的高校院所等科研事业单位技术市场合同登记数量和合同额较2016年增长159%、208%。2019年现金和股权奖励中，个人奖励部分达到62.97%。

资料来源：张骏，《打造高水平人才高地，上海何以"海聚英才"》，上观新闻，2021年10月3日。

在拔尖人才培养支持的具体实施中，可考虑加强市委组织部、市科委、市教委之间的纵向配合与横向协同。一方面，以"上海杨帆计划→上海青年科技启明星计划/上海青年拔尖人才→上海科技青年35人引领计划"的拔尖人才成长梯次，建立有机接续、梯次清晰、额度递增的"金字塔式"拔尖人才支持体系；另一方面，围绕基础前沿、战略性新兴产业需求和国际前沿技术瓶颈，科学设置（青年）拔尖人才产业专项或技术专项，也可以围绕国际科技前沿、战略性新兴产业需求，在（青年）拔尖人才计划中就特定产业领域或技术领域固定投放支持名额、设置最低资助比例等。

3. 以科学引导、经费投入和载体建设推进基础研究领域拔尖人才培养

一是重视基础研究领域拔尖人才的科学引导。要引导他们坚持自由探索与战略导向并重,既鼓励他们在数学、物理、化学、生物等基础领域自由探索,又要引导他们围绕脑科学与类脑智能、量子科技、变革性材料、生命调控等重大战略方向开展持续深入研究。

二是加强基础研究领域拔尖人才培养的经费支持。从整体而言,需加强基础研究经费投入及占比,上海到 2025 年的目标是基础研究经费占 R&D 投入比重达到 12% 左右,而全球创新型城市的基础研究经费占 R&D 投入比重普遍在 15%—25% 之间,需进一步加强基础研究经费投入及占比,为基础研究领域人才培养夯实经费基础。可考虑以基础研究人才专项形式(如"强基激励计划")按梯次接续、分周期进阶、稳定持续地支持一批基础研究领域拔尖人才,并科学设置资助经费中间接费用的比例、合理设置资助接续的考核周期,引导他们潜心于重大基础前沿科学研究。

三是夯实基础研究领域拔尖人才培养的载体建设。可考虑通过大力建设并合理布局若干"基础研究特区",推动基础研究领域拔尖人才地大面积"孵化",以及促进全球基础研究领域拔尖人才的快速成长与加速集聚。充分发挥在沪高校(尤其是"双一流"大学)、科研院所(尤其是中科院系统)在基础研究领域拔尖人才培养过程中的重要阵地作用,大力建设和合理布局一批基础学科培养基地与研究机构,以培养高水平复合型基础研究拔尖人才。

8.3.3 推动拔尖人才的大面积"孵化"

以重大基础设施集群和重点产业集群为平台,以产学研联盟为拔尖人才培养的主阵地,推动拔尖人才的"基地式"培养与大面积"孵化"。

1. 依托大科学设施和重大攻关项目开展"苗圃式"培养

依托国家实验室、国家基础科学中心、国家工程研究中心、国家技术创新中心、国家临床医学研究中心,加大力度培养一大批科技创新领军人才及科技创新团队。

具体而言，以全球先进的科研管理模式组建前沿基础研究领域的新型研发机构和创新平台，通过大科学设施的开放共享实现多学科交叉创新，促进基础科学研究领域的颠覆性突破和具有全球影响力的拔尖人才培养，尤其是培养高水平基础研究人才与复合型人才，进而为强化科技创新策源功能提供强有力支撑。上海可瞄准"四个面向"（面向世界科技前沿、面向经济主战场、面向国家的重大需求、面向人民生命健康）设置重大攻关项目，为科技领军人才在高端平台和载体上实现科技创新成果转移、转化提供战略方向与重要"支点"。

2. 依托高水平科技创新团队实施"团队式"培养

科技创新领军人才为"轴心"，打造和培育高水平科技创新团队，通过发挥科技领军人才对青年科技人才的引领作用以及打造科技创新团队内部的结对传帮带模式推动拔尖人才的梯队建设，潜移默化地"孵化"出更多科技创新团队，在大型科学研究项目中实现拔尖人才的"团队式"培养和大面积"孵化"。此外，可考虑在重大研发任务中设置青年专项形式，鼓励青年拔尖人才勇担国家或上海市重大科技创新任务，实现"从0到1"的突破。

3. 依托产学研用创新联盟实现"基地式"培养

依托在沪高校、科研院所、科技龙头企业、高科技园区，建立适应拔尖人才培养的产学研用创新联盟。比如，围绕国家重大战略需求、高端产业引领需要，积极联合在沪高校或科研院所成立相关院系、研究院，鼓励其自设或申请博士点、硕士点（尤其是工程博士点、硕士点）。此外，在张江高科技园区、上海自贸试验区临港新片区设置拔尖人才的专业实践基地，并聘请行业领域顶尖科学家担任重大研发课题组长或校外产学研实践导师，以"产教融合"的思路加大对数学、物理、化学、生物、地学等基础研究领域以及前沿交叉研究领域的本土拔尖人才培养力度，从而推动拔尖人才的"基地式"培养与大面积"孵化"。

4. 依托国际科技合作与技术交流推进"嫁接式"培养

"十四五"期间，上海应争取在张江高科技园区、上海自贸试验区临港新片区与有关国家合作建立应用科学技术大学。参照德国慕尼黑应用科学大学与同济大学的合作模式,科学设定合作办学方向。此外,结合不同国家在细分领域或关键技术方面的技术优势,开展拔尖人才合作培养,大面积培养重点产业领域与前沿技术领域的拔尖人才。

8.3.4 打造"超海外"的全球人才创新创业"软环境"

以高科技产业园区为载体、以产业平台(重大科技基础设施集群、重大科技专项项目集群、高能级创新平台等)为中轴、以教育资源(中小学)与医疗资源(国际医院)为配套,面向拔尖人才打造"超海外"的高品质人才生态系统,将高科技产业园区、人才政策试验区、数字智慧城区、多元包容文化街区、宜居利业社区集为一体,形成对全球拔尖人才的"磁吸效应"。

1. 打造全球人才创新创业合作网络和全球技术转移交易网络

围绕集成电路、人工智能、生物医药等先导产业领域的产业链和创新链,在张江高科技园区、上海自贸试验区临港新片区,构建多类别、多层次的全球人才创新创业合作网络和全球技术转移(交易)网络,建设技术研发联盟、高端集成孵化平台、投融资沟通平台、跨国风险投资体系等。依托开放式创新平台打造新技术"裂变实验室",为拔尖人才的培养提供"沃土"。

2. 打造高等院校为主导的科技服务完备链条

以高等院校为枢纽,打造"高等院校—科技企业—风险投资—服务机构"的科技服务完备链条。一方面,鼓励高等院校建设技术成果转移办公室、技术成果转移学院、技术成果转移专业,乃至促使拔尖人才以科技副总形式进驻企业。另一方面,加强中外合作办学和高水平研究型大学上海校区建设。在此基础上,通过政府部门或国有企业的牵头注资带动民间资金,共同打造扶持重点产业、前沿技术领域拔尖人才的风险投资基金体系,为拔尖人才提供"技术转移转化→科技创业→创业融资"的全方位创新创业服务和技术转移(交易)服务。

3. 探索建立与国际对标乃至"超海外"的制度规则与服务水平

与国际对标、与市场接轨、与收益挂钩,加大探索拔尖人才的薪酬定价机制、福利保险水平、成果转化收益、股权激励制度；加快打造全球一流营商环境，推进经济、科技、通信、信息、支付等领域与全球标准和国际规则衔接；实现拔尖人才子女教育和医疗服务的"租售同权"；实现拔尖人才工作的数字化转型，通过"申才码"实现拔尖人才的"一码共享""一码联办"。针对国际一流高层次科技创新人才、杰出青年科技创新人才、基础前沿科技创新团队、重点产业领域科技创新人才、科技创业人才和科技服务人才等不同人才类型，设置上海市科技创新拔尖人才的支持计划与资助体系。

4. 弘扬科学家精神，打造"宽容失败、鼓励创新"的氛围

进一步营造尊重知识、信任人才、人尽其才、鼓励优秀人才脱颖而出的新时代社会环境。一方面，上海需大力弘扬新时代科学家精神，鼓励他们勇攀高峰、敢为人先、敢冒风险、敢于怀疑批判；鼓励他们自由探索、大胆假设、认真求证，开展非共识性创新研究。另一方面，上海需重点打造"宽容失败、鼓励创新"的文化氛围。不仅要营造专心治学、潜心向研、宽容失败、鼓励创新的拔尖人才培养和成长环境，还需引导拔尖人才转变观念，促使他们的科学研究服务于国家重大战略需求、面向世界科技发展最前沿。

第9章

营造创新文化,改善创新创业环境

创新文化是鼓励创新、宽容失败的文化氛围,是包容创新、保护创新的制度规范,是国际大都市孕育创新的软实力。营造创新文化是强化科技创新策源功能的有效手段。上海作为社会主义国际文化大都市,以举办创新论坛、保护知识产权以及建设双创示范区等为重要抓手,不断从理念层面、制度层面和物质层面等多方面加强创新文化建设。

9.1 举办创新论坛

"十三五"时期,上海积极举办各类创新论坛,致力于打造高水平国际交流平台,全面开展多层次、多渠道、多领域国际科技交流与合作,浦江创新论坛、世界顶尖科学家论坛等活动的国际影响力不断提升,为创新文化的形成注入了新的动力。"十四五"时期,上海将进一步办好各类创新论坛等活动,培育一批创新论坛和国际科技交流合作品牌,助力上海融入全球科技创新网络,提升全社会创新文化辐射力和影响力。

9.1.1　创新论坛是创新思想和文化的重要源泉

1. 世界顶尖科学家论坛：汇聚世界科技智慧

世界顶尖科学家论坛（简称"顶科论坛"）是由世界顶尖科学家协会（简称"顶科协"）发起，中共上海市委、上海市人民政府主办，中国科学技术协会指导的年度国际科学家论坛。世界顶尖科学家协会作为全球汇聚顶尖科学家最多的科学家组织之一，目前共有获奖者会员 168 位，其中诺贝尔奖获得者 70 位，沃尔夫奖获得者 29 位，拉斯克奖获得者 17 位，图灵奖获得者 11 位。科学家会员覆盖全球 25 个国家、80 所顶尖实验室和研究机构，在化学、物理、医学、经济学、计算机、数学等领域引领科学未来发展趋势。世界顶尖科学家论坛聚焦基础科学和源头创新，发布最顶尖科技成果与思想理念，从 2018 年起已连续成功举办四届。经过四年的蜕变和打磨，论坛朝着更加规模化、专业化、多元化的方向发展，正日益成为具有较强影响力的国际科学交流平台。[①]主要体现在：

一是国家重视程度明显提升。作为亚洲地区规格最高的国际科学交流平台，世界顶尖科学家论坛的影响力不断提升，规格屡创新高，受到了国家领导人和相关部门领导的高度重视。在 2019 年第二届世界顶尖科学家论坛上，国家主席习近平致贺信指出，依托世界顶尖科学家论坛等平台，推动中外科学家思想智慧和研究成果转化为经济社会发展的强大动力。在 2020 年第三届世界顶尖科学家论坛上，国家主席习近平向论坛作视频致辞，提出中国将实施更加开放包容、互惠共享的国际科技合作战略，愿同全球顶尖科学家、国际科技组织一道，加强重大科学问题研究，加大共性科学技术破解，加深重点战略科学项目协作。中共上海市委书记李强，中国科协党组书记怀进鹏，顶科协主席罗杰·科恩伯格等出席并致辞，强调把创新作为引领发展的第一动力，实施更加开放包容、互惠共享的国际科技合作战略，在强化科技创新策源功能上下更大的功夫。这些都充分体现了国家和上海市对科学事

[①]　数据来自钱童心：《全球最强大脑汇聚顶科论坛　聚焦构建开放科创新生态》，《第一财经日报》2021 年 11 月 2 日。

业发展和科技创新合作的高度重视,也为我们国家深化国际科技合作、构建人类命运共同体指明了方向。

二是国际科创影响持续扩大。世界顶尖科学家论坛每年会邀请一批诺贝尔奖、沃尔夫奖、拉斯克奖、图灵奖、麦克阿瑟天才奖等全球顶尖科学奖项得主与中国两院院士、全球顶尖青年科学家共同出席,讨论人类当前与未来面临的科技挑战、人类命运的可持续发展等宏大主题。随着顶科协与上海全方位合作的不断深化,顶科论坛规模也持续提升,越来越多的顶尖科学家来沪参会,共同为世界科学技术的发展贡献智慧力量。更多全球顶尖科学力量的集聚,为上海实现原始创新和技术突破奠定了基础,也体现了论坛全球影响力的不断提升。

三是协同合作领域日益丰富。顶科论坛已经成为连接世界顶尖科学家的重要纽带,促进国际科学界高端对话的重要平台。目前,顶科论坛朝着更加规模化、专业化、多元化的方向发展,聚焦领域从基础科学到新冠肺炎治疗,从引力波到黑洞,囊括了众多全球瞩目的科学技术热点话题。第一届顶科论坛主要设置了光子科学和产业论坛、生命科学和产业论坛、创新药研发与转化医学论坛、脑科学与人工智能论坛、世界顶尖青年科学家论坛等,就世界顶尖科学家最新研究进展和科技创新前沿开展深入交流。第三届顶科论坛涉及领域不断丰富,表现形式也趋于多元,举行了莫比乌斯论坛、共同家园峰会、科学态度大师讲堂、青年科学家论坛、科学前沿与颠覆性技术论坛、实验室论坛、校长论坛、经济峰会等多场主题活动,集中举行或播放130余场顶尖科学家个人演讲、70余场基础科学和人工智能、转化医学、精准治疗、新材料、新能源等应用技术峰会,纵论科学发展与人类命运的紧密关系。第四届论坛设置14个版块近100场会议及活动,涉及化学、物理、天体、生命科学、医学、计算机与信息学、数学等多个领域的基础学科。

四是创新生态体系逐渐完善。随着顶科协与上海全方位合作的不断深化,依托顶科论坛这场全球"智慧密度"最高的国际科学盛会,顶尖科学创新体系日益完善。在第二届论坛开幕式上,世界顶尖科学家协会上海中心正式揭牌,并向全球发布世界顶尖科学家科学社区方案。在第三届论坛开幕式上,世界顶尖科学家发展基金会揭牌,将致力于科学交流、青年发展、科研转化、科学教育等重要方向,现场还举行了世界顶尖科学家社区云启幕、世界顶尖科学家国际联合实验室云入驻仪式等。第四届论坛期间,举行了国际创新协同区全面启动仪式,发布顶尖科学家社区最新建设发展情况。至此,顶科论坛创新生态体系不断完善,中国将以更加开放的态度加强国际科技交流,推动中外科学家思想智慧和研究成果有效转化,促进中国甚至全球经济社会的发展。

专栏9.1　打造全球科学家的"理想之城"

在第四届世界顶尖科学家论坛开幕式上,上海市委常委、副市长吴清在致辞时表示,构建开放包容的创新生态,既是全球科学家和创新者的共同期盼,也是上海建设具有全球影响力的科技创新中心的重要目标。近年来,上海正在加快推进开放式创新,一方面,不断强化科技创新策源功能,面向世界科技前沿,面向经济主战场,面向国家重大需求,面向人民生命健康,大力开展前瞻布局与科研攻关。另一方面,持续优化创新生态环境,集聚了跨国公司地区总部818家,外资研发中心501家。在上海工作的外国人才,主要是科技人才,超过20万人,占全国的近1/4。上海也积极发起和参与国际大科学计划与工程,国际科技创新合作网络在不断拓展。

吴清表示,面向世界、面向未来,上海有信心成为洋溢科学精神、澎湃创新梦想的智慧之城、创造之城、理想之城,为世界科技创新发展贡献更多力量。为此,上海将在三方面努力。首先是融汇全球创新智慧,汇聚天下英才,为全球科学家、企业家和青年人才来上海从事创新事业提供更好服务,创造更优条件。二是加大科技开放合作,实施更加开放包容、互惠共享的国际科技合作战略,积极参与解决人类面临的重大挑战,让科技创新成果惠及更多的国家和人民。三是加快要素开放流动,完善科技创新要素,资源对外开放的机制和途径,让上海成为全球创新要素涌动,创新活力迸发的国际科技创新枢纽城市。

资料来源:钱童心,《全球最强大脑汇聚顶科论坛　聚焦构建开放科创新生态》,《第一财经日报》2021年11月2日。

2. 浦江创新论坛:创新为了人类美好生活

习近平总书记在两院院士大会暨中国科协第十次全国代表大会上指出,"科技创新成为国际战略博弈的主要战场,围绕科技制高点的竞争空前激烈"。站在新的历史方位,国家对加快科技创新提出新要求,向科技界发出了实现高水平科技自立自强的动员令,为加快科技事业发展、建设世界科技强国指明了方向。创设于2008年的浦江创新论坛是由科技部和上海市政府共同主办的高层次国际论坛,致力于打造全球科技创新领域的重要信号释放地、重要话题引领地和重要论述策源地。10多年来,论坛吸引了全球千余位政界高层、学界泰斗和商界精英汇聚浦江,围绕国内外科技创新领域中的各类热点问题开展深度交流,形成了一批对经济发展和科技创新具有突出价值的深刻见解,已发展成为具有较强影响力的高层次国际创新论坛。

2021年浦江创新论坛主题为"创新,为了人类美好生活",关注创新网络、未来趋势以及青年力量,不断推动世界和中国科技创新发展,不断传递科技自立自强的信心。主要内容由"1+2+13"组成,即一场开幕式及全体大会,两场特别活动,以及围绕区域创新、创新政策、创新创业、青年人才、未来科学(脑科学、气候变化)和新兴技术(区块链、疫苗与全球健康、金融科技、科学数据)等主题的13场专题论坛、合作论坛及成果发布会等活动。在常态化疫情防控的情况下,来自20多个国家和地区,近百家国际组织、顶尖高校、科研及智库机构的150余位嘉宾以"线上+线下"的方式参与论坛。2013年诺贝尔化学奖得主迈克尔·莱维特、中国工程院院士陈薇、中国科学院院士蒲慕明等重量级嘉宾在全体大会上分享观点。

2021浦江创新论坛进一步关注了青年科学家成长。"青年历来是浦江创新论坛关注的重点。"浦江创新论坛主席、中科院院士徐冠华说,这届论坛着力打造系列青年主题活动,倾听青年人最真实、最迫切、最直接的声音和需求。论坛于2021年3月发起了"寻找青年的声音"活动,围绕论坛年度主题和各专题方向,征集青年人对于科技创新的观点、诠释和创想。连续四届的科技创新青年峰会,已经成为全球青年科学家和创业家创新创业的舞台。2021浦江创新论坛科技创新青年峰会上,来自中科院、中山大学的一批青年科学家及科技管理者和创新创业先锋,围绕青年科学家成长的故事展开深度对话,围绕科研社交与科研新范式寻求破解之道。

论坛期间,浦江创新论坛联合多家机构共同发布一系列重磅研究成果、指数报告,包括《国家创新指数报告 2020》《国家高新区创新能力评价报告(2020)》《上海科技金融生态年度观察 2020》《2021 理想之城——全球青年科学家调查》等。

当前,新一轮科技革命和产业变革突飞猛进,科学研究范式正在发生深刻变革,学科交叉融合不断发展,科学技术和经济社会发展加速渗透融合,全球科技创新论坛活动越发凸显原始创新和策源能力的重要性。顶科论坛、浦江创新论坛等创新论坛的举办,使得科学家们在多元的文化交融和碰撞中不断拓宽视野,增强思维的创新性,提高创新能力;而且其交流中的信息共享可以避免重复性的创新活动。加强了全球科学家、科学组织及社会各界的科技创新合作、创新成果共享,打破了制约知识、技术、人才等创新要素流动的壁垒,营造了鼓励探索、激励原始创新、宽容失败的上海创新文化氛围,期待上海相关创新论坛继续发挥平台枢纽作用,为全球科技创新治理提供"上海方案"。

9.1.2　学习国内外著名论坛成功经验

为促进科技创新国际合作,举办创新论坛要主动学习借鉴国内外高层次论坛的成功经验。达沃斯论坛和博鳌亚洲论坛是最具国际影响的论坛会议组织。[1]达沃斯论坛是在欧洲经济一体化的背景下成立的非官方国际性会议机构,博鳌亚洲论坛则是在亚洲日益融入全球经济一体化的背景下成立的,它是第一个总部设在中国的国际会议组织。在博鳌亚洲论坛成立之初,其办会理念深受达沃斯论坛成功经验的影响。后者在确定世界经济议程、促进国际经济交流与合作的过程中发挥了很大作用,因而创建一个"亚洲版"的区域经济论坛,就成为博鳌亚洲论坛创设的主要目标。博鳌亚洲论坛在发展过程中的"外溢"效应十分显著,已逐渐由经济领

---

[1]　参见曹文炼:《达沃斯论坛和博鳌亚洲论坛比较研究》,《全球化》2013 年第 6 期。

域"外溢"到政治、文化等诸多领域,发展成为一个以经济功能为主、兼具其他功能的区域性国际论坛。学习这两个国际性论坛的发展经验,有利于上海创新论坛结合自身情况进行进一步优化。

1. 善于构建简捷高效的组织机构

达沃斯论坛主要由会员与合作伙伴组成,会员是核心要素,全部是世界知名企业和公司。目前,论坛拥有1 000个会员和100家战略合作伙伴。论坛的基金董事会全面负责制定论坛长期发展目标和方向,执行董事会负责管理论坛的活动和资源,驻日内瓦、纽约、北京和东京的四个代表处负责与驻在地的官方机构和利益相关者合作。博鳌亚洲论坛的组织机构包括论坛会员大会、理事会、秘书处、咨询委员会和研究院。博鳌亚洲论坛已和世界银行签署了协议,后者将帮助论坛建立一个国际智力支持网络,推进松散型的智力支持社区网络建设。

2. 特别注重长期品牌形象的培育

达沃斯论坛从一开始的"欧洲管理论坛"至今,十分注重演讲者和参会者的影响力以及论坛品牌的培养。最初,论坛抓住欧洲企业面临国际市场挑战的历史机遇,邀请了450位企业代表与会,在接下来的几年内均大量邀请政界要人和著名学者、文化名人免费参加,逐步树立起世界经济论坛的品牌和"世界上最成功国际会议组织"的良好形象。博鳌亚洲论坛发起者的影响力巨大,每次年会都要请来不少重量级的主讲人为论坛壮大声威,吸引全球媒体的注意力,使博鳌亚洲论坛的初始品牌形象得以快速确立。除此之外,达沃斯论坛品牌的成功和权威端赖于其研究力量的强大,因为它不仅是一个国际性会议组织,还拥有自己创办的刊物和研究力量。达沃斯论坛所发表的全球年度竞争报告已经被各国政府作为自己工作业绩的衡量基准,成为反映国家竞争力的重要标志。

3. 注重培养强大的商业盈利能力

达沃斯论坛建立多层次的会员机制,奠定了论坛持续发展和持续领先的基础。建立论坛基金会。网罗全世界各行业最顶尖的1 000家企业作为其基金会会员,其中100个是战略合作伙伴。这些会员深度参与论坛的各项活动、议程设计和倡议行动,成为论坛年会议题的重要来源。签约战略合作伙伴。在基金会会员中挑选 100 家作为战略合作伙伴,深度参与论坛在全球的议程。遴选行业合作伙伴。通过建立完备的会员体系,网罗全球相关行业企业参与合作项目。论坛每年都能汇聚全球各行业最顶尖的信息和需求,保证了每年论坛议题的吸引力、关注度和针对性。近几年来,达沃斯论坛的总收入一直保持着超过 1 亿美元的规模,扣除每年运营所需成本之外,所有盈余均交由基金董事会所管辖的资源管理中心进行资金运作,以维持论坛的正常运转和发展。博鳌亚洲论坛在资金运作模式上与国际接轨,运作资金主要靠企业支持,并实行会员制。资金来源除了会员费外,还有参会费、捐款、政府资助,以及在论坛业务范围内开展活动或服务的收入、论坛资金的利息和其他合法收入,形成了稳定的收入渠道。

4. 选择有重大社会影响力的议题

达沃斯论坛的发展壮大得益于其对政治、经济、技术领域敏感议题的把握能力。论坛与世界上数十所著名大学保持密切的联系和合作,拥有全球 300 多名知名专家学者组成的庞大智力网络。论坛本身拥有来自 60 多个国家的 550 多名具有专业背景的工作人员,其中 80% 的员工从事规划和协调全球智库及重大课题研究相关工作。论坛设立了全球议程中心,通过理事会充分调动资源,及时、全面、准确地在全球收集热点问题,形成年会和高峰会要商讨的内容,经过会员们的充分酝酿,最终形成年会和高峰会的主题。

5. 论坛精神价值超越论坛本身

达沃斯论坛为各个领域的决策人提供了一个融洽的氛围,使与会者能够平等地讨论问题、愉快地交流和分享各领域中的成功经验。不同领域、不同国界之间的平等讨论,融洽交流和相互促进已经超越了达沃斯论坛本身,而升华为一种"达沃斯精神"。同时,扩大国际影响力的最好办法是"走出去"办会,增强办会活力。达沃斯论坛在各大洲均有合作伙伴,每年至少要举行各类高峰会 7 次,如夏季达沃斯论坛等。博鳌亚洲论坛也是如此,办会 20 年来规模和影响不断扩大,为凝聚各方共识、深化区域合作、促进共同发展、解决亚洲和全球问题发挥了独特作用,成为连接中国和世界的重要桥梁,兼具亚洲特色和全球影响的国际交流平台。

9.1.3 进一步办好创新论坛的思路

1. 强化议题选择参与性,注重全球合作伙伴网络和智库建设

借鉴达沃斯论坛"全球资源为我所用,热点焦点为我所取"的经验,不断加强全球伙伴关系和智库建设,提升世界顶尖科学家论坛、浦江创新论坛、世界人工智能大会等活动的国际影响力,打造上海"创新名片"。扩大与海内外政府部门、学术机构、大型企业和主流媒体的联系,建立全球性的、广泛的"官—学—商—媒"紧密联系的智力网络,使上海创新论坛不但成为亚洲甚至全球各国官、学、商、媒对话交流的场所,也成为汲取上述几方前沿思想精髓、最具包容性和前瞻性的互动平台。通过顶尖科学家论坛、实验室和超级智库的集聚,定期发布关注宣言、未来预测、专题领域前沿科学发展报告、地区及行业科技创新指数、新领域科研规范等思想成果,进一步提升上海在国际创新中心的影响力和话语权。

2. 强化为会员服务的导向,夯实论坛发展基础

会员是论坛发展的基石,会员单位的层次决定了论坛发展的水平。达沃斯论坛自称不是"组织"会议,而是"主办"会议,就是发挥了其1 000家基金会会员,特别是100位战略合作伙伴的基石和"压舱"作用,让这些行业领军者从本行业角度组织具有吸引力的议题,吸引该行业的从业者、关注者、决策者参加,形成持续的吸引力。而仅允许其会员参加的"闭门会议",占年会活动的70%左右,为会员了解行业动态和获得资源提供独家的高端引领服务。此外,为保持论坛的影响力和吸引力,达沃斯论坛对各国领导人也是"人尽其用",年会期间几乎每天都会安排政要进行专场演讲,与代表互动。上海可参照达沃斯论坛和博鳌亚洲论坛的做法,调动会员单位的积极性,深度参与论坛议程组织,进一步强化服务会员的意识,多设计一些会员专属的"闭门活动",为会员参与市场竞争、获取政策咨询等提供更有针对性的服务。除此之外,设计更为新颖灵活的会议形式,让参会代表在论坛空间里也能与政界、商界顶尖人物在宽松的交流氛围中互动。

3. 实施"走出去"办会战略，提升国际影响力和吸引力

论坛不仅需要架构中国与世界、民间与政府以及理论界与实务界之间的桥梁，还需要架构上海和全国、上海和世界之间的桥梁。达沃斯论坛除每年召开年会之外，还在世界各地举办高峰会议，比如在中国召开夏季达沃斯论坛等。同样，博鳌亚洲论坛先后在英国、印度、法国、美国、澳大利亚、马来西亚等地举办专题会议，并逐渐形成了"青年论坛""能源资源和可持续发展会议""金融专题会议"等会议品牌，产生了一定的国际影响。上海需继续紧跟国际形势，优化完善"走出去"办会的模式，增强"热点议题""焦点议题""主流议题""前沿议题"的设计和引领能力，提升上海在科技创新领域的国际影响力。同时，建立面向世界的科技成果信息发布、转移、转让、授权的科技成果转移转化服务体系和科技成果交易中心，突破国际地理边界，支持创新策源成果量产。以基金撬动科技成果转化，设立世界顶尖科学发展（上海）基金，形成"论坛/科学思想—社区/科研项目—基金会/科创资本"的闭环，为科学研究和论坛提供长期稳定的资金支持。依托顶科协和顶科论坛，构建一个专注于科学领域的新型国际科学家组织，使其成为助力中国深度参与国际科学交流的重要渠道。

4. 继续搭建高端学术交流平台，为科技创新提供动力源泉

瞄准学科前沿、学科交叉领域，聚焦科技产业发展重点关键领域，搭建系列高端学术交流平台，聚集全球相关领域人才、学术、产业资源，引导科技工作者围绕热点、重点话题和突出问题开展高端跨界交流。推动学术交流活动方式创新，支持全球性、全国性学会或学会联合体建立国际高端会议品牌，联合打造综合性高端学术会议。搭建"双招双引"平台和政产学研金服用融合的科技成果转化平台。

9.2 保护知识产权

习近平总书记指出，中国正在从知识产权引进大国向知识产权创造大国转变，

知识产权工作正在从追求数量向提高质量转变。强化知识产权创造、保护、运用，是建设创新型国家的必然要求。上海自启动建设具有全球影响力的科创中心以来，出台了一系列政策措施鼓励知识产权创造与运用，取得了显著成效，但是，与国内外先进城市相比仍有较大的差距。

9.2.1 上海保护知识产权取得显著进展

1. 原始创新动力增强，发明专利量和质得到提升

2015 年以来，上海知识产权步入发展快车道，专利量质齐升，为科创中心建设提供了强劲的创新动力。一方面，专利授权数量实现重大飞跃。2015—2020 年，全市专利申请量共计 69.84 万件，其中发明专利授权量 12.66 万件，2020 年有效发明专利授权量达到 14.56 万件。2020 年专利授权数量 13.98 万件，相比 2015 年增长了 130.57%，相比 2010 年增长了 2.9 倍。另一方面，专利申请质量快速提升。以 PCT 国际专利申请量为例，2018 年上海 PCT 专利受理通过量共计 2 500 件，相比 2010 年增长 240.14%，2020 年上海 PCT 国际专利申请量共计 3 558 件，位列全国各省（区、市）第五位。

2. 强化政策导向，企业创新活力显著增强

近年来，聚焦知识产权创造与运用，不断强化高质量发展政策导向，企业作为创新主体的能级不断增强。2012 年至今，陆续出台了《上海知识产权战略纲要（2011—2020 年）》《关于加强知识产权运用和保护支撑科技创新中心建设的实施意见》《上海市知识产权试点示范园区评定与管理办法》等一系列政策措施，鼓励发明创造、促进技术创新。同"十二五"相比，"十三五"期间上海发明专利授权量超 46 万件，增长约 81.23%，企业专利授权比例也从 71.60% 提升至 83.16%，形成了一批知识产权创造、保护、运用示范企业，涌现出一批新兴科技公司。此外，针对中小企业、初创企业所面临的技术、经营等发展要素限制，又陆续出台了《关于本市促进知识产权质押融资工作的实施意见》《上海市专利资助办法》《关于加强本市战略性新兴产业知识产权工作的实施意见》等一系列政策，帮助提升企业资产价值、增强风

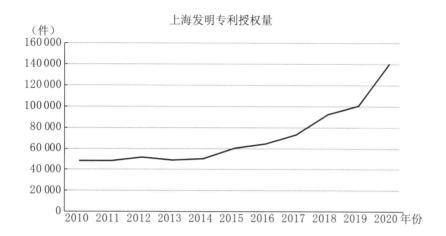

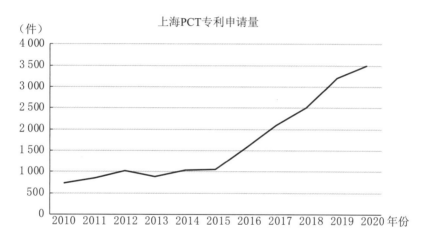

图 9.1 2010—2020 年上海发明专利授权量与 PCT 专利受理量

资料来源：上海市知识产权局；《上海统计年鉴》。

险防御能力和改善经营机制，中小企业创新创造活力得到了较大提升，总体创新贡献超过 70%。

3. 畅通价值实现渠道，专利运用效益快速提升

科创中心建设五年来，上海通过搭建知识产权转化交易平台、推进知识产权军民融合、培育知识产权密集型产业及创新知识产权金融等方式，畅通知识产权价值实现渠道，加速知识产权价值实现，提高了知识产权运用综合效益。据世界知识产权组织发布的《2020 年全球创新指数》显示，上海首次跻身全球科技集群前十，形成

了一批具有国际影响力的创新型企业和产业集群,创新驱动产业集聚发展取得良好成效。从企业发明专利饱和度来看,上海企业授权发明专利密集程度不断提升,专利覆盖范围逐渐扩大,对上海工业生产总值提升有较大作用。2010—2020年上海企业授权发明专利饱和度稳步提升,2020年达到47%,是2010年的近4倍,相比2015年也增加49%,企业专利创新促进产业发展处于快速增长阶段,并且有较大增长空间。

4. 创新资源集聚,区域创新溢出效应显著

继上海市出台系列政策强化知识产权创造、保护、运用后,各区也相继制定了扶持政策促进知识产权创新发展,包括专利资助、商标奖励、版权资助、项目奖励等,但各区创新发展速度不一,创新集聚程度进一步加大。目前,上海发明专利主要集聚在浦东、闵行、杨浦、徐汇,四区的累计数量已占全市总量的一半以上。究其原因,各区政策支持力度、科技资源投入、区域创新环境以及知识溢出、产业地理集聚等是重要影响因素。浦东、闵行、杨浦、徐汇等地是科创中心重要承载地,拥有国家级知识产权保护中心、国家首批区域性大众创业万众创新示范基地、上海知识产权服务业集聚区等政策优势,同时集聚了一批具有国际影响力的产业集群,高新技术企业积累的知识和实力,吸引了更多创新要素集聚,形成了滚雪球效应,创新集聚程度远超其他地区。

5. 完善知识产权服务,专利申请质量显著提升

近年来,上海构建形成了较为完善的知识产权服务体系,集聚了一批知识产权资源要素,形成了系列核心功能布局,知识产权服务业规范有序发展,为推动知识产权价值实现提供了优质高效的服务支撑。截至2020年底,上海全市共有专利代理机构214家,比2019年增加39家,位列全国第五,执业专利代理师1 495人,比2019年增加170人。专利代理机构的专业能力、技术解决方案能力、创新服务能力、行业深度理解能力等提升了企业专利申请质量。据统计,上海2010—2014年间专利技术稳定性占比65.45%,而2015—2020年底,上海专利技术稳定性占比提高至93.75%,专利技术保护取得了长足进步。

9.2.2　上海知识产权服务及运用中存在的问题

一是领军创新企业缺乏,全球创新战略布局偏弱。PCT 是专利领域的国际合作条约,目前有 150 多个缔约国,通过 PCT 专利申请即可受到多个国家的专利保护,是企业全球竞争中的重要专利“护甲”。据《2020 年全球创新指数》数据显示,2020 年上海 PCT 专利申请量 13 347 件,较 2017 年增长了 72.93％,但相比排名第一的日本东京 PCT 专利申请量 113 244 件,存在较大差距。东京 PCT 申请中,著名企业如丰田、本田、日产、索尼、松下、电装等占据了较大比例,这些企业是东京产学研协同创新的领头羊,而上海创新型领军企业数量有限,PCT 申请分散,且缺乏大规模研发投入和全球战略布局。与北京、深圳相比,上海 PCT 专利申请受理量同样偏低。2020 年上海 PCT 专利申请受理量约 3 558 件,北京申请受理量 8 283 件,而深圳 PCT 申请受理量达到 20 209 件,分别是上海的 5.68 倍、2.44 倍。在知识产权日益成为全球竞争核心时代,上海应重视海外知识产权布局,提升全球创新竞争力。

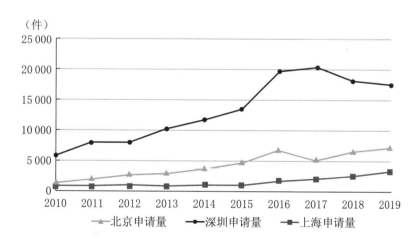

图 9.2　2010—2019 年北京、深圳、上海 PCT 专利申请受理数量

资料来源:《北京统计年鉴》《深圳统计年鉴》《上海统计年鉴》。

二是创新要素投入不均，产业竞争力显著分化。上海专利集聚化程度较高反映出上海战略新兴产业在研发投入、创新效率等方面的创新资源集聚优势，同时也反映出上海创新要素投入不均衡，技术创造产出领域分布不均，从而导致产业竞争力显著分化。《2020 上海重点产业国际竞争力指数（CSSCI 指数）暨长三角产业国际竞争力研究报告》显示，在国际经济负面因素频出背景下，上海重点产业国际竞争力有力承压抗跌，始终保持稳中有升态势。2020 年上海整体专利授权量位于全国第七，其中 G（物理）、H（电学）位于全国前五。如 H04L（半导体器件）位于全国前列，上海在半导体产业具有非常强的专利技术优势，这得益于上海在半导体领域的创新要素投入与集聚。但从其他技术领域来看，上海技术创新优势不明显，A（人类生活必需品）、F（机械工程、照明、加热、武器、爆破）、B（作业、运输）位列全国第七。在计算机（G06F）、通信（H04L、H04W）、生物（G01N、A61K、A61P、C12N）等领域的创新产出相比较广东、北京、江苏等地明显较少。上海在大力发展半导体产业的同时，也应注意其他战略新兴产业的创新资源投入力度，如人工智能产业、生物医药产业、新能源汽车产业等，确保战略新兴产业竞争力均衡发展，提升上海整体产业创新竞争优势。

三是多元化融资渠道不畅，企业专利产业化支撑不足。对于科技型中小企业而言，仅通过"内原式"资金投入和财税支持来解决融资瓶颈远远不够，商业银行、信托、风投、证券等市场化融资机制在上海企业专利产业化过程中远未发挥出重要作用。从债券市场来看，上海近年来的发展明显过于保守，2019 年上海市实现专利权质押份数为 89 份，质押金额为 13.58 亿元，占全国的比重仅为 1.23%，远落后于广东、浙江、安徽、江苏、北京等省市；2020 年上半年度，上海市专利质押项目数为 49项，占全国专利质押项目总量的 1.17%，质押专利 264 件，占全国质押专利总量的1.72%；同时，知识产权质押融资服务指数也在全国处于末位，与广东、浙江的差距巨大。从风险投资来看，上海的风险投资机构、企业和金融机构等共同构成的多元化投资体系还未建立起来，根据投中研究院发布的 2020 年中国最佳回报早期创业投资机构 TOP10 中，上海没有一家机构上榜，2020 年中国最佳中资创业投资机构

TOP50 中，上海仅有 9 家上榜①，且均未进入前十。此外，上海财政投入的引导放大效应也十分有限，2020 年上海设立的政府引导基金共 53 只，规模为 768 亿元，在全国排名第三，远落后于浙江、北京；同时，从单只基金的规模来看，上海仅为 14 亿元，与深圳的 39 亿元、北京的 35 亿元相比较存在巨大差距，对创新型企业专利技术产业的支撑十分有限。

四是知识产权政策细分不足，创新驱动力产业发展缓慢。目前，上海知识产权政策主要围绕强化保护、促进运用开展，但在知识产权创造运用方面的政策相对较少，《上海市专利资助办法》在鼓励高质量专利创造和转化运用时，缺少具体产业技术领域发展导向，尤其缺少关键核心技术领域的扶持政策，这将导致上海重点产业的知识产权创造和运用力度不足，产业依靠技术创新驱动发展速度相比其他地区较缓慢；同时，缺少专利族、专利池、专利墙等专利战略布局政策导向，导致专利创造发明较分散，无法形成高质量专利壁垒与竞争对手抗衡，削弱企业、产业竞争力；优质专利认定的奖项、质量范围较少，目前只针对获得中国专利奖国内发明专利进行资助补贴，缺少国际发明专利奖项的资助补贴政策。此外，上海知识产权服务机构数量虽然稳定增长，但相比其他地区仍然有较大差距，2020 年底，上海全市共有专利代理机构 214 家，位列全国第五，而北京专利代理机构达到 643 家，广东 538 家，江苏 324 家；上海执业专利代理师 1 495 人，而北京执业专利代理师达到 8 580 人，居全国首位。知识产权服务人员相差较大，应加大知识产权人才培养力度。

五是专利价值创造较低，对经济拉动作用较弱。技术创新、经济增长、研发投入不断循环前进，形成螺旋上升式发展模式，是全球科技竞争环境下经济发展的重要模式之一。然而，上海专利增长速度相对于 GDP 增速，仍然低于全国平均水平，专利数量增加未能转化为价值溢出拉动经济快速增长，研发投入的专利创新效率也略低于全国平均水平，技术创新驱动经济发展模式仍然有较大发展空间。

六是专利研发力量不足，专利产出和运用效率偏低。与北京、深圳相比，上海

---

① 上榜的 9 家机构名次依次分别为：钟鼎资本第 12 名、盈科资本第 13 名、华映资本第 23 名、达泰资本第 24 名、德同资本第 26 名、磐琳资本第 43 名、方广资本第 46 名、平安创投第 47 名、临港新创投第 49 名。

每万人发明授权专利拥有量存在较大差距。2020 年,上海每万人口发明专利拥有量为 60.21 件,北京为 155.8 件,深圳为 119.1 件,从增长趋势来看人均专利数量差距在不断加大,亟须加大技术研发人员引进力度,增强创新产出效率。从每亿元 GDP 伴随的专利产出数量来看,上海也落后于北京、深圳,尤其是 2016 年以来专利产出数量不断下降,专利创造运用效率仍然较低,上海经济发展的技术含量需要进一步提高。

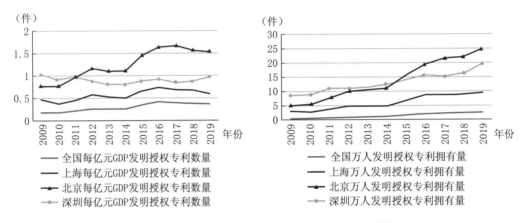

图 9.3　每亿元 GDP 发明授权专利与人均发明授权专利拥有量

资料来源:incoPat 专利数据库、《上海统计年鉴》、《国家统计年鉴》、《北京统计年鉴》、《深圳统计年鉴》。

七是企业发明专利比例不高,企业创新活力存在短板。从企业发明专利占全社会发明专利数量的比例来看,2015—2020 年上海累计为 65.73%,而东京累计达到 98.46%,上海有较大的改善空间。与国内其他地区相比,上海企业创新活力也存在短板。例如,上海计算机通信、智能制造、生物医药、汽车制造等战略新兴产业的专利集聚化程度高于北京、深圳、江苏,然而在专利饱和度、先进性、影响力、彰显度方面,上海企业创新水平仍然较弱,企业发明授权专利数量、技术先进性、技术影响力以及专利促进产业发展等方面,上海要低于北京、深圳、江苏。因此,上海亟须大力提高企业创新研发实力,培育一批具有影响力的原创性高质量专利,带动产业创新发展。

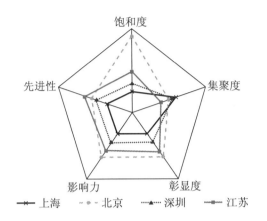

图9.4　各地区企业创新活力雷达图

资料来源：incoPat专利数据库。

八是高质量专利产出较少，专利维持时间偏短。从高质量专利来看，上海整体产出数量相对较少。incoPat专利数据库数据显示，东京、纽约、伦敦的同族专利占比远高于上海。同族专利越多，说明技术重要程度越高，全球区域布局越广，而上海企业缺少全球视野下专利战略布局，技术市场和经济势力范围较少。同样，在技术先进性方面，东京、纽约、伦敦的技术竞争优势也远高于上海。

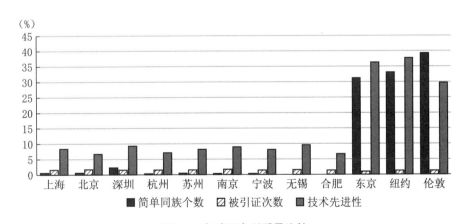

图9.5　各地区专利质量比较

资料来源：incoPat专利数据库。

从专利维持时间来看，维持时间越长，说明创造经济效益的时间越长，市场价值越高。上海授权发明专利中，维持年限在5年以下的占43%，而东京维持年限在

5 年以下的只占 18.7%;上海授权发明专利维持年限在 10 年以上的只占 1.23%,而东京这一比例达到 7.3%;东京维持年限在 10 年以上的专利 7 437 件,是上海 10 年以上专利数量的 4.7 倍。上海专利维持时间偏短,高质量专利较少,将会影响上海专利市场价值与市场竞争力。

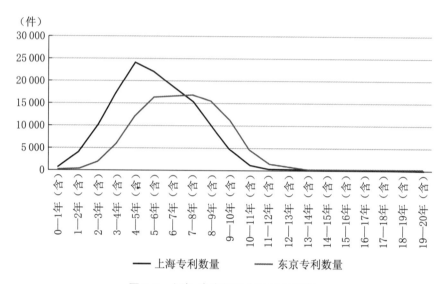

图 9.6 上海、东京授权专利维持年限

资料来源:incoPat 专利数据库。

9.2.3 增强知识产权服务的相关对策

1. 完善现有专利资助激励措施及政策,促进专利质量的提升

现有的专利激励措施和政策激发了企业专利申请的积极性,但也成为制造大量垃圾专利、沉睡专利、失效专利的主要推手。未来上海专利资助重点要从数量型向质量型转变,以优化专利结构为导向,减少对单纯数量指标的重视,增加关键的质量指标和绩效指标。

一是细化专利技术认证等级,突出对高技术水准的专利认定。对专利的研究发明和科研考核体系等做出分类评级,通过技术等级设定过滤掉低技术含量专利,降低市场对高技术专利的发现成本。比如引入三方专利评估体系(如只认定同时获得欧洲专利局、日本特许厅、美国专利和商标局专利认定的专利),以提升专利申请的技术含量。

二是建立负向激励机制，倒逼企业进行专利产业化或技术市场化转让。大型企业往往出于技术保护需求，在新产品研发过程中会成批申请系列专利，并将专利以技术储备形式持有，由此会造成大量专利进入"沉睡期"，降低专利的整体质量。可借鉴英国经验，设立"专利盒子"制度，对企业使用自己专利进行商业化的产品，在一定期限内实行税收减半政策，在一定期限后，则取消专利授权，或由政府相关部门对专利进行接管。

三是优化专利资助政策改革，推动专利研发地导向的政策优惠标准。逐步削减对发明专利的资助力度，资助重点转为战略性关键核心技术发明专利的商业化和产业化，向"3+6"产业领域实施政策倾斜。发明专利申请阶段的费用也可在产业化后再实施补贴，以避免为单纯追求申请量而提出的专利申请。此外，在对高新技术企业的专利政策优惠上，可参考一些发达国家采用的"研发地"模式，比如可对在上海研发的专利技术，并在上海使用该技术开展生产的，考虑给予高新技术企业相关政策优惠，激发和引导更有效的市场创新行为。

2. 健全重点产业领域专利预警机制，提升专利市场竞争力

发明专利作为最重要的生产要素和财富资源，已经成为企业核心竞争力的重要体现。技术竞争情报能给企业的竞争地位带来重大影响，只有准确预测和判断新兴技术的主导设计演进方向，才会在激烈的市场竞争中不断扬长避短，进行超前谋划和布局，形成竞争优势。

一是以集成电路、人工智能、生物医药三大战略性先导产业为重点，定期发布重点技术领域、重点产业的知识产权发展态势报告。持续跟踪全球各国及国内三大产业的基本框架、路线图、推进方式等；并针对科技创新体系中的最薄弱环节，发掘最有可能率先突破和做大做强的技术领域，指导企业结合自身技术基础和产业优势，及时调整关键技术和主导设计的突破方向，有的放矢开展技术创新和专利申请工作。

二是依托上海产业技术研究院，设立单独的知识产权预警部门，持续监测、跟

踪全球知识产权发展态势。发布全球新兴产业技术路线、主导设计与应用动态等预警信息；加强对新兴产业专利检索及分析工作，对战略性新兴产业的专利申请量、授权量，国内外专利申请人分布情况，重点跨国企业专利布局情况，专利的被引用状况，技术标准中的专利纳入情况等进行深入分析，帮助企业掌握全球发展动态、把握产业发展方向和自主创新的机会窗口。

三是建立"非专利防御性公开数据库"，保护本土企业免受来自国外"专利流氓"①发起的攻击。可借鉴印度成功经验，通过组织收集上海和国内的现有技术、传统技术，企业抢先在"非专利防御性公开数据库"中把可以申请专利的大量技术创新实现防御性发表，从而节省专利部署费用。数据库免费提供给各国专利局检索使用，以帮助全球各国专利局审查员驳回抢注中国技术的专利申请；成立全球"有害专利授权预审团"，进行跟踪、监视全球范围内可能抄袭、侵犯公知技术的专利申请，把检索、分析报告抢先发送给各国专利局审查员，帮助其驳回相关专利申请。

3. 构建完备的知识产权服务支撑体系，夯实专利环境保障

当前，在上海建设具有全球影响力的科技创新中心战略目标下，知识产权服务的支撑力度仍然不够，比如专业人才供给侧与需求侧"两层皮"、与国际规则标准接轨仍有差距等等。未来上海要进一步加强知识产权的引领作用，打通知识产权创造、运用、服务全链条，构建完整的知识产权服务体系和产业链，为创新驱动发展提供强有力的知识产权保障和支撑。

一是构建产学研用相结合的知识产权创造和运用体系。高端专业技术人才和复合型人才短缺是制约上海知识产权服务向高端发展的主要瓶颈。因此需重点培养专门从事发明专利评估、交易、咨询、诉讼和专利检索等实务工作的专业人才。同时，瞄准知识产权密集型产业②，构建以"行业龙头企业为牵引，高校为核心，行业

---

① "专利流氓"通常由"非专利实施主体"（non-practicing entities，NPE）提出。NPE公司并不生产和创造专利，而是在市场上进行专利投机，购买中小企业专利，在获得相关专利的基础上，向潜在"侵权"企业提起诉讼，或要求私了解决问题。

② 知识产权（专利）密集型产业是指发明专利密集度、规模达到规定的标准，依靠知识产权参与市场竞争，符合创新发展导向的产业集合，如信息通信技术制造业、信息通信技术服务业、新装备制造业、新材料制造业、医药医疗产业、环保产业，以及研发、设计和技术服务业。

协会为推手，中小企业积极参与"的知识产权产教融合联盟，围绕共性关键技术进行产学研用联合攻关和集成创新，促进知识产权的创造和实施运用。培育一批专业的知识产权运营机构和致力于推动科研成果向满足市场需求的成熟技术转化的中小科技研发型企业，实现产学研用合作的良性循环。

二是提升知识产权市场化服务效能。提升知识产权代理服务能力，加强知识产权代理机构建设，支持形成领域细分的知识产权代理服务力量。同时，加快创新知识产权服务方式，支持知识产权服务机构建设专业化知识产权服务平台，采用线上、线下相结合的方式，拓展服务内容和领域，提高服务效率。提升知识产权服务的国际化水平，培育一批熟悉国际规则、具备实务操作能力和较强竞争力的知识产权服务机构，支持知识产权服务机构拓展涉外业务，设立海外分支机构，参与国际合作与竞争。

三是发展高端知识产权服务。通过汇聚国际国内一流的知识产权服务机构和资源，利用先进的全球交易系统与模块，实现与国际国内主要知识产权交易平台的对接，打造知识产权跨境交易的线上线下"服务枢纽"。同时，依托国家知识产权运营公共服务平台国际运营（上海）试点平台，打造知识产权交易服务、海外布局及维权、金融服务等"一站式"的高端服务平台。推进上海漕河泾国家知识产权服务业集聚发展示范区建设，以浦东、杨浦、闵行、徐汇等区为重点依托，加快建设知识产权服务集聚区和网络公共服务平台，促进服务能级不断提升。此外，建议在张江高新区等知识产权密集型产业集聚区，为中小微企业开展知识产权托管等提供个性化服务。

4. 建设专利技术产业联盟，促进企业专利创造

当前，上海专利高质量发展所面临的创新效率不高、专利产业化整合力度不强等问题，主要根源在于企业作为市场竞争主体和技术创新主体的动能尚未充分激发。纵观美国硅谷、北京中关村等成功经验，建设专利技术产业联盟是加快技术渗透速度、促进成果转化的有效路径。

一是采取专利技术产业化基地或者科技园区的方式，加快推进产业专利联盟建设。建议以张江科技园区为试点，鼓励各区及相关园区立足产业发展特色，开展

产业知识产权（专利）联盟建设工作，促进产业上下游协同创新，实现知识产权有效运用和共同防御；并为专利技术产业化基地或科技园区"嫁接"配套性设施、高素质劳动池、风险承担型客户以及服务型网络。

二是建立以龙头企业主导、中小企业协作的标准技术联盟。聚焦"3＋6"重点产业领域，鼓励中小科技企业与龙头企业之间依托核心发明专利和必要发明专利组建具有"新水桶效应"的"前端控制"型专利联盟，使企业的研发、生产和经营形成良性循环，使发明专利快速成为市场竞争中的事实标准，抗衡国外专利池和标准组织的技术威胁。

三是鼓励企业间通过合作研发、交叉许可等方式深化专利技术的二次开发和应用。制定优惠政策支持中小企业参与重点产业领域的关键技术和零部件的专利研发，引导中小企业依托本土龙头企业的核心技术和核心专利，开展特色和优势技术研发，积极申请外围专利和改进专利，支持中小企业合法利用国内外的无效专利、失效专利。

5. 构建多元的知识产权融资机制，推动专利价值实现

融资是企业发展的造血过程，融资机制是否完善对于科技企业的创新成果能否顺利产业化具有决定性的作用。针对科技型企业在创新过程中所普遍面临的融资难问题，应在政府资金扶持的基础上，充分发挥市场机制的基础性作用，构建知识产权证券化、信托、融资担保相互融合的多元化融资机制。

一是加快探索知识产权证券化的有效途径。作为知识产权运营"皇冠上的明珠"，知识产权证券化能够盘活企业无形资产和沉淀价值，满足小微企业、科创企业融资需求。建议加快复制推广浦东科创1期、2期知识产权资产支持专项计划的实践经验，探索知识产权证券化的有效途径；构建科学的知识产权价值评估体系，推进知识产权作价评估标准化，出台知识产权证券化尽调细则和信息披露指南；审慎评判知识产权未来现金流稳定性，加强源头风险把控和动态管理，加大知识产权法律保护力度，以消减无形资产的不确定性风险，可借鉴美国和日本经验，成立特殊目的信托公司（special purpose vehicle，SPV），将信托资产与知识产权人的其他

资产隔离开来,作为"防火墙",规避知识产权融资受知识产权人破产风险的影响。

二是探索组建面向重点产业的知识产权资产管理公司或专利银行。目前上海在集成电路、生物医药、高端装备、新材料等战略性新兴产业领域拥有的核心专利、关键专利尚不足以支持相关企业在国际市场竞争的需要,这些产业发展仍处处受制于国外厂商。建议借鉴台湾经验,通过政府和企业共同出资,或向社会公开筹集资金的方式,组建知识产权资产管理公司或专利银行。围绕重点产业领域的关键技术、核心技术,提前进行全球招标,储备战略性的发明专利,面向大学、研究机构、独立发明人、第三方技术公司、破产公司,抢先收购其核心技术和具有威胁性和关键性的知识产权;并对正在研究的发明专利项目进行资助,防止创新成果流失。

三是加强知识产权与金融的深度融合,创新知识产权质押方式。探索建立银行、保险公司、担保机构、再担保机构等融资服务机构和资产评估机构共同分担的专利质押融资风险多方分担机制和权利体系,比如可通过设立知识产权质押融资风险补偿基金,分散银行贷款风险。通过建设知识产权评估数据服务系统,支持有条件的地区和相关单位设立知识产权质权处置周转金和知识产权投资基金,解决知识产权评估和变现难题。

6. 健全数字经济下的知识产权制度生态,提升专利运用效能

当前,伴随人工智能、大数据、区块链、"互联网＋"等现代数字技术带来的数字经济步入发展快车道,知识产权的数字化应用将迎来机遇期,上海应打造更加适应数字经济时代的知识产权制度和生态。

一是探索建立覆盖多行业多类型的知识产权数据信息服务与检索体系。本次研究数据分析过程暴露出的数据缺失与错位,以及分类体系、检索、时滞等问题,表明上海的知识产权数据信息服务已经难以满足数字经济时代创新效率的要求。上海应加快探索建立面向产业、应用的补充专利分类体系,完善专利技术问题、解决方案、技术术语的标引和规范以及检索途径,着力破解时滞性难题。

二是积极探索数字技术在知识产权交易中的落地应用。利用区块链技术,通过构建多链社区来实现知识产权上链、存证;打造智能化、一键式大数据产品,服务

知识产权证券化的探索和创新;借鉴海南经验,从"知识产权＋金融＋区块链"的角度开展跨界研究和开发,形成知识产权标准化、知识产权 ABS 等具体可选的创新型产品及其更高效透明的交易体系框架。

三是加快构建面向全球数字市场的知识产权布局。与全球领先企业已相比,上海企业数字技术专利的海外专利布局仍然较为薄弱。未来伴随着国际科技博弈日趋激烈,国际企业关键技术的披露与许可动机或将进一步降低,企业进入海外市场过程中将面临更多的专利诉讼风险与竞争政策的限制。建议加强国际审查合作的力度,提升企业与海外机构的沟通效率,通过对国际企业专利运营战略进行更深入全面的学习借鉴,引导企业通过收并购、专利池、技术标准制定等多类型途径,提升企业进行海外专利资产的管理能力与战略意识。

9.3　建设"双创"示范区

"大众创业、万众创新"是经济发展的不竭动力,是扩大就业、提高人民生活的根本途径。但"双创"不只是 GDP,更重要的是能够弘扬创新创业精神。从短期看,抓"双创"对 GDP 的贡献不是很大,但它是创新的种子,是一个国家、一个地区赢得未来的关键。更重要的是,抓"双创"有利于培育创新创业文化,激发创新和企业家精神,既关乎当前,也关乎长远。

9.3.1　上海建设双创示范区发展情况

深入推进"大众创业、万众创新"示范基地建设,是上海建设具有全球影响力的科创中心"四梁八柱"的重要组成部分。近年来,上海积极推动各类双创载体建设,产生众多创新成果,同时加快培育一批兼具质量与影响力的服务机构,初步形成了双创建设的"上海模式"。

1. 政府搭桥、平台协调,营造企业创新环境,构建孵化服务网络

上海积极应对当前国际形势,发挥民间力量推动国际科技合作,通过政府牵线

搭桥,积极发挥企业的创新主体作用,织密企业孵化的国际化服务网络。[①]

一是政府积极支持营造双创环境。2020 年底,国务院办公厅印发《关于建设第三批大众创业万众创新示范基地的通知》,上海市新增长宁区虹桥智谷、静安国际创新走廊、同济大学国家大学科技园 3 个国家双创示范基地,在沪国家双创示范基地增至 10 家。杨浦区、徐汇区、上海交通大学、复旦大学、上海科技大学、中科院上海微系统所、宝武集团等前两批 7 个国家双创示范基地深入实施创新驱动发展战略,强化差异功能定位,适应以国内大循环为主体、国内国际双循环相互促进的新发展格局,更大程度地激发了市场活力和社会创造力,支持创新创业主体更好发挥示范带动作用,创新创业氛围日益浓厚。

二是强化"三化"扶持。引导、支持科技企业孵化器向"三化"(专业化、品牌化、国际化)发展,完善服务功能、创新服务模式、提升服务能力。在 2020 年,杨浦区有 4 家企业在境内外资本市场上市,2020 年上海国际创新创业大赛杨浦赛区参赛项目达到 885 个,同比增长 44.3%,参赛数量位居中心城区第一。以信息技术领域为例,据杨浦区科委统计,2021 年上半年杨浦区以新生代互联网企业为代表的信息传输、软件和信息服务业增加值同比增加 22.5%。更好的政策,吸引了更多的科技企业;科技企业互相扶持,又催生了良好的集聚效应。

三是加强培育引导。将符合条件的孵化器纳入培育体系,优先列入"科技创新券"服务机构名录并提供服务,同时对在国际孵化交流与合作等方面投入的经费给予补贴等。如,创极殿(上海)众创空间管理有限公司("Xnode")是一家成立于 2015 年的民营企业,主要从事跨境孵化、大企业内部创新等服务工作,在政策支持下,先后与日本、韩国、德国等国的官方及民间机构合作,累计为 10 多个国家的 100 余家跨境创业团队提供落地加速服务,已成为国际化新型孵化(加速)器的佼佼者。其中,与澳大利亚贸易委员会共建澳大利亚企业跨境孵化基地(Australian Landing Pads),成为澳大利亚全球五个基地之一,中国仅此一家;与新加坡企业发展局合作,

---

① 参见《上海市积极打造政府支持、平台协调、企业创新的跨境孵化"上海模式"》,上海市人民政府办公厅,2021 年 8 月。

专栏 9.2　上海市科技创新中心建设条例

2020 年 1 月 20 日,上海市十五届人大三次会议表决通过了《上海市科技创新中心建设条例》,5 月 1 日起施行。条例将"最宽松的创新环境、最普惠的公平扶持政策、最有力的保障措施"的理念体现在制度设计之中,加大了对各类创新主体的赋权激励,保护各类创新主体平等参与科技创新活动,最大限度激发创新活力与动力。《条例》共九章五十九条,分为总则、创新主体建设、创新能力建设、聚焦张江推进承载区建设、人才环境建设、金融环境建设、知识产权保护、社会环境建设和附则。

资料来源:华源主编、上海市发展和改革委员会编,《2021 年上海市国民经济和社会发展报告》,上海人民出版社 2021 年版。

成为"新加坡全球创新联盟"(全球共 15 个站,其中中国 4 个)上海站的承载方。

2. 打响"创业首站"品牌,推动海外企业落地孵化

随着越来越多的国家将其跨境孵化的中国首站落在上海,上海探索发起"创业首站"项目(Gateway Program),通过构建海外创新项目预孵化精细化服务链、建设海外创新创业人才及项目资源直通道、提供人才落沪绿色通道支持、加强网上联络沟通等加快汇聚一批具有产业集聚特色以及国际化服务能力的孵化器和专业化服务机构。[①]同时,以加盟合作基地的形式,共同构建跨境孵化的全要素服务体系,提升服务对接精度和资源配置效率。创业首站精准响应外方需求,推出创业政策、行业资源、落地平台等组合式服务,日益得到海外创业者和有关国家政府的青睐与肯定。英国、荷兰、泰国、巴西等国家科技园和孵化协会主动与创业首站接洽,开展跨境孵化落地合作目前,创业首站已经汇聚了上海市 30 多家国际化孵化器,可供外方企业以优惠条件入住的孵化面积 25 万余平方米;服务海外企业来沪加速或

---

① 参见《上海市积极打造政府支持、平台协调、企业创新的跨境孵化"上海模式"》,上海市人民政府办公厅,2021 年 8 月。

专栏 9.3 上海国际企业孵化器

1997 年经国家科技部批准，由上海市科委直接领导，上海市科技创业中心牵头，联合本市具有一定国际化条件的创业中心，采取"一器多基地"的模式，共同组建了上海国际企业孵化器（IBI）。上海国际企业孵化器总部设于上海市科技创业中心，现已包括市创业中心、漕河泾、张江、杨浦、慧谷、上大科技园等 6 个孵化基地，为国内外中小企业及海外留学人员回国创办企业提供优良的创业环境和完善的服务，并享受国家和上海市有关优惠政策，具有"政府协调、资源集成、合理配置、优势互补、运转灵活"的特点。

上海国际企业孵化器实施"引进来，走出去"战略，在国际化方面卓有成效。其承办的"企业孵化器孵化模式国际培训班"，已先后有上百位国外孵化器管理人员参与，取得了教学相长的效果，赢得了良好的国际声誉。IBI 致力于广泛开展与国际知名孵化器的交流和合作，目前同法国、日本、俄罗斯、美国、韩国、英国等 10 多国家的孵化器或相关机构建立了紧密合作关系，其中上海与法国孵化器"互惠互利、对等支持"的合作模式得到了国家科技部的高度认可。同时，作为亚洲企业孵化器协会的发起单位之一，上海市科技创业中心还荣获亚洲企业孵化器协会荣誉孵化器的称号，随着孵化器国际化的推进，上海孵化器正逐步成为对外科技合作面向亚洲、面向世界的一个重要窗口。

资料来源：上海市科技创业中心（上海市高新技术成果转化服务中心，上海市火炬高技术产业开发中心）。

落地 1 000 余项，服务本土科技企业"走出去"500 余项，策划举办各类国际化活动 2 000 余场，促成跨境孵化项目投融资金额 250 亿元。

3. 发挥金融服务实体经济作用，提供全方位、全周期、全链条的多元化金融服务①

上海深入贯彻国家有关创新创业的改革要求，积极发挥金融服务实体经济作

---

① 参见《上海市金融支持"双创"政策落实情况》，上海市人民政府办公厅，2021 年 9 月。

用,持续加大普惠金融对双创企业支持力度,优化双创发展生态,提供全方位、全周期、全链条的多元化金融服务。

一是全力做好创业担保贷款工作。截至 2021 年 8 月末,上海创业担保贷款余额 14.1 亿元,同比大幅增长 160.9%。具体措施包括:一方面扩大政策覆盖范围。新冠肺炎疫情期间将受疫情影响较大的批发零售、住宿餐饮、物流运输、文化旅游等行业的个体工商户,以及贷款用于购车运营的个人等群体纳入支持范围;未进行工商登记,但在网络平台实名注册、稳定经营且信誉良好的网络创业者也可申请创业前创业担保贷款;对已享受创业担保贷款贴息政策且已按时还清贷款的个人,在疫情期间出现经营困难的,可再次申请创业担保贷款。另一方面降低申请门槛。将创业组织吸纳上海市户籍劳动者就业的比例要求由之前的不低于 30% 下调为不低于 15%(职工人数超过 100 人的比例要求下调为不低于 8%)。同时设定更高的风险分担比例。市级中小微企业政策性融资担保基金给予个人、创业组织的创业担保贷款风险分担比例上限分别为本金的 95%、90%,而普通小微贷款的风险分担比例上限为本金的 85%。

二是落地落实两项直达货币政策工具。2020 年 6 月该政策出台以来至 2021 年 8 月末,上海银行业金融机构累计为 2 796.3 亿元贷款实施延期还本付息,其中中小微企业贷款累计延期 224.43 亿元;累计发放普惠小微信用贷款 690.3 亿元。人民银行上海总部已通过两项货币政策工具向地方法人银行提供激励资金合计 47.6 亿元。

三是积极发展知识产权质押融资。至 2021 年 8 月末,上海已有 16 家银行推出知识产权质押融资业务,合计贷款余额 7.3 亿元可质押的知识产权类型包括发明专利、实用新型专利、商标、药证、版权等。2020 年至 2021 年上半年,上海各类创新主体办理知识产权质押融资总额 48.38 亿元,涉及专利商标 1637 件。商业银行核定贷款额度时根据企业和质押资产的质量对应质押登记价值设定一个质押率,目前上海市知识产权质押贷款的质押率般在 10%—30%。业务模式方面,初步形成银行自担风险多方共担风险、园区集中授信三种主要信贷模式。信贷产品方面,产生工商银行"科创知产贷"、上海银行"知识产权保"、上海农商银行"鑫科贷"等服务科技创新企业的知识产权专属特色产品。

四是推动长三角创新创业债券发行。截至 2021 年 8 月末,长三角 G60 科创走廊九城市已储备"双创债"意向发行企业、园区平台 80 多家,战略合作服务机构 60 多家。据初步统计,已发"双创债"34 单,规模 185.6 亿元,涉及企业 27 家。同时,一批具有长三角特色的"双创债"创新案例不断涌现。

专栏 9.4　上海市杨浦区打造"双创"升级版培育发展新动能

自 2016 年获批国家首批"双创"示范基地以来,杨浦区始终坚持大学校区、科技园区、公共社区"三区联动",学城、产城、创城"三城融合"的建设理念,推动"双创"工作不断走向深入。强化创新策源,集聚科技金融资源,打造双创企业全生命周期投融资服务链。制定"星火燎原""梦想起航""天使召唤""投贷加速""天马养成"等 5 个金融计划和《关于促进科技金融产业发展的若干政策规定》《关于促进科技金融产业发展若干政策规定的实施细则》,"5+1+1"的服务体系雏形基本形成。设立"浦江资本市场实训基地",建立 20 余家拟上市重点企业库,联合投行、律所等专业机构开设长三角科创板预备营,支持长三角地区符合条件的科创企业在上交所主板、科创板上市。

资料来源:中华人民共和国国家发展和改革委员会,《上海市杨浦区打造"双创"升级版培育发展新动能——国务院督查激励双创示范基地典型(二)》,2020 年 8 月。

9.3.2　上海建设双创示范区面临的问题

1. 针对初创企业的科技金融服务能力仍较薄弱

近五年来,上海的创业投资结构较北京、深圳更加合理,投资更趋理性,然而,我们也应看到,科技金融服务能力薄弱成为制约上海提升科技创新服务功能的"木桶短板"(路建楠等,2021)。一方面,上海的投资强度与北京相比仍有较大差距。

近五年来,上海、北京、深圳三地的投资总额分别为 118.7 亿元、245.3 亿元、69.7 亿元,北京的投资总额是上海的 2.1 倍、深圳的 3.5 倍;另一方面,上海针对初创企业的早期投资略显"后劲不足"。从近五年上海早期投资的占比情况来看,受上海建设具有全球影响力的科技创新中心政策带动效应影响,2016—2018 年上海的创业投资呈现整体"前移"态势,愿意为企业创新承担更大风险、"雪中送炭"的投资比重为 80%,高于北京(64.4%)、深圳(71.8%),而在企业成熟期"锦上添花"的投资比重仅占 20%,远低于北京(35.6%)、深圳(28.2%)。

2019 年以来,受中美贸易摩擦和新冠肺炎疫情对创新创业企业及相关创业投资行业的冲击,三地早期投资在投资总额中的占比逐年降低,其中,上海最为明显,由 2016 年的 48.8% 下降到 2020 年的 15.9%,下降幅度达 67.4%,高于深圳(66.8%)和北京(43.5%)。

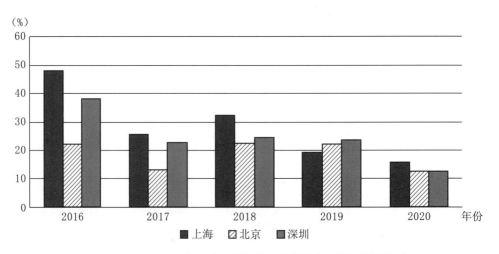

图 9.7 2016—2020 年京沪深早期投资金额占全部投资额的比重

资料来源:清科私募通。

2. 上海的人工智能和集成电路领域的"独角兽"企业表现不够突出

从排名前十的"独角兽"企业产业领域分布情况看,2019 年全国估值排名前十的"独角兽"企业中,北京的企业有 6 家,估值规模占全国"独角兽"企业估值总规模的 46.94%,涉及文娱媒体、汽车交通、金融科技、区块链、物流服务、互联网服务、文化娱乐等多个行业,而上海仅陆金所一家上榜。相比上海,北京、深圳适合"独角兽"企业生长壮大的创新土壤更加肥沃,为持续产生"独角兽"企业提供了更加强大的产业基础支撑。在优势产业中,一些小型初创公司有机会和发展到一定规模的高新企业及大公司有效对接,初创公司的参与有助于补充行业上下游各环节的短板,并让整个体系进入良性循环(路建楠等,2021)。反观上海,创新企业仍以技术应用和商业模式创新为主,企业创新需求牵引不足,基础前沿领域的研究和创新能力仍有待增强。因此,上海要重点在新兴领域发力,抢抓人工智能、互联网服务等新兴产业,推动生物医药、汽车等传统优势产业与新兴技术相结合,培养更多体现上海产业特色的"独角兽"企业。

表 9.1 2019 年中国"独角兽"企业前 10 名中京沪深上榜企业

排名	企业名称	企业估值范围(亿美元)	总部地点	行 业	估值占比(%)
2	字节跳动	750	北京	文娱媒体	46.94
3	滴滴出行	516		汽车交通	
6	快 手	286		文娱媒体	
7	京东数科	205		金融科技	
9	比特大陆	148		区块链	
10	京东物流	134		物流服务	
4	陆金所	380	上海	金融科技	13.54
8	微众银行	161	深圳	金融科技	4.47

资料来源:恒大研究院,《中国独角兽报告:2020》。

3. 上海的研发配套产业体系不够完整

一个创新区域是否具备完整的产业链是衡量该区域创新配套环境的重要指标。以深圳为例,深圳第二产业占比仍超过 40%,这使得深圳可以依托低门槛的研发平台、强大的生产能力、丰富的技术人才与高效的物流体系,培育出善于学习、紧密合作、快速转化的强大科技创新生态系统,这种"设计—孵化—生产—运营"的一站式创新链条赋予了深圳创新的强大生命力。相对而言,以上海张江为例,虽然集聚了大量芯片研发企业,但由于没有零售渠道,导致上海创客做智能硬件所需要的芯片、模块、开发板等部件无法在张江高科技园区内买到,必须到深圳去购买。同时,由于当前上海过高的土地、人力、商务投入成本,以及产业结构调整等原因,上海一部分电子、生物医药等高产值低附加值的产业在上海孵化后,后续却选择了临近的苏州、无锡等产业空间进行生产运营。

9.3.3 加快双创示范区建设的任务与举措

1. 优化政策

一是加快推进符合双创规律的"放管服"改革。[①]积极推进"一业一证"改革试点,探索建立行业综合许可制度,拓展至所有试点行业并结合自身实际推出更多改革行业和领域。强化改革系统集成,依托"一网通办""一网统管",完善优化行业综合监管制度,拓展场景应用,再造系统流程。积极探索多维度的住所登记改革。推行住所(经营场所)自主申报,简化住所(经营场所)使用证明材料,推广企业设立无纸全程电子化登记。开展在线新经济平台灵活就业人员申办个体工商户试点,探索个体工商户经营者住所属地托管试点。针对新产业、新业态深化包容审慎监管,创新监管模式,探索精细执法模式。对接上海市级免罚清单,根据双创市场主体发展情况及时调整免罚清单的覆盖范围,建立动态免罚清单,深化国家网络市场监管与服务改革试点。

二是持续完善创新创业服务机制。强化技术创新支撑,鼓励科技成果转化,对示范基地内高校、科研院所与单位合作开展技术攻关项目并实现产业化的给予政策支持。鼓励外资研发中心参与产学合作,依托其技术、人才、资金、数据等资源,推动与中小企业、创新团队开展项目合作,实现协同创新。支持组建市级工程研究中心。市服务业发展引导资金对双创示范基地范围内的项目予以重点支持。加强创业能力培养,加强区校合作,促进创业教育与创业实践有效衔接,依托院校创业

---

① 参见《上海加快建设长宁虹桥智谷国家双创示范基地重点支持创新型中小微企业发展》,上海市人民政府办公厅,2021年8月。

工作部,开展政策进校园、创业训练营等活动。支持院校建立大学生创业导师队伍、创业指导站。扩大创业服务供给,完善公共创业服务体系。健全"社区、校区、园区"创业服务站(点)建设。扩大创业指导专家规模,推行星级服务制度。

2. 强化支撑

一是打造完整研发配套产业体系。一个创新区域是否具备完整的产业链是衡量该区域创新配套环境的重要指标。制造业仍是城市创新的重要产业支撑。研发不是孤立的,研发中心仅是创新产业链上的一环,若想通过研发来带动整个产业链形成创新闭环,首先要具备完整的研发配套产业体系。未来,要重视长三角制造业产业体系,充分利用长三角的制造业研发体系,构建长三角创新"共建、共享、共赢"合作模式,营造良好的创新创业文化,加强产业对接,推进长三角区域更高质量一体化协同创新发展。还要加强国家双创示范基地"校+园+企"的创新创业合作,完善创新创业孵化体系和科技成果转化转移机制,加强制造业从研究、设计、制造、封装测试、装备材料等全产业链协同,聚集和发展产业链上下游企业。

二是发展高端产业新集群。支持重点产业集聚发展。积极推进特色产业如生物医药、集成电路、人工智能、在线新经济等产业的园区建设,打造创新集聚区。要支持科技型中小微企业发展。积极培育优秀创新创业载体,如对入驻载体的科技型中小微企业、孵化毕业企业和在国家或市级创新创业大赛中获得荣誉并入驻的企业分别给予资金、房租补贴等支持。要加大"新基建"配套支撑。充分发挥"数字上海"品牌优势,深入推进上海城市基础设施的数字化转型,运用数字化技术支持特色产业园区纳入全市布局。以与央行数研所开展战略合作为契机,推动金融科技产业生态培育;推进企业服务专员制度在双创重点企业和高成长性创新企业全覆盖;对于符合国家中小微企业和科技型中小企业标准,或项目类型为社会治理和民生服务类的"新终端""新基建"重大示范项目,给予贴息支持。

3. 激发活力

一是加强关键核心技术攻关。鼓励科研机构、研究型大学、创新实验室和创新平台等落户科学城,开展前瞻性基础研究和应用基础研究。加大对新设立的符合产业导向、具备全球影响力的创新创业孵化平台、开放式创新平台、创新实验室等载体的支持。加大重大项目支持。支持科研机构积极承接重大项目,加大对获得国家、市级专项资金资助项目的支持力度。引导企业加大研发投入,破解产业发展技术瓶颈。提升科技成果转化能效,支持开展以应用为导向的科技转化工作,对创新主体开展科技成果转化和产学研合作支持。支持新技术的示范应用。支持在线新经济和人工智能企业创新产品应用平台及场景,示范运用新产品和新技术。

二是构筑创新人才新高地。人才资源是第一资源,也是创新活动中最为活跃、最为积极的因素,创新的事业需要创新的人才,营造良好的创新创业文化也需要提高创新创业经济和创业创新人才的比重。越来越多的一线城市认识到人才是城市发展的核心动力。加大人才引进力度,对重点产业领域实施吸引境外和海外回流高端紧缺人才税收优惠政策。加强政企合作引才,实施"伯乐引才"项目,探索建立人力资源产业发展与人才引进相结合的工作机制。实施人才引进落户新政,推荐用人单位纳入上海市人才引进重点机构;支持符合条件的用人单位人才居住证转办常住户口年限缩短;支持人才公寓体系建设;对纳入科学城人才公寓供应体系的产权方给予资金支持等。大力推进人才评价改革,坚持分行业推进集成电路、人工智能、生物医药等重点领域、新兴领域的职称评价改革,搭建职称宣传云平台。

4. 推广示范

对示范基地而言,重要的是把好经验进行推广示范。要持续挖掘典型案例,汇聚成功经验,推广一批适应不同区域特点、组织形式和发展阶段的"双创"模式和典型经验,强化"双创"示范基地建设的辐射带动引领作用。同时,着力推动示范基地间的横向互动交流,将"双创"工作向系统化、纵深化推进,促进新技术、新产品、新业态、新模式加快发展,为培育发展新动能提供有力支撑。可以围绕上海创业创新资源集聚的地方进行优先安排,如杨浦区国家双创示范基地、徐汇区国家双创示范基地,张江科学城等。通过它们的示范形成一些可复制、可推广的经验,在不同地区、不同行业进行推广。选择一些高校和科研机构进行示范,做强大学科技园等创新载体的核心功能。还可以选择一些创新型企业,部署一些创新示范基地,为广大草根创业者提供一些平台。利用企业的"双创"平台的条件吸引更多人来创业创新,不仅可以把资源更有效配置、发挥更高效益,同时也让更多人有创业机会和条件。

第 10 章

完善配套政策与措施，增强创新策源功能

强化科技创新策源功能需要完善的配套政策支持，包括促进科技成果转化、加快科技金融发展和完善创新生态链。在促进科技成果转化方面，需要了解历程、分析问题，提出对策；在加快科技金融发展方面，需要明晰现状、甄别问题，健全机制；在完善创新生态链方面，需要构建机制、深化合作，优化服务。

10.1　促进科技成果转化

科技成果转化是一个覆盖从发明创造产生到最终商业化的信息交互和收益分配过程。改革开放以来，上海积极探索科技成果转移转化模式，出台了一系列政策法规，促进高校院所和企业实施科技成果转化，支持科技成果转移转化载体建设。然而，也存在科技成果转化价值偏低、在发明披露环节仍缺乏法律和政策的支撑、科技成果评估体系不完备、科技成果转化供需匹配能力不足等问题，需要进一步完善相关机制和举措。

10.1.1　上海促进科技成果转化的演进历程

1. 阶段划分

第一阶段为起步阶段（1980—2000 年）。在改革开放大背景下，上海出台了首部关于技术转让的法规《上海技术有偿转让管理暂行办法》，初步明确了科技成果转化的重要性。紧接着，在首部《专利法》（1985 年）颁布的背景下，上海于 1986 年出台第一部涉及科技成果转化的法规《上海市技术转让实施办法》，首次规定"技术也是商品，单位、个人都可以不受地区、部门和经济形式的限制，进行技术转让"，并对技术转让合同构成要件、转让费计算方式、人员奖励制度、中介机构报酬、税收政策等进行了详细规定。

第二阶段为建立阶段（2001—2005 年）。这一阶段上海在国家大法和部门法基础上，开始全面落实科技成果转化工作。2000 年，上海连续出台了 7 部与科技成果转化有关的法律和规章制度，包括《上海市科学技术进步条例》《上海市促进高新技术成果转化的若干规定》《上海市鼓励引进技术的吸收和创新规定》等。2002 年又陆续出台了《上海市专利保护条例》《上海市科学技术委员会科研计划项目研究成果知识产权管理办法（试行）》等。截至 2005 年，共出台了 14 部法律法规。其中，最具代表性的《上海市促进高新技术成果转化的若干规定》历经 4 次修订（1998 年 5 月发布、1999 年 6 月、2000 年 11 月、2004 年 12 月），被称为上海科技成果转化"十八条"。

第三阶段为深化改革阶段（2006 年—至今）。这一阶段为深化改革阶段，上海市出台了技术合同认定登记、创业投资、农业科技进步、大学生创业、产权交易、财政科技投入机制、高校科技成果转化及其股权激励与分红、科技中介服务体系等规章制度，丰富和完善了原有科技成果转化政策体系。

2. 最新政策

2015 年 5 月，中共上海市委、上海市人民政府印发了《关于加快建设具有全球影响力的科技创新中心的意见》（简称"科创 22 条"），其中 15 项配套改革方案中有 4 项科技成果转化政策,涉及科技成果使用和处置、收益分配、市场定价及投资失败免责机制等。而且,在创新创业人才激励方面,将完善科技成果转移转化机制作为五项体制机制创新之一,下放高校和科研院所科技成果的使用权、处置权、收益权。构建职务发明法定收益分配制度,允许国有企业与发明人事先约定科技成果分配方式和数额;允许高校和科研院所科技成果转化收益归属研发团队所得比例不低于 70%,转化收益用于人员激励的部分不计入绩效工资总额基数。

2019 年 2 月,中共上海市委办公厅、上海市政府办公厅印发了《关于进一步深化科技体制机制改革增强科技创新中心策源能力的意见》(简称"上海科改 25 条"),进一步在科技成果权属、国资监管、以知识价值为导向的收益分配等方面深化激励举措。其中提出"加快推进科技成果管理改革,增强科技成果转移转化主体内生动力,构建完善技术转移服务体系,不断提升科技成果转移转化效率"的若干任务和措施。

2020 年 1 月,《上海市推进科技创新中心建设条例》经上海市十五届人大三次会议表决通过,同年 5 月 1 日正式实施。这是国内首部科创中心建设的"基本法",以地方法规的方式全力保障科创中心建设,构建更具竞争力的法治环境。条例多个条款涉及科技成果转移转化,并对科技创业、科技成果转移转化载体建设、职务科技成果赋权、科技成果交易定价等做出规定。

3. 主要特点

从政策文本的颁布情况来看,自 2008 年起上海几乎每年均有政策文件或相关活动等措施推出,每一项措施均涉及体制机制方面,具有较强的指向性、动员性;各政策之间有较强的关联性,形成比较完整的政策体系;有关措施相辅相成、以点带面、点面结合,形成促进科技成果转移转化的支撑体系,以建立完善的科技成果转移转化体系。在科技成果转化政策的制定中,上海市科学技术委员会、上海市财政局、上海市教育委员会等部门在科技成果转化政策制定上发挥着重要作用。近年来,上海市财政局、上海市教育委员会、上海市发展和改革委员会、上海市国有资产管理办公室等部门逐级介入政策制定,这表明科技成果转化政策制定趋于细化,政府开始综合运用财政、税收、金融、国资监管等经济手段调控成果转化行为。

从政策受众视角看,上海将企业作为科技成果转化政策的主要受众,直到近年来才有所削弱,高等院校、科研院所等成为政策受众的主要对象。

从主题变化视角看,上海的科技成果转化政策主题变动表现出两方面规律:一是从单纯的"技术导向"转向更全面的"创新导向";二是从"以产业和经济发展为主"转向"科技创新治理和创新创业为主"。

从政策情感视角看,上海科技成果转化政策经历了由严厉向宽松的转变,早期科技成果转化以建章立制为主,如明确技术的可交易性、国有资产管理等;后期以鼓励、促进性政策为主,更多采用较有弹性的政策工具。

10.1.2　存在的主要问题

1. 科技成果的转化价值偏低

高校院所科技成果普遍处于实验室早期阶段,属于技术成果范畴,距离真正的产业化还需要很长一段路要走。上海大院大所密集,但高价值技术成果仍相对偏少。从面上看,国内高校专利维持时间普遍偏短,生存时间平均仅为 4.18 年。与之对比,上海每年新增发明专利申请增幅与新增有效专利增幅差距在 2 倍左右(根据国家知识产权局统计,国内平均专利授权率约为 40%—50%),在部分年份甚至出现专利失效率高于授权率的情况。从高质量成果视角看,以国家科技进步奖和国家技术发明奖为例,上海高校获奖频次低于北京,增幅也低于全国平均水平。高校科技成果要完全打通技术成果→产品→商品的价值链,需要相继完成技术突破、工艺突破、市场突破。在某种程度上高校在研发活动之初就需要考虑市场趋势、社会消费需求等因素;然而,这与高校以基础研究为核心的组织宗旨相违背。

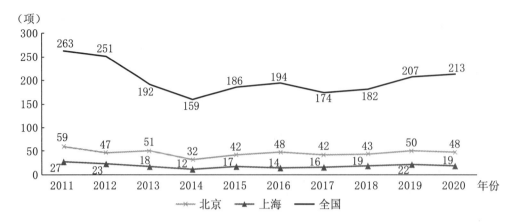

图 10.1 2011—2020 年上海高校获得国家科技进步奖情况

资料来源:《2020 年高等学校科技统计资料汇编》。

图 10.2 2011—2020 年上海高校获得国家技术发明奖情况

资料来源:《2020 年高等学校科技统计资料汇编》。

2. 在发明披露环节仍缺乏法律和政策的支撑

科技成果转移转化的过程主要包括发明披露、权属分配、契约设计、收益分配、税收激励等 5 个环节,上海已经在权属分配、收益分配、税收激励三个环节已经制定了大量政策,但在发明披露和契约设计环节仍缺乏法律和政策的支撑。尤其是发明披露环节的缺失,对科研成果权属的确认,以及后期的成果顺利转化带来一定影响。

3. 科技成果评估体系不完备

首先,科技评估尚未形成体系,评估主体不清。由于对科技成果评估的研究不够深入,实践中较少采用科技评估方式开展科技成果转化活动。尽管上海市有机构借鉴国外经验,提出了一些有益的科技成果价值评估方法,但由于对科技成果评估的研究综合性和实用性不足,科技成果评估体系仍未形成。其次,成果评估的市场化专业机构不足,从业人员较少。几十年来,科技评估主要由科技部门下属的事业单位进行立项、计划、政策、预算、绩效等方面的评价。尽管科技部门曾试图探索建立包括市场评价、社会专业机构评价和必要的政府评价在内的多元化评价模式。但整体来说,市场化的商业评估机构不足,从业人员较少,是全国和上海市科技评估行业的基本现状。再次,科技成果评估工作缺乏主客观相结合的合理的科技成果评估方法。科技成果评估的主要内容包括成果的性质、技术指标、技术稳定性、技术成熟度、技术生命周期、成果创新性、成果应用价值、成果经济价值、成果应用前景、成果市场风险等,但在各类科技成果的指标如何设定、权重如何计算、模型如何建立等问题上,尚缺乏普遍认可的客观标准,如何通过组建不同产业领域的专家团队进行主观评判,也需要探索和试验。最后,企业缺乏判断技术成果发展水平的抓手,科技成果评估的对象主要针对前端科技项目,成果评估数量较少。多年以来,科技成果评估的研究水平不够,主要立足于科技项目的结题评估,针对科技成果商业化和产业化的评估项目较少。即便在较少的科技成果评估项目中,基于市场应用、科技投资等商品化的科技成果评估则几乎难以看到。

4. 科技成果转化供需匹配能力不足

从科技成果供给方看,由于高校院所是以培养人才和科学研究为宗旨,专注于基础研究和应用研究,导致大量技术创新缺乏市场应用场景,使得"科技与经济两张皮"问题长期存在。高校院所市场敏锐度不足,缺乏职业化的技术转移人才,寄希望于企业主动介入,将尚处于技术早期阶段的科技成果转移转化。而大部分技术转移机构属于非市场化运营,导致其无法及时回应企业的技术需求,大量技术创新缺少市场化推广而得不到及时转移转化。从科技成果需求方看，由于企业创新能力和技术吸收能力尚不强大，不愿过早介入研发风险较高的早期科技成果开发，更希望高校院所实施"交钥匙"工程。因此，科技成果供给方和需求方缺乏明确定位，在工作界面上存在越位、错位的严重现象。

10.1.3　相关对策建议

1. 加强"四技服务"整体政策体系设计

上海已经制定了一系列措施促进科技成果转移转化，包括知识产权保护、收益分配机制、中介机构培育、转化人才培养等，主要为以专利为载体的科技成果转化提供全方位支持。建议重视技术开发、技术转让、技术咨询、技术服务等科技成果转化模式对于提升科技成果转化能力的重大作用，聚焦区域创新体系建设，从更高维度突出"四技服务"整体政策体系的设计。加强"环高校/院所知识经济圈"建设，在空间规划、地租、商务成本、财税等方面推出有针对性的、有力度的举措，不断巩固和扩大"四技服务"市场规模。

2. 构建新兴前沿技术产业化快车道

一是支持高能级创新平台加速新兴前沿技术产业化，通过机构式资助、专项资助等方式，支持其发挥产学研合作优势，开展覆盖项目验证、技术熟化、成果转化、企业孵化等全周期创新活动，加速研发到产业化的过程。二是打造研发"需求库"，进一步发挥国有企业、行业龙头企业市场链接作用，整合"链主式"国有企业、行业龙头企业、企业技术中心联盟等企业创新资源，建立全球产业端创新资源网络。三是鼓励高校院所、创新平台等参与创新资源网络建设，进一步支持创新联合体发展，对于由企业端凝练的重大共性需求，由创新平台或联合体组织产学研力量进行众包研发或由政府部门纳入项目计划开展竞争性或定向研发。四是扩大创新支持范围，以是否从事基础研究、共性技术研发、服务中小型企业等公共研发服务为标准，通过创新首购、税收优惠、后补助等措施对各类平台机构进行支持。通过税收优惠等政策鼓励天使投资、社会资本、科技金融等提前介入创新活动，引导第三次分配向科技创新集中，推动全社会支撑科技自立自强。

3. 强化科技成果供需双方匹配和评估机制

为确保科技成果转化收益与科技成果价值相匹配，顺利实现对科研积极性和科研人员转化积极性的促进作用，推动技术资产评估及定价，探索技术资产资本化。以技术成果交易价格数据库和定期开展的科技发展预测结果为依托，制定技术价值评估标准、评估方法、指标体系和评估模型，建立一套科学的价值评估方法或成果定价机制。通过平台建设，促进供需双方匹配。建议由相关部门牵头，建立统一的技术交易信息系统，着力通过财政资助和税收优惠杠杆，鼓励和支持各研发机构和服务机构在基础系统上开发高性能服务功能软件（如技术评价、知识产权评估、成果标准化等）和智能化服务工具，并实现"一网通"。

4. 完善科技成果转化权益配置机制

一是采取直接复制和推广。就职务科技成果的权属改革问题，《国务院办公厅关于推广第二批支持创新相关改革举措的通知》已经明确规定在上海可以作为经验进行复制推广。在"上海科改 25 条"政策滞后的情况下，建议由市政府发文，对"科研人员科技成果所有权和长期使用权"直接进行推广复制。经过一段时间的推广之后，将其上升为上海市的地方法规，以彻底打消"不敢为"的心理障碍。

二是采取协议约定优先权。在遵守约定优于法定的合同法原则下，根据科技成果形成的资金源头以及科研人员对科技成果的实际运用需求，允许和鼓励科研人员对职务科技成果的所有权和长期使用权进行选择，对权属是全部享有还是部分享有进行选择，在此基础上由科研单位和科研人员签订协议进行具体约定。

三是采取全部和部分结合。尽管实践中上海交通大学和四川省的经验是基于职务科技成果"权利共有"的实践，即将科技成果的部分权利奖励给科研人员，但科研人员就科技成果转化工作可能有多重需求。建议允许采用全部权利激励和部分权利结合的方式，全面放开国家对科研人员权利享有的管制，参考瑞典

"教授特权制"的做法,允许事业单位和国有企业将知识产权全部奖励给科研人员,或者由科研单位与科研人员按照比例共有科技成果。

四是采取事前与事中同步。四川省"混合所有制"改革强调成果形成之初,对成果在科研人员和所属单位之间进行确权,上海交通大学"权利分割法"采用科技成果转化行为发生过程中,按照比例在科研人员和所属单位之间进行分配,两种方式均有合理之处。建议在上海市的改革过程中,允许采取事前激励方式进行确权,也允许采取事中激励方式进行分割,以保证政策实施的完整性。

五是落实收益权与权益配置。为使收益权落实,完善国内科技成果收益分配的法律法规,对收益分配相关问题进行统一规定,明确收益分配的实施细则,做到有法可依。针对"单位→个人"赋权,应通过"法定授权"或"单位自由裁量"明确界定"长期使用权",包括其赋权过程、科研人员"持有"的权利内容和限制范围、再许可与转让程序等具体实施细则。对此,可以参考小岗村"集体土地所有权和经营权分离"的思路。首先,赋予科研人员的长期使用权应是可转让的独占许可权,并明确持有长期使用权具有优先购买所有权的权利,减少科研人员权利使用过程的不确定性;其次,"单位→个人"赋权本质是为了在现有制度框架下促进科研人员创建衍生企业,应调整《公司法》和《合同法》,允许以"长期使用权"投资入股;最后,完善现有科技成果转化收益分配政策,明确"科研人员持有长期使用权或所有权"下与高校分享经济收益的政策体系,完善"单位→个人"和"个人→单位"的双向收益分配制度。

5. 建立健全收益分配机制

重视单位、中介、企业等在参与收益分配中的地位,提升相关机构推动成果转移转化的积极性。对于确立产权分配比例的科技成果的实施转化,要按科技成果知识产权权利比例确定净收益分配比例。科技成果完成团队获得的国有知识产权奖励,实施转让、许可获得现金收益后应按"特许权使用费"缴纳个人所得税。实施作价投资获得股权但尚未变现时,参照以高等院校为实施主体的科技成果转化活动,享受递延纳税政策。

在收益分配环节，支付相应税费后，高校应及时分配科技成果转化收入，明确教师获得现金收益的分配周期，按当年实际待分配现金收益计入单位工资总额，同时，划拨给发明人所在院系的收益通常计入院系发展基金，应界定资金使用范围，不得列支人员支出，高校留存收益应统筹用于科研活动。对于划拨给其他体制内相关机构的收益，制定明确的收益发放政策。

通过《促进科技成果转化条例》和"上海科改 25 条"，上海已初步实现对技术供方的经济激励和产权激励。未来需要针对科研人员的"经济激励与产权激励"政策进一步明确操作规则，例如，针对上海市部分单位无故拖延奖励发放的问题，主管部门应当明确奖励发放期限，让科研人员及时实现"技术造富"。围绕科技成果转化全生命周期加快基础性制度建设，在前端完善科技成果转化会计制度，形成科技成果财务管理、资产管理、价值管理相结合的管理体系；在中端加强科技成果转化专业服务机构的制度建设；在后端建立科技成果转化与资本市场的对接机制，推进科技成果证券化体系建设。

6. 制定科技成果信息披露机制

科技成果完成单位应当加强科研记录标准化管理，授权技术转移专职部门建立科技成果信息披露机制。披露原则是技术发明人预判某项职务发明创造或科研成果极有可能形成自主知识产权之前，详细地向学校披露该职务发明创造或科研成果的相关信息。披露信息应当包含技术信息、主要发明人、相关信息的公开披露和论文出版等情况。科研人员承担财政资助科研项目、市场委托横向科研项目所产生的成果，应当及时向所在单位技术转移转职部门披露相关信息。

7. 建立科技成果储备库

利用大数据建立项目源与科技成果储备库成果在线共享平台，实现成果"找得到"。注重科技成果项目源的筛选储备，形成动态挖掘与在线推介机制。培育一批技术嗅觉敏锐的科技成果"星探"，深入挖掘市场应用前景好、专利价值高的颠覆性科技成果项目，逐步形成科技成果项目库收集、评估、推介、对接等工作机制。聚焦高端芯片、人工智能、大数据、颠覆性材料、医疗健康、智能制造、节能环保等战略新兴产业领域,联合银行、风险投资、天使基金以及知识产权服务等机构,建立科技成果源头信息与共享资源库。设立上海科研成果路演平台,通过定期举办科研成果路演、竞赛、科研成果推介会等形式,每年挖掘和筛选一批颠覆性的优质创新项目,并予以奖励和优先推介,推动科技成果在第一时间转化落地。

8. 丰富技术转移服务机构类型

一是强化"垂直性技术转移机构"建设。参考江苏省产业技术研究院的做法,通过"混合所有制"的改造使上海产业技术研究院起到拉动上海垂直性技术转移机构抓手的作用;支持一批国有高校和科研院所建设以"概念验证""中间试验"为特点的垂直性技术转移机构;培育一批民营企业投资建设的中间试验机构。通过几年的建设,大幅提升应用性和市场性的科技成果的存量,弥补产业和技术之间的"鸿沟",起到对科技成果转化的实质推进效果。

二是鼓励和培育兼有内设机构和市场属性技术转移机构。如中国地质大学(武汉)经学校允许设立了服务本校技术转移的"中部之光有限公司",由学校内部人员担任总经理,尽管该公司从股份结构上与学校没有关联性;四川大学华西医院设立了民间非营利机构的技术转移中心服务于医院成果转化工作;而上海闵行的零号湾创新创业基地引入了校内的人员作为股东。

专栏 10.1 如何看待和处理高校院所的科技成果"体外循环"

"体外循环"无疑是中国科技成果转化中最具市场效率、也最具争议的模式。据统计,"985 工程"高校约 13.16% 的专利流失校外,造就了一大批环高校创业企业。据统计,上海 7 所知名高校平均约有 7.8% 的职务发明专利流失在校外。另据访谈了解,上海高校院所超过 20% 的工科教授通过毕业学生、双创大赛等渠道,以隐形持股的方式间接实施了职务科技成果"体外循环"。

　　"体外循环"对教师而言，一方面规避了烦冗的国有资产评估和各项审批手续，加速了成果转化进程；另一方面也得以完全控制专利并获得全部收益。同时，不可忽略的问题是：一是教师存在违反《专利法》《科技进步法》的嫌疑，专利技术一旦进入交易环节，无论转让或创办企业都面临难以消除的法律风险；二是技术接收企业因存在技术权属纠纷的潜在风险，规模难以做大；三是教师等科研人员未经所在单位同意，在新创企业兼职取薪、在职创业，可能会损害原单位的知识产权。

　　然而，近年来涉及科技成果转化的案件频发。既有贪污受贿案件，也有安全事故案件。这给参与"体外循环"的科研人员和企业都敲响了警钟。因此，如何尽快给"体外循环"定性，处理已发生的"体外循环"事件，这已成为政府主管部门无法回避的问题。

　　政府主管部门应当审慎处理，扫除衍生企业的法律风险。首先，在"体外循环"问题定性上，除恶意侵占国有资产的情形外，政府主管部门应当明确"尊重成果转化特殊性，既往不咎"的处理原则，打消科研人员"溯及原罪"的担忧，继续将"体外循环"企业做大做强。其次，对已经发生的科技成果"体外循环"，高校院所应当主动补救，建立利益冲突管理制度，规范科研人员在企业中的角色定位与退出机制，协助科研人员做好教学科研与企业经营之间的精力平衡、财政经费与企业资金之间的财务分割，避免其卷入不必要的刑事和民事诉讼。最后，强化单位法人主体责任，完善单位内部科研成果管理办法和职务发明管理办法，规范科研人员科技成果披露行为，落实财政资助发明的产权制度改革，按照"不索取、不赋予"原则对科研人员实施产权激励；同时，在不损害单位利益的前提下，支持高校院所允许科研人员利用职务科技成果在职创办企业，通过"产权激励＋在职创业"达到"体外循环"同样效果，促使高校衍生企业彻底透明化、合法化。

资料来源：2019 年度上海市人民政府决策咨询研究重点课题"加快上海科技成果转移转化突破性政策举措研究"（编号：2019-A-005-A）。

10.2　加快科技金融发展

科技金融是为科技研究开发、科技企业培育、科技成果转化、科技成果产业化发展、高科技企业发展提供支持的一系列金融工具、金融制度、金融政策与金融服务的系统性和创新性安排,是科技成果和金融创新的结合。促进科创中心和金融中心的联动发展是上海科创中心和金融中心建设的一条必由之路。2015年8月,为推进具有全球影响力的科创中心建设,上海发布《关于促进金融服务创新支持上海科技创新中心建设的实施意见》,开启了金融支持科技创新的新篇章。

10.2.1　上海科技金融现状与主要问题

1. 上海科技金融现状

第一,初步构建上海科技金融服务体系。2010年上海被列为国家首批科技金融试点城市。经过十年发展,上海科技金融的服务体系初步已经形成了"3+1"的格局。"3"是科技金融的政策支撑体系、机构服务体系、产品创新体系;"1"是科技园区的融资服务平台。从而使上海的科技金融服务近十年来在全国处于较为领先的地位。

表 10.1　上海科技金融的具体措施及成效

	主要措施	累计金额/数量
科技信贷	试点科技金融支行、科技金融服务公司、小额贷款公司,健全服务体系,完善服务模式和产品创新	截至2020年底累计发放科技信贷资金超过200亿元
股权投资	采用创业风险引导、补偿和激励机制,大力引导天使投资、创业投资和私募股权投资	累计带动社会风险投资总额超过1800亿元
上市融资	引导和鼓励企业进入代办股权转让系统、多元化债券市场、股权托管交易中心和科技企业上市融资等	先后超过100家科技企业在创业板和科创板上市融资

资料来源:《上海市科技金融发展情况介绍》,上海市科委。

第二，财政科技投入由单一投入模式向多元化投入转变。财政科技投入逐渐从最初的科技项目资助，向风险分担、风险补偿、普惠税收政策、科技创新券、引导基金等多元化的财税引导体系转变。近年来，上海推动财政科技投入联动与统筹管理的改革，推出了履约贷产品，引入多方风险分担机制；出台天使投资风险补偿办法，引导社会资本加大对种子期、初创期科技型企业投入；实施"科技创新券"，帮助中小微企业降低研发成本。

第三，创业投资对接国际化市场，重点布局政府引导基金。上海积极打造具有国际竞争力的创业投资中心，吸引集聚一批知名的创业投资机构。在政府引导基金方面，上海重视利用创业投资和天使投资引导基金，上海科创基金、上海双创孵化母基金等引导基金相继成立。在创业投资方面，上海积极探索外资创业投资、股权投资机构投资项目管理新模式，重点在放宽投资准入、简化管理流程等方面开展试点。在股权市场方面，改革上海股权托管交易中心市场制度，建设科创板。

第四，建立科技信贷体系，信贷产品创新层出不穷。上海市初步建立了科技型企业全生命周期信贷服务体系，让越来越多的商业银行将科技信贷金融作为其业务转型的方向。上海银监局指导上海银行业搭建多元化的科技金融服务平台，创造性地提出建立"六专机制"和"新三查标准"两大体系。银行在发放普通贷款外，还可选择投贷联动这种创新金融服务方式。所谓"投贷联动"，是指银行以"股权投资＋债权融资"联动服务科创企业，化解银行给此类企业放贷的高风险，也让银行有望分享企业高成长带来的收益，打破银企之间的资金融通困局。在优化科技金融生态环境方面，上海银监局与市科委联合发布《上海银行业支持上海科创中心建设的行动方案（2017—2020年）》，明确了上海银行业支持科创中心建设的发展策略、重点任务和规划目标。除此之外，上海市科创中心建立了"3＋X"的信贷产品体系，通过创新"3＋X"科技信贷体系，满足不同发展阶段科创企业的融资需求。

2. 上海科技金融主要问题

第一，目前政府财政科技投入缺乏金融工具与平台。地方各级政府投融资行为缺乏统一、规范、长效的管理机制和运行机制，因此即使有了合适的金融工具和平台,由于缺乏后续的资本运作能力,也无法实现科技创新投入的市场化、规模化运作,无法发挥财政资金的杠杆撬动作用。

第二,政府引导基金顶层设计与管理模式创新性不足。政府引导基金的来源主要是各级政府的财政资金,资金规模整体偏小,因此需要创新性使用,才能使其发挥更大价值。然而目前的使用方式和管理方式缺少统筹与协同,引导投入早期项目的比重过低,不能使引导基金真正实现其"引导"作用。

第三,目前尽管越来越多的银行参与到科技信贷市场,但是在风险分担、利益共享等机制上许多共性的短板仍未解决。一是科技企业信用担保体系的规模太小,区级和行业性担保基金缺乏。现有政策性融资担保基金运营体制不够灵活,风险承担积极性不足、门槛较高。二是没有建立面向金融机构全市层面的科技企业信息共享平台。三是面向科技型中小微企业的征信平台体系还不够健全,相关信用信息联通不够,大数据挖掘能力有待提升。

10.2.2 相关对策建议

1. 完善财政科技投入

完善财政科技投入,需要处理好政府与市场的关系。一是引入机构式资助。加大对于前沿引领技术、颠覆性技术创新的扶持力度,建立竞争性资助和机构式资助两种方式协同互补的新型财政科技投入机制。二是撬动社会资本参与。通过搭建金融工具与平台,吸引各类社会金融资本参与科技创新的投入。三是要在实践中区别对待恶意违规与发展中出现的问题,创新监管方式。

2. 大力发展创业投资

在创业投资上,加强政府引导与集聚市场机构两手抓。一是政府直接向市场输血,提升政府引导基金的规模,鼓励国企参与设立市场化运作的引导基金。二是通过财税手段建立若干个创投机构基金集聚地,进一步提升地方财税扶持力度,形成创业投资产业的集聚效应。三是建立创新引导基金管理机制,通过合理的制度安排鼓励创业投资的投资阶段前移,重点投资于种子期、初创期企业。

3. 解决科技信贷共性问题

在科技信贷上，政府重点要为金融机构解决共性问题，提供公共产品。一是完善信息库。将上海各类科技中小微企业的信息、财政投入信息、专家库信息等进行集合，向金融机构有限开放。二是建立担保体系。鼓励区县、大型企业、金融机构建立多层次的商业性融资担保机构，构建融资担保、再担保服务平台体系，实现政府与市场多方参与的风险分担模式。三是构建征信平台。成立面向科技型中小微企业的国资征信平台，打通工商、税务、法院、公积金、出入境、银行等信息，配合大数据挖掘，构建中小企业的征信体系。四是进行政策借鉴。学习美国《统一商法典》(UCC)系统，即银行可获得企业所有资产的留置权，大大促进银行向科技小微企业贷款的意愿。

4. 充分发挥科创板服务科技创新的功能

紧紧抓住全球新一轮科技革命以及国内进行科创板和注册制改革带来的重大发展机遇，坚持以问题为导向、以企业为主体、以人为本、开放合作的原则，以推动科技创新为核心，以国际最佳实践为参照，以深化科创板关键制度改革为主攻方向，加快推动长三角地区标杆性科创企业在科创板上市，提升科创板对科技创新企业的吸引力和包容度，充分发挥科创板对科技创新的引领和策源作用，深化推进上海科创中心建设和长三角一体化发展，在服务国家参与全球经济科技合作与竞争中发挥枢纽作用。

5. 借助新一代信息技术促进科技金融创新

未来，金融科技(fintech)将是提升国际金融中心竞争力的重要引擎，利用云计算、人数据、物联网、人工智能、区块链、5G 等新　代信息技术促进科技金融创新，补足传统金融领域短板。例如，运用大数据共享等新技术可以为银行提供关于科技型中小企业的准确信用信息，并联合为这类企业提供授信担保服务，使银行愿意且主动为这类企业提供轻资产抵押或无资产信用贷款，在额度、期限、利率上给予综合支持。通过新一代信息技术驱动开放金融平台建设，充分利用产业生态力量实现服务能力协同，促进科技金融创新，正在逐步成为行业热点方向。银行开放平台通过 API 架构驱动,将多种能力嵌入到合作伙伴的平台和业务流程中,打造"无界银行"。科技型中小企业融资方式和渠道进一步拓展,丰富拓展了科技型中小企业融资的渠道和路径,改变了企业融资渠道少的困境。

专栏 10.2　重视提升创业投资的失败容忍度

鼓励创业投资的投资阶段前移,需要提升创业投资的失败容忍度。根据学者研究,可以从三个方面体现创业投资的失败容忍度:一是愿意投资早期项目;二是愿意长时间投资;三是愿意在阶段性投资失败后,继续进行投资。

政府可以通过税收优惠政策,提升创业投资的失败容忍度。关于对创业投资的税收优惠政策,可以分为三个发展阶段:

发展阶段	指导性文件	政策面向对象	政策优惠形式
第一阶段 (2015 年)	《财政部 国家税务总局关于将国家自主创新示范区有关税收试点政策推广到全国范围实施的通知》	全国范围内的有限合伙制创投企业采取股权投资方式投资于未上市的中小高新技术企业满 2 年(24 个月)的	其法人合伙人可按照其对未上市中小高新技术企业投资额的 70% 抵扣其从该有限合伙制创投企业分得的应纳税所得额
第二阶段 (2017 年)	《财政部 国家税务总局关于创业投资企业和天使投资个人有关税收试点政策的通知》	公司制和有限合伙制创投企业以及天使投资人在试点地区采取股权投资方式直接投资于种子期、初创期科技型企业满 2 年(24 个月)的	按照投资额的 70% 在股权持有满 2 年的当年抵扣该创投企业的应纳税所得额
第三阶段 (2019 年)	《财政部 税务总局发展改革委 证监会关于创业投资企业个人合伙人所得税政策问题的通知》	创业投资企业(含创投基金)采取股权投资方式投资于未上市的中小高新技术企业 2 年(24 个月)以上的	创投企业可选择按单一投资基金核算或者创投年度所得整体核算两种方式之一,对其个人合伙人来源于创投企业的所得计算个人所得税应按税额

观察上述三个阶段国家对创业投资税收优惠政策,可以发现政策面向的对象在不断扩大;优惠的形式也在不断多样化。因此可以进一步探索更多税收优惠的形式,加大税收优惠力度,提高创业投资失败容忍度,激励创业投资选择早期科技型项目和企业。

除此之外，还可以通过成立母基金或者引导成立市场化运作的产业投资基金吸引社会资本。例如合肥市政府 2020 年 2 月对蔚来汽车进行了巨额投资和信贷授信额度，2021 年 2 月签订了进一步的合作框架协议。在获得了合肥政府的这笔巨量投资后，越来越多的投资基金愿意投资蔚来汽车。

资料来源：根据国家税务总局税收政策整理而得。

10.3　完善创新生态链

创新链涵盖与创新相关的所有主体和各类创新活动，基础研究是创新链的上游，应用研究是创新链的下游。而科技成果转化是自上而下，即沿着创新链上游向下游，将科学技术转化为生产力的复杂系统，需要创新链上各类主体的积极配合。完善创新生态链，上海需要进一步完善创新政策，构建高效的协同发展机制，深化推进国际科技合作，并优化创新导向的政府服务体系。

10.3.1　进一步完善创新政策

由于新一代技术进步和经济发展阶段的变化，企业创新模式滞后于发展阶段的转型要求，相关政策又与企业新的创新需求不相匹配。因此，上海应聚焦新发展时期企业创新的需求，调整政策着力点，建立有利于提升企业创新能力的发展生态。

1. 提升创新政策的精准性

一是针对创新创业活动特点，构建全创新链的政策扶持体系。针对科技研发与产业创新衔接、科技创新成果转移转化与应用、企业创新产品市场开拓等创新链的关键环节，出台更具吸引力的扶持政策。如探索制定新技术产品的应用试验区政策，开放公共领域与公开空间用于产品社会应用测试，加大政府采购力度；针对科技创新服务平台、创新企业的国内外网络拓展，完善海外创新中心认定和扶持政策,通过绩效评估政策创新,鼓励上海孵化器、创新企业到海外设点。二是针对创新创业企业发展所面临的共性"痛点",制定针对性政策,创新政策扶持方式。如针对科技创新创业企业的扶持政策,将政策着力点放在创新团队上而非企业上,使得创新团队能更多享受政策红利;将政策着力点放在企业员工社保金的补贴方面,而非仅仅局限于奖励方面;对于外资创新创业企业入驻,可探索实施代理律师制度,允许外籍人士通过专业资质的律师代办在沪注册公司等事项。

2. 提升创新政策的普惠性

一是建立公开透明、稳定、可预期的政策环境,鼓励创新者进行长期投入。从点对点支持转向功能性普惠政策,促进公平竞争。尽量减少需行政认定对象的政策,防止人为扭曲市场行为和导致政策不稳定。二是加强鼓励创新的需求侧政策,充分发挥大规模市场的优势,降低企业创新的市场风险。构建鼓励创新的采购和招标制度。完善政府采购和招标制度,细化和健全首台套、首批次、首版件采购和招标的配套政策。转变低价中标的传统做法,建立优化性价比的招标规则。借鉴国际通行做法,明确有限招标的范围,对试验示范项目、研制的原型产品、首件新产品或服务,实行有限招标。在国防、环保、健康等领域,对创新产品和服务买行保护性采购。完善和推进国产化保险机制,保障月户权益,调动社会采购创新产品的积极性。

3. 提升创新政策对数字经济的适应性

一是制定适应数字经济的各类知识产权标准,设定更为合理的知识产权保护门槛。例如,建立更有利于数据开放的知识产权保护体系,对人工智能发明专利的归属问题进行前瞻性研究。二是构建审慎包容的监管政策,积极探索"沙盒"监管模式,为创新提供更多试错机会。例如,在上海自贸试验区新片区、长三角一体化示范区等特殊功能区域设立数字经济特区,开展数字经济相关监管政策试验;实施小规模的各种替代政策方案,并实时密切监测,以确定各类方案的效果,便于进一步在上海全市推广。三是积极探索使用数字工具制定、实施各类创新政策。例如,利用区块链技术的可识别、可追溯特性,跟踪创新政策实施的进展,评估实施效果,防止在线造假；运用语义分析技术对大量政策文件、专利、科学论文等文本数据进行挖掘，预测全球新兴技术和创新政策的发展趋势。

4. 加强对创新政策的全面评估

一是对公共研发设施建设使用的情况要进一步评估，有效控制各地区、各部门以支持创新为由建设各类创新平台，防止创新资源被低效利用。二是弱化以行业标准对企业创新活动支持的政策工具，建立以创新链不同环节为主体的创新政策体系，使更多非高新技术行业的企业和中小企业的创新活动能够得到更多政策支持。三是加强环境政策、产业投资政策、人才政策与创新政策的协调，为企业创新活动营造更加柔性、包容的创新生态。四是政府要发挥更积极的作用，加强科学基础领域与技术基础领域的贯通，为企业获取先进技术信息建立更畅通的渠道。五是定期开展政策实施评估，广泛听取企业意见，了解企业真实需求，调整和完善政策，改进执行情况。

10.3.2　构建高效的协同发展机制

提升全球供应链的辐射力是提升创新链水平的关键。从市场主体优化供给出发，强化全球辐射，聚焦高质核心企业、高端进口替代、高级外贸投资"补短板"，推动上海向全球供应链高能级渗透，提升创新链的韧性。

1. 积极推动创新主体协同

一是组织实施关键核心技术协同攻关专项。聚焦"3+3"支柱产业（汽车、电子信息、装备＋金融、商贸、文化）、"3+3"未来产业（集成电路、人工智能、生物医药＋航空航天、新材料、新能源）中的关键环节，政府持续加大资金支持力度，组织科研机构、龙头企业集中协同攻关；与"揭榜挂帅"机制有机结合，发挥帅才型科学家作用，以市场"赛马机制"公开遴选一批掌握关键核心技术、具备较强创新能力的单位和个人集中攻关，实现创新价值最大化。

二是建立产业协同创新联盟。借鉴日本官产学合作的技术创新联盟（VLSI 技术研究组合）的经验，由政府和参加企业共同出资，产品开发经验丰富的龙头领军企业和基础研究实力雄厚的科研院所、高等院校共同出人,组建非营利性、非永久性研发联盟,对一些共同关心的基础技术和共性技术实施联合攻关,力求在关键核心技术上取得突破。如打造一个集龙头企业、临床机构、高校、科研院所于一体,突破现有合作界限与管理机制的医疗科技前沿创新联合体。

专栏 10.3　日本 VLSI 项目组织实施的特点

日本项目 VLSI 是由日本电气、日立、三菱、富士通和东芝五家竞争实力雄厚的计算机公司以及日本通产省的电气技术实验室、电子技术综合研究所、日本电信电话公社联合研究开发。以往的日本厂商热衷于通过价格战和质量战进行相互竞争,并对私有技术进行严格保密。在这种情况下由互相竞争的企业组成共同研究联合体遭到了不少的质疑。但是在日本通产省政府的协调与领导下,这种由互相竞争的企业组成共同研究联合体的创举取得了成功。日本 VLSI 项目的组织与研发是通过建立联合实验室和小组实验室的形式来进行研究的。联合实验室坐落在日本电气中心实验室附近,由五大公司和电气技术实验室的研究人员共同参与有关通用性和基础性的技术研究,而小组实验室主要由计算机综合研究所(Computer Design Laboratory,CDL)和日电东芝信息系统(Nippon electric-Toshiba Information System,NTIS)的实验室构成,它们各自分散在与其相关的公司内部,主要进行应用技术方面的研究。这种由互相竞争的企业组成共同研究联合体的做法不仅整合了各企业的核心竞争力,而且推动了 VLSI 技术的扩散,使日本企业齐心协力共同应对外界技术进步带来的压力。

由于日本企业注重对私有核心技术的保护,每个公司为了占有高份额的市场都想拥有最前端的技术信息,如果在联合实验室进行全部的信息技术研发将是无法进行的。因此日本政府决定,联合实验室把项目研究开发的重心集中在"共性"技术上,对所有参与的企业都是有益的,适用于未来,可以不建立在公司现有知识基础上的"基础"的知识体系。其主要做法是,将共性技术在联合实验室开展研究,研究成果由各个企业所共有,另外的研究由各公司自行研发、独立管理。实行重心集中在"共性"技术研究上的运行模式也是参与企业的共同要求,通用性技术主要是指某项技术对每个公司都必须是有用的,并具有共同的研发利益。而基础性技术则强调某项技术是进行其他技术开发的基础,是公司所必须掌握的。因此,对通用性和基础性技术的联合研究是符合所有参与公司整体利益的,它不仅能够给企业带来竞争优势,更为重要的是,由于单个企业无法开展这些投资数额巨大的研究项目,所以就必须借助于联合研究。

资料来源:董书礼、宋振华,《日本 VLSI 项目的经验和启示》,《高科技与产业化》2013 年第 7 期。

三是构建长三角跨区域科技协同创新与产业协同发展机制。充分利用长三角地区的研究资源、科学设施,充分发挥上海在大科学设施等方面的独特优势,推动区域科技协同创新,共同突破关键核心技术,着力提升世界级产业集群的技术含量和附加价值,为全国高质量发展提供更高水平的科技供给。

2. 发挥重点企业主导作用

一是高质核心企业"补短板",打造现代企业集群。发挥企业在打造核心功能中的主体作用,重点培育"三个一批",即一批"头部企业"(互联网大型平台型企业、世界级领军型企业)、一批"隐形冠军"(细分行业)、一批"独角兽"(创新型企业),使一批拥有高技术、高成长、高价值的企业成为支撑技术创新的市场主体。

二是支持优势企业搭建开放式创新平台。借鉴宝洁公司"联系与开发"模式,以优势企业为核心载体,搭建开放式创新平台,汇聚企业内外的创新思想,发挥企业商业化优势,通过许可协议、短期合伙和其他安排分享其知识财产,协同推进技术和产品创新。

三是鼓励龙头企业牵头组建以资本—技术为纽带的研发投资公司。由核心企业联合出资、共同发起成立核心技术研发投资公司,建立风险与利益共担制度,鼓励合作各方采取股份制、技术入股等利益分配方式进行合作,探索更加紧密的资本型协作机制。

3. 加大对中小微企业创新支持力度

一是加快构建共参共治的中小微企业创新投入体系。进一步吸引市场化基金、国资等多元化资本加入上海天使母基金,加大对初创期科技型小微企业的资金支持;支持商业银行在科技园区内设立重点服务科技产业的科技支行、科技特色支行和专属科技金融部门,开发针对性信贷产品或服务,丰富投贷联动模式,多渠道加大对科创企业的信贷支持;鼓励孵化器、众创空间等载体积极向"创业投资+增值服务"全链条综合运营服务商转变,强化种子期创新企业投资;进一步拓宽社会捐赠支持中小微企业创新渠道。

二是加快形成"揭榜挂帅"模式的中小微企业创新竞争模式。定期梳理产业头部企业技术需求,滚动发布自主可控程度低、需进一步做强、做优的薄弱环节和关键核心技术,鼓励中小微企业积极揭榜;进一步完善覆盖创新创业体系全过程的政策链,加大技术和市场反垄断力度,规范平台企业市场行为,完善公平竞争市场环境,提升中小微企业主体的获得感,赋予中小微企业更多自主权。

三是放大中小微企业融通创新聚合效应。加快建立融通型特色载体管理体系,为难题、瓶颈提供解决思路和机制创新探索;加快大企业的创新需求与中小微企业创新能力的精准匹配,促进"大企业需求—区域征集—精准匹配—协同发展"的链条高效运转;鼓励支持大企业、孵化器联合设立若干产业投资基金,推动大中小微融通,面向中小微企业提供高层次孵化服务。

10.3.3 深化推进国际科技合作

面对复杂多变的国际环境,传统国际科技合作模式受到巨大挑战,新技术、新模式、新业态不断涌现,科技创新和竞争更加激烈,这对上海开展国际科技合作形成了新的要求;上海必须在当前百年未有之大变局情况下,努力适应新形势,借用新技术,积极探索国际科技合作新渠道、新模式,增强自主创新能力,整合全球优质创新资源,提升创新能级与效率,努力占据产业链、价值链、创新链核心地位。

1. 构建多元化国际科技合作网络

一是建立协调有序的国际科技合作支撑体系。构建以政府为主导的科技合作政策和协同推进机制。由政府职能部门组织开展国际科技合作的重点领域研究,对科技资源、研究领域进行综合协调,避免资源浪费、重复研究,制定以需求为导向的合作战略,确定重点合作的国家地区以及合作领域,增强国际科技合作的目的性和针对性,同时从全局角度调节不同计划之间的经费预算,但不直接管理具体的科技计划项目,也不参与具体项目的经费分配。支持高校、企业等民间机构开展国际科技合作。围绕集成电路、生物医药、人工智能等战略性新兴产业的创新需求,在高校院所、企业的合作现状和需求的基础上,建立一批国际科技合作项目,助推产业创新发展。建立健全国际科技合作项目评估与评审体系。建立同行专家评审机制,完善评审专家的信用信息数据库,让国际同行专家也能参与评议,同时加强对评审全流程的监督,提升评审活动的公开化程度。

二是建立差异化国际科技合作模式。立足国家科技外交定位,加强科技与外交协同,发挥上海国际友城网络链接作用,根据不同国家现状,以及不同科技领域的具体情况,建立差异化、层次化的国际科技合作模式。与美国开展竞争性合作。区别对待美国政府和美国企业,针对美国政府已下决心的制裁打压的领域,丢掉幻想、着重增强自主研发能力。对待尚未涉及摩擦的美国企业,上海应支持民营企业进一步加强合作和沟通。和欧盟、日本、韩国等发达国家建立互补性合作。重点合作方向主要面向高精尖领域,针对互补性领域展开科技合作,谋求双方的共赢。与发展中国家建立援助性合作。以"一带一路"沿线发展中国家为援助对象,着眼构建长远协作关系,通过对发展中国家的技术援助进一步丰富上海的研究领域,推进面向发展中国家的技术输出贸易。

三是建立专业化的独立法人管理机构。建立依法授权和依法管理机制,推动科研机构独立行政法人改革,保证专业管理机构项目组织实施的独立性、客观性和中立性。引导管理机构加强专业化管理能力建设,构建系统、科学的计划项目管理体系,逐步形成专业化的项目管理方法。聘请拥有专业背景和技能的专家参与项目管理,构建专业化的管理队伍,同时围绕相关科技领域及管理问题开展一定的学术研究活动,形成相应的专业学术背景和国际影响力。

2.破解涉密技术研发难题,强化全球合作

一是建立涉密技术拆解—组合研发机制。上海国有研发机构和研发部门在确定科研任务后,针对短期难以突破的研发任务,积极培养、组建专业的技术拆解—组合团队。首先由专业研发人员、工程师、成果转化人员等对任务进行充分的评估、研究和判断,确定研发方向,由具有科研管理、系统工程背景以及实际研发经验的专业人员,成立技术拆解—组合工作组,建立技术拆解—组合技术群,将涉密项目转化为能够实现任务目标的一系列非涉密科技项目。在各分散拆解的研发成果评审通过并汇总后,由专业技术组合工程师进行技术系统打包、组合、优化,以实现原项目的要求。

二是使用全球创新资源进行非涉密项目研发。涉密项目通过拆解后转化为非涉密小项目后,可以借助第三方科技服务公司进行项目发包和研发。各研发机构可以私下组建或寻求第三方科技服务公司,借助互联网等平台,进行全球项目招标。建立虚拟组织研发平台,使用和发挥全球科创资源。各研发机构应组建网络平台,联络全世界相关领域科学家,以现金支付等方式解决企业内部无法破解的科学难题。通过合作各方实现资源共享、优势互补和有效合作,充分利用全球科创资源和优势,以完成项目研发任务。

三是鼓励各研发机构开放非涉密研发成果。开放专利、研发成果等资料数据库,支持外界开发利用非涉密项目成果。对于非涉密技术,可采取项目成果信息数据库、网站、公开出版等方式向社会公布成果信息,并提供便捷的技术获取服务,确保技术信息能够得到广泛传播。根据市场需求对技术进一步开发。为促进技术成果应用,根据技术成果应用潜力和企业需求进行分析,对于不成熟的技术,在必要的情况下进行二次开发,以满足企业需求。

3.建立虚拟研发组织,充分利用全球创新资源

一是尽快成立上海国家级制造业创新中心虚拟组织。要构建国内、国外各个

领域专家联络方式、研究历史记录及最新研究进展数据库。在虚拟组织框架下，加强与技术专家的"契约合作"机制。以同行评议方法竞选出最优秀项目申请者，与项目首席专家签订有效、弹性和责权分明的契约合同；对于非固定编制的外部专家，均采用以项目为依托的短期合同契约模式，明确上海国家制造业创新中心和项目专家的责、权、利。依据中国法律体系与外籍专家签订科创合作契约。要以合同条款明确界定项目专家的科创行为知识应用范围、相关的保密要求以及知识产权所有权等详细要约，实现全球研发人才全覆盖。

二是进一步完善虚拟组织的利益分配机制。在符合国际惯例基础上，探索合理的虚拟组织利益分配机制，增强对全球一流人才的吸引力。上海应加强对知识产权的保护力度，专利所有人享有专利所有权和支配权。同时，按照国家信息技术安全要求，在合同契约中应明确在研发项目结束后，由专利所有人将专利出售给上海国家制造业创新中心，并拥有对上海国家制造业创新中心研究项目产生所有专利的唯一购买权。

三是探索通过虚拟组织建立制造业创新信息发布和交流平台。上海国家集成电路创新中心、国家智能传感器创新中心可以将公开和隐去涉密信息的科研项目用"众包"模式向全球市场发布，由上海国家制造业创新中心内部员工进行虚拟科创网络管理和控制，充分利用全球自由创新者的创意和能力，使组织边界外的科创人员愿意利用业余时间进行研发。上海国家制造业创新中心对其研发成果可以考虑支付高于美、英、德等发达国家 10%—20% 以上的报酬，以吸引全球最顶尖科学家，特别是年轻的科学家。上海作为建设中的全球科创中心应该率先试点实施。

专栏 10.4　欧美等发达国家广泛建立虚拟组织，深化国际科技合作

1. 欧美等发达国家构建虚拟组织加快大学、企业科创步伐。

美国麻省理工学院的计算与系统生物学网络、美国加州纳米技术研究院、欧

洲网络基础设施以及公开科研社交网络服务网、大邱社团、美国科学视频分享平台、综合生物虚拟研究环境、酒井网络平台学习系统、科学研究实验众筹平台等纷纷构建虚拟组织加快科创步伐。波音、杜邦、陶氏、诺华制药、戴尔、IBM等国际跨国企业也构建虚拟组织,并利用北城百科网联络全世界科学家,解决企业研发难题。宝洁内部拥有9 000名研发人员,同时借助"创新中心"以及外部研发人才互动平台,如退休科学家网络平台和互联网研发资源平台等联络全球合作研发人员150万人,为宝洁贡献35%的科创成果。亚马逊也通过开放自己的平台端口,利用亚马逊电子商务平台,联络全球14万软件开发商共同提供研发服务。福特利用电子手段将世界各地的设计人员组合在一起,构建7个虚拟工作室负责福特汽车的款式设计。

2. 美、英、德制造业创新中心构建虚拟组织,加快抢占革命科技制高点。

美国先进制造业创新网络利用虚拟组织融合工业界、学术界(包括研究型大学、社区学院、技术学院等)、联邦实验室,以及联邦、州和地方政府形成创新生态系统,与伊利诺伊大学、西北大学、罗切斯特理工大学、爱荷华大学、普渡大学、辛辛那提大学、俄亥俄州立大学等20多所大学建立合作关系,并融入通用电气,微软,陶氏,西门子,依工,卡特彼勒等国际一流企业150多家以及17个美国政府部门,共同研发核心技术。英国弹射中心也利用虚拟组织,扩大互联网远距离传送商业支持信息,联络大量企业,仅私有部门的客户就达3 036家,对产业的创新贡献率达39%。德国弗朗霍夫学会利用"可信核心互联网"组建虚拟组织,加强弗朗霍夫研究所、大学与不同地区制造企业间的联系,共建67个研究团体,24 000位团队成员,与世界范围内的创新公司开展国际合作,在包括中国在内的世界各地成立学术机构。

资料来源:刘钢、胡天恩、吕朋,《新形势下上海深化国际科技合作的新模式和新举措》,《科学发展》2021年第8期。

10.3.4　优化创新导向的政府服务体系

上海在推进创新驱动发展和经济转型升级过程中，率先走出一条科技支撑作用明显、体制机制保障有力、服务经济比较发达、城市服务功能完善、城乡和区域一体化发展的转型发展和开发创新之路。上海未来强化科技创新策源功能的关键仍在于，通过政府职能转型，构建服务型政府，发展服务型经济，为此，上海需进一步优化创新导向的政府服务体系。

1. 完善创新体制机制

一是完善产学研协调机制。建立有效的协调协作机制，打破部门、行业和地域分割，促进各类科技服务机构的联动服务，形成以企业为主体、以市场为导向、大学和科研机构多方积极参与的产学研协调机制。

二是创新科技资源管理体制。政府部门应以政策、制度方面为依托、依靠，为科技发展提供便利，从环境、资金、知识产权等方面创造条件，加强科技资源投入的顶层设计和宏观调控，自上而下改革目前科技资源分散投入的体制，建立起军民、部门、地方之间有机联系、科学高效、协调运转的科技资源管理体制。

三是完善区域科技合作机制。将科技创新合作纳入长三角区域合作重点专题和平台，并借助长三角城市经济协调会平台，建立长三角区域科技创新合作机制，加强江苏、浙江、安徽和上海的科技合作，设立科技合作联席会议制度，促进四地科委等部门加强交流，形成常态化的科技合作机制。

2. 深化数字贸易和服务贸易

一是完善精准智能推荐的商品信息数据库。基于大数据和人工智能技术建立精准推荐的贸易数据库，为跨境贸易、跨境金融、国际航运保险等新的全球化服务体系"保驾护航"。在数字贸易和服务贸易国内外资源和市场对接方面，需要建立和完善基于大数据和人工智能技术的商品信息数据库，提升信息交流和数字贸易的精准化和智能化推荐，推进跨境金融和国际航运保险等高端服务贸易创新平台试点，构建数字和技术服务贸易国际枢纽港。

二是加强数字化贸易平台建设,构建服务贸易智慧监管体系。便利化对接"两个市场"需要推行和邀请国内外贸易企业积极对接全球电子商务新模式新规则新标准,联合加强数字化贸易平台建设,在此基础上形成服务贸易智慧监管体系。以数据为核心、企业为主体搭建全过程监管链条,并在各类贸易服务平台中嵌入数字化和智能化技术实现研发设计、供应链服务、检验检测、总集成总承包等多个领域服务的国内外无缝衔接。

3. 加强政府资金的精准高效支持

一是加大财政科技创新投入。瞄准世界科技前沿和顶尖水平,聚焦重点,增加投入,集中财力办大事,优先保障综合性国家重大创新功能型平台建设,为关键核心领域取得重大突破提供财力支撑。

二是探索引导性支持方式。对市场需求明确的技术创新活动,发挥好市场配置技术创新资源的决定性作用、企业技术创新的主体作用和财政资金的杠杆作用,通过风险补偿、后补助、创业资金引导基金、天使投资引导基金等引导性为主的方式,支持企业资助决策、先行投入,促进创新决策和组织模式调整完善,促进科技成果转移转化和资本化、产业化。

三是设立重大工程和项目专项资金。对于认准的科技创新重大工程和项目,要敢于投入并编制长期预算,为创建一批全球一流的大学、世界实验室、科技创新团队和科技成果提供更好的资金保障。

四是强化金融创新支持科技创新发展。上海作为中国的金融中心,在实现具有创新生产力的科学技术与资本市场对接,满足科技企业不同发展阶段融资需求的过程中需不断创新。建立金融支持科技创新扶持政策体系,完善金融支持科技创新配套服务体系,推动支持科技发展的金融产品创新,以实现高质量的创新驱动发展。

4. 聚焦创新资源需求条件

一是探索公共数据开放机制。通过立法和行业指引,定义数据产权;不断完善数据要素交易规则和数据资产登记备案、价格评估、流转交易等综合服务体系,规范数据交易中心运营，建立行之有效的数据交易机制。考虑到公共数据的国有资源属性和数据的安全性，提供公共数据开放服务需要立足公益性定位；同时，参照基础设施领域做法，探索构建政府数据开放共享的"特许经营"机制，通过设立准入标准，限定行业、限定应用场景、限定期限，选择数据服务和数据应用的合标机构。

二是探索共享公用企事业单位掌握的专业资源。及时总结各地探索建立"公物仓"的有益经验，建立机制推进特定资产的调剂使用、共享共用。鼓励有条件的部门搭建统一开放的资产共享平台，既满足大型活动、临时办事机构等资产使用需要，也有效调剂超标准配置、低效运转或长期闲置资产，避免重复配置和闲置浪费，推进资产集约高效使用。针对共用性强和具有共享需求的特定资产，明确共享共用性质，改变配置方式和管理方式。如通过建立区域医学检测中心、影像中心和开放实验室、体育场馆、图书馆等，促进教育、卫生、文化、科技、体育等领域的大型仪器设备、基础设施的共享共用。研究建立跨地区、跨部门的资产共享、调配机制。研究建立规范的共享共用激励机制，充分调动各部门、单位的积极性。

三是积极支持市场机构创新应用场景。秉持开放、合作、共赢的理念，大胆试、大胆用新技术新产品，在工程、项目立项环节就提出应用场景建设方案，对能够向社会开放的应用场景要做到全面开放。运用政府采购、政府专项资金支持供需联动，探索新技术新产品推广应用的保险补偿制度，支持企业应用场景市场验证，帮助企业寻找到更合适的市场。同时，应用场景助推关键核心技术协同攻关，聚焦共性关键技术、前沿引领技术、现代工程技术、颠覆性技术创新，助推形成企业为主体、市场为导向、产学研用深度融合的技术创新体系。

参考文献

[1] 敖青:《日本国际科技合作的政策与组织模式探讨——以日本学术振兴会为例》,《科技创新发展战略研究》2018 年第 3 期。

[2] 白春礼:《把握新科技革命与产业革命机遇以创新驱动塑造引领型发展》,《时事报告(党委中心组学习)》,2017 年第 5 期。

[3] 白春礼:《中国科学院 70 年:国家战略科技力量建设与发展的思考》,《中国科学院院刊》2019 年第 10 期。

[4] 卞松保、柳卸林:《国家实验室的模式、分类和比较——基于美国、德国和中国的创新发展实践研究》,《管理学报》2011 年第 4 期。

[5] 蔡姝雯:《共建长三角科技创新共同体,向“深融”挺进,探“先发之路”》,《新华日报》2021 年 7 月 28 日。

[6] 曹文炼:《达沃斯论坛和博鳌亚洲论坛比较研究》,《全球化》2013 年第 6 期。

[7] 曹贤忠、曾刚:《基于长三角高质量一体化发展的创新飞地建设模式》,《科技与金融》2021 年第 4 期。

[8] 曾刚、曹贤忠、王丰龙:《长江经济带城市协同发展格局及其优化策略初探》,《中国科学院院刊》2020 年第 8 期。

[9] 曾曙红:《上海加快建设高水平人才高地以政策创新城市温度“海聚英才”》,《解放日报》2021 年 10 月 3 日。

[10] 常旭华、陈强、李晓、王思聪:《财政资助发明权利配置国家、单位、个人三

元平衡分析》,《中国软科学》2019 年第 6 期。

〔11〕常旭华、仲东亭:《国家实验室及其重大科技基础设施的管理体系分析》,《中国软科学》2021 年第 6 期。

〔12〕常旭华:《加快上海科技成果转移转化的突破性政策举措》,《科学发展》2020 年第 2 期。

〔13〕《潮涌东方再扬帆——以习近平同志为核心的党中央关心浦东开发开放纪实》,新华网,www.xinhuanet.com/politics/2020-11/11/c_1126726865.htm。

〔14〕陈超:《如何理解创新策源能力》,《竞争情报》2018 年第 4 期。

〔15〕陈芳、余晓洁:《习近平:大力发展科学技术,努力成为世界主要科学中心和创新高地》,《陕西教育(高教)》2018 年第 6 期。

〔16〕陈江:《职称互认,是长三角人的小欢喜》,《钱江晚报》2020 年 9 月 22 日。

〔17〕陈劲、阳镇、尹西明:《双循环新发展格局下的中国科技创新战略》,《当代经济科学》2021 年第 1 期。

〔18〕陈娟、罗小安、樊潇潇、杨春霞:《欧洲研究基础设施路线图的制定及启示》,《中国科学院院刊》2013 年第 3 期。

〔19〕陈强:《打造科创中心,应在"策""源"上下功夫》,《解放日报》2019 年 7 月 30 日。

〔20〕陈诗波、陈亚平:《中国建设全球科创中心的基础、短板与战略思考》,《科学管理研究》2019 年第 6 期。

〔21〕陈实、王亮:《基于研发统计数据的中国基础研究投入强度判定》,《中国科技论坛》2014 年第 9 期。

〔22〕陈套:《强化基础性研究创新策源功能》,《科技中国》2020 年第 10 期。

〔23〕陈套:《推动科研范式升级,强化国家战略科技力量》,《科技日报》2020 年 8 月 21 日。

〔24〕陈宪:《把握"现代产业体系"的内在逻辑》,《北京日报》2020 年 11 月 9 日。

〔25〕陈晓:《大力推进创新文化建设》,《学习时报》2018 年 3 月 21 日。

［26］陈泽炎:《从知名论坛派生出来的专业与专题大会》,《中国会展》2021 年第 14 期。

［27］程广宇、刘彦、段小华:《关于一种国家重大创新基地建设模式的思考》,《科技创新与生产力》2010 年第 8 期。

［28］仇寻:《新型研发机构发展中的体制机制问题及对策建议——以上海市部分新》,《创新科技》2020 年第 10 期。

［29］戴国庆:《我国大科学工程财务管理的现状以及对国际合作的影响分析》,《中国科技论坛》2005 年第 1 期。

［30］德国亥姆霍兹联合会编:《德国国家实验室体系的发展历程——德国亥姆霍兹联合会的前世今生》,何宏、徐然、黄群、葛春雷译,科学出版社 2019 年版。

［31］邓智团:《创新驱动背景下城市空间的响应与布局研究——以上海为例》,《区域经济评论》2014 年第 1 期。

［32］邓智团:《优化创新空间布局,提升城市创新功能》,《华东科技》2013 年第 5 期。

［33］邓智团:《优化创新空间布局提升城市创新功能》,《华东科技》2013 年第 5 期。

［34］董火民:《打造科技成果转化的"热带雨林"》,《山东国资》2021 年第 8 期。

［35］董淼军、陆震、王虹燕、李晓喜、韩慧盛:《上海国家大学科技园建设现状及发展趋势》,《中国高校科技》2019 年第 10 期。

［36］杜澄、尚智丛:《国家大科学工程研究》,北京理工大学出版社 2011 年版。

［37］杜娟、杨乃定、闫玉娟:《优化科技协同创新网络推动经济高质量发展》,《陕西日报》2021 年 6 月 30 日。

［38］樊春良:《国家战略科技力量的演进:世界与中国》,《中国科学院院刊》2021 年第 5 期。

［39］方卓然:《上海浦东六大硬核产业实现开门红:智己汽车落户张江、C919 今年将完成交付首架机》,界面新闻,2021 年 6 月 2 日。

[40]《非升即走,科技成果转移转化的痛点怎么解决》,乐知网,www.lzpat.com/news/6468.html。

[41] 费方域:《上海推进金融科技发展的思路和举措》,《科学发展》2019 年第5 期。

[42] 冯华:《中国科技成果转化 2020 年度报告发布科技成果转化活动持续活跃》,《人民日报》2021 年 4 月 15 日。

[43] 付朝欢:《上海科创中心基本框架体系已完成》,《中国改革报》2021 年 9 月30 日。

[44] 付宏、金学慧、西桂权:《荷兰埃因霍温高科技园区服务管理经验及其相关启示》,《科技智囊》2020 年第 1 期

[45] 傅利英、张晓东:《高校科技创新中专利高申请量现象的反思和对策》,《科学学与科学技术管理》2011 年第 3 期。

[46] 傅志才:《高新区建设与管理中的政府角色定位研究》,华中科技大学 2006年硕士学位论文。

[47] 高骞、史晓琛:《申论|如何增强上海科技创新策源功能》,澎湃新闻,www.thepaper.cn/newsDetail_forward_12196606。

[48] 高骞、史晓琛:《转变思路,应对挑战,增强上海科技创新策源功能》,《科学发展》2021 年第 1 期。

[49] 高骞、吴也白:《上海高质量发展战略路径研究》,《科学发展》2019 年第3 期。

[50] 高旻昱、曾刚、王丰龙:《相关多样化、非相关多样化与区域创新产出——以长三角地区为例》,《人文地理》2020 年第 5 期。

[51] 高文:《高文院士:努力强化国家战略科技力量》,《军工文化》2020 年第6 期。

[52] 高子平:《国际人才吸引力指数报告(2019)》,上海社会科学院出版社 2020年版。

[53] 高子平:《基于全球网络空间的国际人才数据治理体系建设研究》,《中国人事科学》2020 年第 8 期。

[54] 工业互联网专项工作组:《关于印发〈工业互联网创新发展行动计划(2021—2023 年)〉的通知》,《上海建材》2021 年第 1 期。

[55] 龚敏、江旭、高山行:《如何分好"奶酪"? 基于过程视角的高校科技成果转化收益分配机制研究》,《科学学与科学技术管理》2021 年第 6 期。

[56]《共谋合作:中国开放为全球科学家"搭台"——第三届世界顶尖科学》,《科技智囊》2020 年第 11 期。

[57]《关于进一步深化科技体制机制改革增强科技创新中心策源能力的意见》,上海市人民政府网站,www.shanghai.gov.cn/nw12344/20200813/0001-12344_58458.html。

[58] 管锡清、礼森(中国)产业园区智库:《上海市国家级经开区未来发展路径选择的比较分析》,2021 年。

[59] 国务院发展研究中心:《精准普惠施策,赋能制造业创新发展》,《调查研究报告》2021 年第 233 号。

[60] 胡明晖:《中国省级自然科学基金资助格局及相关政策研究》,《中国科技论坛》2012 年第 5 期。

[61] 华东理工大学谭新雨课题组:《新形势下上海进一步完善人才引进政策研究》,2021 年。

[62] 华东师范大学城市发展研究院:《新冠疫情背景下长三角协同创新的困境与推进策略研究》,2021 年 7 月。

[63] 华源主编、上海市发展和改革委员会编:《2021 年上海市国民经济和社会发展报告》,上海人民出版社 2021 年版。

[64] 黄光灿、马莉莉:《制造业全球价值网络特征、区域格局与权力中心变迁》,《亚太经济》2020 年第 5 期。

[65] 黄光灿:《全球价值链视角下中国制造业升级研究》,西北大学 2018 年硕

士学位论文。

[66] 黄海燕:《在沪大学科技园发展现状、问题及对策》,《科学发展》2021 年第 9 期。

[67] 黄宁燕、孙玉明:《从 MP3 案例看德国弗劳恩霍夫协会技术创新机制》,《中国科技论坛》2018 年第 9 期。

[68] 黄群慧、倪红福:《基于价值链理论的产业基础能力与产业链水平提升研究》,《经济体制改革》2020 年第 5 期。

[69] 黄群慧:《从新一轮科技革命看培育供给侧新动能》,《人民日报》2016 年 5 月 23 日。

[70] 黄辛:《我国首条 8 英寸"超越摩尔"研发中试线运营》,《中国科学报》2017 年 9 月 18 日。

[71] 黄英:《海淀园科技企业国际化发展政策研究》,北京理工大学 2015 年硕士学位论文。

[72] 黄振羽:《基于大科学设施的创新生态系统建设——"雨林模型"与演化交易成本视角》,《科技进步与对策》2019 年第 19 期。

[73] 纪玉娟、贾堤、金双龙、孙文秀:《天津基础研究现状及在全国位置》,《科技管理研究》2010 年第 4 期。

[74] 季晓莉:《优化营商环境:顺"市"而为,护航我国市场竞争力》,《中国经济导报》2021 年 7 月 14 日。

[75] 贾宝余、王建芳、王君婷:《强化国家战略科技力量建设的思考》,《中国科学院院刊》2018 年第 6 期。

[76] 姜乾之:《谋划"十四五"③上海居民该如何增收》,澎湃新闻,www.thepaper.cn/newsDetail_forward_4924951。

[77] 蒋朋宇:《上海加快高端制造业发展的激励机制和扶持政策研究》,《中国集体经济》2019 年第 1 期。

[78] 蒋向利:《推动新型研发机构健康有序发展提升国家创新体系整体效能

科技部印发〈关于促进新型研发机构发展的指导意见〉》，《中国科技产业》2019 年第 10 期。

[79] 解志韬等：《长三角创新协同网络与科创一体化策略》，2021 年 7 月。

[80] 经济合作与发展组织：《弗拉斯卡蒂手册：研究与试验发展调查实施标准（第 6 版）》，张玉勤译，科学技术文献出版社 2010 年版。

[81]《卡脖子的 35 个关键领域制造业》，分析测试百科网，www.antpedia.com/news/06/n-2381206.html。

[82] 雷朝滋：《高校科技创新工作应"走实走深"》，《中国科学报》2021 年 4 月 7 日。

[83] 雷小苗、李正风：《市场导向型基础研究——反向路径下的技术创新逻辑》，《科技管理研究》2020 年第 21 期。

[84] 李锋、向明勋、陆丽萍、梁绍连、邱鸣华、宋奇：《上海打造国内大循环中心节点和国内国际双循环战略链接的切入口和发力点》，《科学发展》2021 年第 3 期。

[85] 李国庆：《"十四五"时期中国发展环境与上海重大发展思路》，《科学发展》2020 年第 6 期。

[86] 李静海：《抓住机遇推进基础研究高质量发展》，《中国科学院院刊》2019 年第 5 期。

[87] 李菊英：《创新型国家建设视角下强化基础研究路径探析》，《知识经济》2018 年第 21 期。

[88] 李玲娟、蒋能倬、张波：《美国技术转移政策的要点及借鉴》，《科技导报》2020 年第 24 期。

[89] 李玲娟、张畅然、余江：《支撑美国高水平基础研究的法律治理研究》，《中国科学院院刊》2021 年 11 期。

[90] 李娜、张岩：《长三角城市群创新驱动发展特征与对策建议》，《上海城市管理》2018 年第 2 期。

[91] 李强：《对创新创业人才给足"阳光雨露"》，《新民晚报》2020 年 5 月 20 日。

［92］李清娟、陈楠:《上海发展动力转换面临的挑战及对策》,《科学发展》2019年第 7 期。

［93］李万、周小玲、胡曙虹、张仁开:《世界级科技创新城市群:长三角一体化与上海科创中心的共同抉择》,《智库理论与实践》2018 年第 4 期。

［94］李万:《加快提升我国产业基础能力和产业链现代化水平》,《中国党政干部论坛》2020 年第 1 期。

［95］李显波:《超大城市外来人口问题如何破题》,澎湃新闻,www.thepaper.cn/newsDetail_forward_5410437。

［96］李显波:《谋划"十四五"①洛杉矶掉队的反思》,澎湃新闻,www.thepaper.cn/newsDetail_forward_4732222。

［97］李显波:《谋划"十四五"⑧求解超大城市土地发展难题》,澎湃新闻,www.thepaper.cn/newsDetail_forward_6406830。

［98］李晓华、王怡帆:《未来产业的演化机制与产业政策选择》,《改革》2021 年第 2 期。

［99］李晓华:《多维度认识现代产业体系》,《经济日报》2018 年 6 月 21 日。

［100］李晓慧:《中意韩时尚大融汇多方力量成就红棉国际策源中心》,《纺织服装周刊》2015 年第 33 期。

［101］李焱:《北京综合研究中心:世界水平科学城的王牌》,《投资北京》2011 年第 5 期。

［102］李永盛:《长三角区域实体经济一体化发展的短板及对策》,《科学发展》2019 年第 6 期。

［103］李韵石:《高校院所之困》,《法人》2021 年第 8 期。

［104］李泽霞、魏韧、曾钢、郭世杰、董璐、李宜展:《重大科技基础设施领域发展动态与趋势》,《世界科技研究与发展》2019 年第 3 期。

［105］梁晔:《大科学创新的组织管理》,《江苏科技信息》2005 年第 12 期。

［106］刘伯超、朱洪春、陈建新、倪慧:《高新技术企业成长模式与机理分析》,

《现代营销》2020 年第 12 期。

[107] 刘昌屏:《科技产业化基地的管理模式研究》,武汉理工大学 2004 年硕士学位论文。

[108] 刘钢、胡天恩、吕朋:《新形势下上海深化国际科技合作的新模式和新举措》,《科学发展》2021 年第 8 期。

[109] 刘昊、曹玲静、张志强:《欧盟〈2030 数字罗盘〉计划开启"欧洲数字十年"》,科技资讯频道,2021 年 4 月 19 日。

[110] 刘栾云峤、张玉喜:《区域科技金融生态系统共生与进化实证研究》,《科技进步与对策》2021 年第 5 期。

[111] 刘群彦:《优化科技成果转移转化政策提高上海科创企业培育质量》,《科学发展》2020 年第 9 期。

[112] 刘卫东:《世界高科技园区建设和发展的趋势》,《世界地理研究》2001 年第 1 期。

[113] 刘学华、赖丹馨、崔园园、王玮:《谋划"十四五"⑥上海新动能在哪》,澎湃新闻,www.thepaper.cn/newsDetail_forward_5186592。

[114] 刘贻新、欧春晓、张光宇、杨诗炜:《新型研发机构成长路径及其特征科技创新视角》,《广东工业大学学报》2019 年第 5 期。

[115] 刘芸、朱瑞博:《专利丛林背景下科技型小微企业融资长效机制构建》,《经济体制改革》2013 年第 6 期。

[116] 刘赞扬、孙靓:《围绕一体化聚焦高质量打造共同体——长三角区域科技创新》,《安徽科技》2019 年第 7 期。

[117] 刘赞扬、孙靓:《围绕一体化聚焦高质量打造共同体——长三角区域科技创新合作的现状、问题及对策研究》,《安徽科技》2019 年第 7 期。

[118] 柳怀祖:《北京正负电子对撞机工程建设亲历记——柳怀祖的回忆》,湖南教育出版社 2016 年版。

[119] 柳卸林、何郁冰:《基础研究是中国产业核心技术创新的源泉》,《中国软

科学》2011 年第 4 期。

［120］龙晖:《海外科技人才引进的策略:精准化引才》,《重庆社会科学》2017
年第 6 期。

［121］卢柯、孙翘:《从全球趋势谈上海建设全球科技创新中心的空间布局与策
略思考》,《上海城市规划》2015 年第 2 期。

［122］陆圆圆:《国外一流科技创新中心建设的经验》,《北京日报》2021 年 7 月
12 日。

［123］陆圆圆:《它山之石|国外一流科技创新中心是怎样建设的》,《北京日报》
2021 年 7 月 4 日。

［124］路建楠、吴新梅、倪晨昕:《北京、上海、深圳打造"双创"升级版的若干比
较》,《上海城市管理》2021 年 2 期。

［125］路建楠、吴新梅、倪晨昕:《京沪深推动创新创业打造"双创"升级版若干
比较》,《科学发展》2021 年第 4 期。

［126］罗德隆:《国际大科学工程:ITER 计划外部审核管理》,科学技术文献出
版社 2012 年版。

［127］罗茜、廖思嘉:《江苏省高校院所科技成果转化与收益分配管理现状研
究》,《金陵科技学院学报(社会科学版)》2021 年第 3 期。

［128］罗小安、许健、佟仁城:《大科学工程的风险管理研究》,《管理评论》2007
年第 4 期。

［129］罗小安、杨春霞:《中国科学院重大科技基础设施建设的回顾与思考》,
《中国科学院院刊》2012 年第 6 期。

［130］骆建文、王海军、张虹:《国际城市群科技创新中心建设经验及对上海的
启示》,《华东科技》2015 年第 3 期。

［131］吕科伟:《科协组织培育创新文化的路径探析》,《今日科苑》2021 第 8 期。

［132］马名杰:《共性技术的内涵与评判标准》,《调查研究报告》2004 年第
153 期。

[133] 马彤晖、礼森(中国)产业园区智库:《上海市开发区高新技术企业集聚水平分析》,2020 年。

[134] 马彤晖、礼森(中国)产业园区智库:《上海市开发区社会经济发展 2020 年成果总结及 2021 年形势分析》,2021 年。

[135] 马亚宁:《打破国外技术垄断超百万国产红外温度传感器火线"救场"》,《新民晚报》2020 年 2 月 26 日。

[136] 马亚宁:《上海科技金融生态圈助 13 家科创企业成功登陆科创板》,《新民晚报》2021 年 1 月 22 日。

[137] 孟潇、董洁:《日本产业技术综合研究所的发展运行经验及对新型科研机构的启示》,《科技智囊》2020 年第 8 期。

[138] 宁越敏:《世界著名高科技园区的营运和发展》,《世界地理研究》2002 年第 1 期。

[139] 潘辉、唐海燕、唐东波、周扬波、刘斌、张琦、张英俊:《美国制造业回归对上海发展先进制造业的影响及对策》,《科学发展》2018 年第 9 期。

[140] 潘闻闻:《加快提高要素市场国际化程度,强化上海全球资源配置功能》,《科学发展》2021 年第 5 期。

[141] 庞贝、高妍、刘荣、代安娜、王芳、高玉梅、丁玉路、张飞燕:《投身创新型国家建设发挥引领作用两院院士大会在京召开》,《科技创新与品牌》2012 年第 7 期。

[142] 彭飞:《上海:加紧布局一批重大科技创新平台打造世界级大科学设施集群》,证券时报网,2020 年 5 月 19 日。

[143] 钱童心:《全球最强大脑汇聚顶科论坛 聚焦构建开放科创新生态》,《第一财经日报》2021 年 11 月 2 日。

[144] 钱智、刘钢、宋琰、黄佳金:《上海高校科技成果转移转化的问题与对策》,《科学发展》2020 年第 11 期。

[145] 钱智、史晓琛、李敏乐、钟灵啸、宋琰:《2017 年上海改革形势分析报告》,《科学发展》2018 年第 2 期。

[146] 钱智、史晓琛、骆金龙:《提升张江综合性国家科学中心集中度和显示度研究》,《科学发展》2017年第11期。

[147] 钱智、史晓琛、宋琰、黄佳金:《新形势下上海智能制造发展瓶颈与对策》,《科学发展》2018年第10期。

[148] 钱智、史晓琛:《上海科技创新中心建设成效与对策》,《科学发展》2020年第1期。

[149] 秦铮、周海球、刘仁厚:《后疫情时代全球科技创新趋势与建议》,《全球科技经济瞭望》2021年第8期。

[150] 权衡:《复苏向好的世界经济:新格局、新动力与新风险——2018年世界经济分析报告》,格致出版社2018年版。

[151] 全国人大常委会预算工委、全国人大财经委调研组:《关于行政事业性国有资产管理情况调研报告》,《中国人大》2020年第5期。

[152] 任新建:《新形势下破解上海发展空间瓶颈、提高经济密度问题研究》,《科学发展》2019年第5期。

[153] 上海城市创新经济研究中心课题组:《构建长三角开放型区域创新体系与打造网络型新兴产业集群研究》,2021年。

[154] 上海发展战略研究所课题组:《面对全球低速增长和产业转移,如何迎难而上》,澎湃新闻,www.thepaper.cn/newsDetail_forward_7716532。

[155] 上海工程技术大学,2020年度上海市人民政府决策咨询研究重点课题"上海公共研发服务平台成效评估及相关举措研究"(课题编号:2020-A-012-B),2020年。

[156] 上海工程技术大学王静课题组:《创新驱动上海产业高质量发展的思路与对策研究》,2018年。

[157] 上海社会科学院2020上海重点产业国际竞争力研究课题组:《双循环战略下提升上海重点产业国际竞争力新路径》,《上海经济》2020年第6期。

[158] 上海社会科学院课题组:《建设创新型全球城市》,《科学发展》2016年第

2 期。

［159］上海市开发区协会、礼森(中国)产业园区智库:《上海产业园区科技创新平台建设与发展浅析》,2019 年。

［160］上海市科学技术委员会:《2020 上海科技进步报告》,2020 年。

［161］上海市科学学研究所,2021 年度上海市人民政府决策咨询研究重点课题"促进本市科研与产业双向链接的新型研发机构发展研究"(课题编号:2021-A-039),2021 年。

［162］上海市科学学研究所:《打造科技金融生态支撑科创中心建设》,www.siss.sh.cn/c/2018-01-11/554633.shtml。

［163］上海市科学学研究所:《杜德斌:全球科技创新中心:世界趋势与中国的实践》,www.siss.sh.cn/kyxs/yjsy/556453.shtml。

［164］上海市科学学研究所:《长三角科技创新共同体建设研究(A)》,2020 年 4 月。

［165］上海市浦东新区科技和经济委员会:《上海科创中心建设,未来 5 年要完成这 8 个目标》,www.pudong.gov.cn/shpd/department/20210929/019010005_35cbc8a9-1110-4222-82ff-e4dd314dbd43.htm。

［166］《上海市人才工作会议今天召开,李强指出要让上海因人才更精彩、人才因上海更出彩!》,上海发布,2021 年 11 月 26 日。

［167］上海市人民政府:《关于加快推进我市大学科技园高质量发展的指导意见》,2020 年。

［168］上海市人民政府:《上海市建设具有全球影响力的科技创新中心"十四五"规划》,2021 年 9 月。

［169］上海市人民政府办公厅:《上海加快建设长宁虹桥智谷国家双创示范基地重点支持创新型中小微企业发展》,2021 年 8 月。

［170］上海市人民政府办公厅:《上海市出台"20 条"新政为张江科学城提供全方位"双创"要素支持》,2021 年 8 月。

［171］上海市人民政府办公厅：《上海市积极打造政府支持、平台协调、企业创新的跨境孵化"上海模式"》，2021 年 8 月。

［172］上海市人民政府办公厅：《上海市金融支持"双创"政策落实情况》，2021 年 9 月。

［173］上海市人民政府发展研究中心：《本市大学科技园政策突破研究》，2020 年。

［174］上海市人民政府发展研究中心：《大学科技园发展新机制研究》，2020 年。

［175］上海市人民政府发展研究中心：《构建张江高科技园区，开放型创新体系研究》，2012 年。

［176］上海市人民政府发展研究中心：《固长板补短板，加快提升知识创新策源能力》，2020 年。

［177］上海市人民政府发展研究中心：《借鉴国际经验，利用科创板强化上海科创策源功能》，2020 年。

［178］上海市人民政府发展研究中心：《培育创新引擎企业，强化科创策源功能》，2020 年。

［179］上海市人民政府发展研究中心：《上海新一轮城市发展中建设科技创新中心的战略思考》，2021 年。

［180］上海市人民政府发展研究中心课题组：《发挥"双自"叠加优势，把张江高科技园区建设成为上海科创中心的标志性区域》，《专家反映》2015 年第 11 期。

［181］上海市人民政府发展研究中心课题组：《关于进一步深化科技体制机制改革增强科技创新中心策源能力的意见》，《调研专报》2019 年 4 月。

［182］上海市人民政府发展研究中心课题组：《激励创造和有效运用，引导企业发明专利高质量发展》，《调研专报》2020 年第 41 期。

［183］上海市人民政府发展研究中心课题组：《进一步提升上海产业链水平强化高端产业引领功能研究》（课题编号：2020-A-013-B），2020 年。

［184］上海市人民政府发展研究中心课题组：《上海"西五区"与长三角 G60 科

创走廊科技和产业联动发展的思路与建议》，《调研专报》2021 年第 14 期。

［185］上海市人民政府发展研究中心课题组：《上海拔尖创新人才早期培养的问题与对策》，《调研专报》2021 年第 16 期。

［186］上海市人民政府发展研究中心课题组：《上海建设具有全球影响力科技创新中心战略研究》，《科学发展》2015 年第 4 期。

［187］上海市人民政府发展研究中心课题组：《长三角 G60 科创走廊产业协同创新中心建设情况调研报告》，《调研专报》2020 年第 35 期。

［188］上海市中国特色社会主义理论体系研究中心：《对加快建成具有全球影响力科技创新中心的思考》，《红旗文稿》2015 年第 12 期。

［189］上海推进科技创新中心建设办公室：《上海科技创新中心建设报告 2020》，格致出版社 2021 年版。

［190］尚勇：《建设创新强国的思想纲领和战略指南——学习〈习近平关于科技创新论述摘编〉》，《求是》2016 年第 5 期。

［191］尚智丛、陈晨：《国家目标对大科学装置发展的影响——以美国康奈尔同步辐射光源为例》，《自然辩证法研究》2010 年第 12 期。

［192］尚智丛、张伟娜：《国家目标引导下的大科学工程——以北京正负电子对撞机为例》，《工程研究：跨学科视野中的工程》2009 年第 2 期。

［193］尚智丛、赵凯：《大科学装置成果转化模式探析——以北京正负电子对撞机为例》，《科技进步与对策》2011 年第 19 期。

［194］邵安菊：《上海完善企业研发投入主体作用研究》，《科学发展》2020 年第 12 期。

［195］佘惠敏：《面向国家重大需求把准科技发展方向》，《经济日报》2020 年 10 月 7 日。

［196］申畯、江诗琪：《法国卡诺研究所联盟合作研究及对我国的启示》，《中国科技资源导刊》2015 年第 2 期。

［197］申铁男、李岭、李宪振：《基于多主体协同创新的科技成果转化模式研

究》,《科技与创新》2017 年第 19 期。

[198]《深入实施新时代人才强国战略加快建设世界重要人才中心和创新高地》,《人民日报》2021 年 9 月 29 日。

[199] 沈则瑾:《上海银行业科技金融专业化机制初步建立》,中国经济网,www.ce.cn/xwzx/gnsz/gdxw/201901/10/t20190110_31230225.shtml。

[200] 盛辉:《"四个面向":科技创新的实践遵循和理论导向》,《人民论坛》2021 年第 26 期。

[201]《"十四五"规划前期研究系列报告(2)上海"十四五"规划研究站位高》,《领导决策信息》2019 年第 22 期。

[202] 世界知识产权组织:《2020 年全球创新指数报告》,日内瓦,2020 年 9 月 2 日。

[203] 世界知识产权组织:《2021 年全球创新指数报告》,日内瓦,2021 年 9 月 20 日。

[204] D.E.斯托克斯:《基础科学与技术创新:巴斯德象限》,周春彦、谷春立译,科学出版社 1999 年版。

[205] 四川省教育考试院:《关注! 这些学科,国家鼎力支持!》,川观新闻,www.cbgc.scol.com.cn/news/2281120。

[206] 宋凡强、朱一:《宝山召开专题会议传达学习中央、市人才工作会议精神》,www.shbsq.gov.cn/shbs/bsdt/20211130/326555.html。

[207] 苏榕、刘佐菁、陈杰:《广东省建设高水平基础研究人才队伍的战略思考》,《科技管理研究》2019 年第 5 期。

[208] 苏州工业园区管委会:《园区简介》,www.sipac.gov.cn/szgyyq/yqjj/common_tt.shtml。

[209] 孙明涛、那可:《科技创新产业化必须以企业为核心驱动》,《黑龙江日报》2021 年 10 月 30 日。

[210] 谭静、褚彦含:《中国工业基础体系完善提升研究》,《财政科学》2021 年

第 8 期。

[211] 陶诚、张志强、陈云伟:《关于我国建设基础科学研究强国的若干思考》,《世界科技研究与发展》2019 年第 1 期。

[212]《提升上海知识竞争力与建设全球有影响力科创中心的政策建议》,《华东科技》2017 年第 11 期。

[213] 天津经济课题组:《激活城市创新推动创新型城市建设》,《天津经济》2012 年第 7 期。

[214] 涂圣伟:《产业基础能力和产业链水平如何提升》,《经济日报》2019 年 9 月 3 日。

[215] 屠启宇、程鹏、陈晨:《面向中长期的上海科技创新空间布局总体思路》,《世界科学》2020 年第 1 期。

[216] 屠启宇:《上海新一轮城市总体规划的创新与期待》,《上海城市规划》2017 年第 4 期。

[217] 万劲波、赵兰香、牟乾辉:《国家创新平台体系建设的回顾与展望》,《中国科学院院刊》2012 年第 6 期。

[218] 汪恭礼:《新发展理念背景下推进长三角更高质量一体化发展研究》,《财经理论研究》2019 年第 6 期。

[219] 汪怿:《面向全球科技创新中心建设的人才政策评估及发展对策》,《科学发展》2017 年第 11 期。

[220] 汪怿:《上海:吸引全球"最强大脑",建设高水平人才高地》,《光明日报》2021 年 11 月 14 日。

[221] 王丹、彭颖、柴慧:《提升上海全球城市科技创新服务功能研究》,《科学发展》2018 年第 8 期。

[222] 王德忠、周国平、周效门、梁绍连、宋奇、柴慧、殷德生:《2017 年上海经济形势分析报告》,《科学发展》2018 年第 1 期。

[223] 王光辉:《以区域创新网络支撑中国科创崛起》,《光明日报》2021 年 6 月

22 日。

[224] 王辉耀、苗绿:《中国国际移民报告(2020)》,社会科学文献出版社 2021 年版。

[225] 王建平:《上海科技人才发展报告(2020)》,上海交通大学出版社 2020 年版。

[226] 王庆丰:《全面建设社会主义现代化国家的理论意涵》,《中国社会科学报》2020 年 12 月 11 日。

[227] 王胜、张东东:《借鉴达沃斯经验推动博鳌论坛和海南双发展》,《今日海南》2016 年第 3 期。

[228] 王小宁:《重大科学计划顺利实施的关键——管理与协调》,科学出版社 2007 年版。

[229] 王晓义、白欣:《高技术带动与中国大科学工程——以北京正负电子对撞机工程为例》,《自然辩证法研究》2011 年第 4 期。

[230] 王雪莹:《未来产业研究所:美国版的"新型研发机构"》,《科学智囊》2021 年第 2 期。

[231] 王玉柱:《专利存量市场化困境及上海科创中心建设的突破口》,《科学发展》2017 年第 4 期。

[232] 王增栩:《我国主要地区高新技术企业发展成效比较分析》,《科技创新发展战略研究》2019 年第 3 期。

[233] 王振、卢晓菲:《长三角城市群科技创新驱动力的空间分布与分层特征》,《上海经济研究》2018 年第 10 期。

[234] 王志华:《昆山开发区研究(1984—2004)》,苏州大学 2006 年硕士学位论文。

[235] 卫才胜:《从科研组织的变革看 19 世纪德国科技中心的形成》,《沙洋师范高等专科学校学报》2003 年第 2 期。

[236] 魏际刚:《加快产业基础能力现代化》,《经济日报》2021 年 3 月 3 日。

［237］吴群刚、郭庆山、韦子超：《抢抓大科学装置建设带来的机遇》，《前线》2013年第12期。

［238］吴瑞君、陈程：《我国海外科技人才回流趋势及引才政策创新研究》，《北京教育学院学报》2020年第4期。

［239］吴善阳：《上海银监局积极推动科技金融服务　支持科创中心建设》，央广网，www.cnr.cn/shanghai/tt/20180126/t20180126_524113790.shtml。

［240］吴寿仁：《上海科技成果转移转化模式研究》，《创新科技》2021年第8期。

［241］吴斯洁：《占比12%！上海将加大对基础研究经费的投入》，国际金融报网，www.ifnews.com/news.html? aid＝227157。

［242］吴忠：《纽约、东京、伦敦制造业发展模式及对上海的启示》，《科学发展》2018年第11期。

［243］《习近平：深入实施新时代人才强国战略加快建设世界重要人才中心和创新高地》，央广网，www.news.cnr.cn/native/gd/20210928/t20210928_525618413.shtml。

［244］《习近平在中央人才工作会议上强调　深入实施新时代人才强国战略加快建设世界重要人才中心和创新高地》，《人民日报》2021年9月29日。

［245］肖昂：《大科学创新的机理、主体及其组织方式》，东南大学2004年硕士学位论文。

［246］肖琛：《以应用场景建设助力企业自主创新》，《浙江经济》2020年第9期。

［247］肖翰、陈小娟：《高校在创新型城市建设中的作用》，《今日科苑》2013年第24期。

［248］肖昆、马雷：《加强国际合作从共享科学难题开始》，《科技日报》2020年8月23日。

［249］肖林、严军、徐诤、熊新光、向明勋、盛强、高骞、邵军、朱咏、彭颖、王沛、黄文兀：《2016/2017年上海区域形势分析报告》，《科学发展》2017年第1期。

［250］肖林：《全力打造具有全球影响力的科创中心》，《解放日报》2015年4月

28 日。

[251] 谢开飞：《新型研发机构"新"在哪？——福建撬动社会资本培育创新"生力军"》，《科技日报》2017 年 9 月 5 日。

[252] 邢超：《创新链与产业链结合的有效组织方式——以大科学工程为例》，《科学学与科学技术管理》2012 年第 10 期。

[253] 邢战坤：《高新技术园区发展规律与管理模式研究》，大连理工大学 2004 年硕士学位论文。

[254] 熊鸿儒：《全球科技创新中心的形成与发展》，《学习与探索》2015 年第 9 期。

[255] 徐珺：《谋划"十四五"④全球城市创新战略剖析》，澎湃新闻，www.thepaper.cn/newsDetail_forward_5062949。

[256] 徐珺：《谋划"十四五"⑤对标国际上海如何创新》，澎湃新闻，www.thepaper.cn/newsDetail_forward_5073846。

[257] 许琦敏：《不负"四个第一"嘱托，实现"从无到有"跨越》，《文汇报》2019 年 11 月 11 日。

[258] 许田、赵广立：《科技成果转化是一场"从纸到钱"的闯关》，《中国科学报》2021 年第 12 期。

[259] 薛雅伟、张在旭、范秋芳：《高新技术企业培育政策的驱动因素与实施路径》，《上海管理科学》2016 年第 3 期。

[260] 颜力源：《关于国家重大科技基础设施建设项目前期工程咨询的几点思考》，《中国工程咨询》2014 年第 2 期。

[261] 杨勇：《依托进博会平台强化上海对外开放枢纽门户功能》，《科学发展》2021 年第 10 期。

[262] 杨珍莹：《成绩单、任务表、大蓝图来了！浦东六大硬核产业迎来大发展》，浦东发布，2021 年 6 月 2 日。

[263] 杨志蓉、谢章澍：《闽台共建两岸经贸合作平台的思路——苏州工业园区

中新共建模式的借鉴与创新》,《福建论坛·人文社会科学版》2009 年第 12 期。

[264] 姚常乐、高昌林:《我国基础研究经费投入现状分析与政策建议》,《中国科技论坛》2011 年第 3 期。

[265] 姚凯:《加快推进国际人才数据库建设提供全产业链服务》,《第一财经日报》2021 年 1 月 27 日。

[266] 叶东晖:《聚焦产业链强化上海高端产业引领功能》,《科学发展》2021 年第 4 期。

[267] 尹西明、陈劲、贾宝余:《高水平科技自立自强视角下国家战略科技力量的突出特征与强化路径》,《中国科技论坛》2021 年第 9 期。

[268] 应勇:《政府工作报告》,《解放日报》2020 年 1 月 22 日。

[269] 于博、张骅、龚晨:《从海外经历调查与人才流动趋势看上海的人才国际化》,《科学发展》2021 年第 1 期。

[270] 于绍良:《构建具有全球竞争力的人才制度体系》,《党建研究》2020 年第 7 期。

[271] 余东华:《"十四五"期间我国未来产业的培育与发展研究》,《天津社会科学》2020 年第 3 期。

[272] 余江、刘佳丽、甘泉、李世光、张越:《以跨学科大纵深研究策源重大原始创新:新一代集成电路光刻系统突破的启示》,《中国科学院院刊》2020 年第 1 期。

[273] 张春雷、王斯敏、蒋新军、王佳、覃庆卫:《科技创新中心:如何实现领跑式创新》,《光明日报》2019 年 7 月 16 日。

[274] 张国云:《创新策源:如何激发企业创投活力?》,《中国发展观察》2021 年 5 月 6 日。

[275] 张坚、黄琨、李英、齐国友、迟春洁、刘璇:《张江综合性国家科学中心服务上海科创中心建设路径》,《科学发展》2018 年第 9 期。

[276] 张杰、毕钰、金岳:《中国高新区"以升促建"政策对企业创新的激励效应》,《管理世界》2021 年第 7 期。

［277］张骏：《打造高水平人才高地，上海何以"海聚英才"》，上观新闻，2021年10月3日。

［278］张靓、张云伟：《谋划"十四五"⑦新加坡"城市更新"新策略》，澎湃新闻，www.thepaper.cn/newsDetail_forward_5567542。

［279］张楠：《激发创新主体活力增强创新策源功能》，《上海人大月刊》2019年第11期。

［280］张帅：《产业升级、区域生产网络与中国制造业向东南亚的转移》，《东南亚研究》2021年第3期。

［281］张腾飞、礼森（中国）产业园区智库：《关于上海市特色产业园区建设的几点思考》，2020年。

［282］张腾飞、礼森（中国）产业园区智库：《关于提高上海市产业用地利用效率的几点思考》，2021年。

［283］张伟亮、宋丽颖：《进一步提高企业科技创新税收激励政策精准性》，《中国财经报》2021年11月2日。

［284］张炜、吴建南、徐萌萌、阎波：《基础研究投入：政策缺陷与认识误区》，《科研管理》2016年第5期。

［285］张秀娟：《深圳科技创新做对了什么？中科院深圳先进院院长樊建平：走出独特"从工程到技术再科学"模式》，《南方日报》2020年8月5日。

［286］张绪英：《基于全球创新网络的张江生物医药产业发展研究》，华东师范大学2013年硕士学位论文。

［287］张玉磊、李润宜、刘贻新、许泽浩、张光宇：《广东省新型研发机构现状分析研究》，《科技管理研究》2018年第13期。

［288］张玉喜、张倩：《区域科技金融生态系统的动态综合评价》，《科学学研究》2018年第11期。

［289］张煜：《上海科技金融热潮涌动，上半年"投贷联动"增长78%》，解放网，2017年8月7日。

［290］张苑:《新形势下加强支持科技型中小微企业创新的相关举措建议》,《科学发展》2021 年第 9 期。

［291］张志丹:《引领国际大都市治理的根本遵循》,《中国社会科学报》2019 年 11 月 21 日。

［292］张志强、田倩飞、陈云伟:《陈套主要科技指标体系比较研究》,《中国科学院院刊》2018 年第 10 期。

［293］章柯:《布局:强化上海科技创新策源功能》,《上海人大月刊》2021 年第 6 期。

［294］《长三角一体化示范区这 6 个重大项目签约》,绿色青浦,2020 年 8 月 26 日。

［295］赵成伟:《科技创新支撑引领"双循环"新发展格局的路径选择》,《科技中国》2021 年第 7 期。

［296］赵剑波:《"三大效应"加速未来产业涌现》,《清华管理评论》2021 年第 12 期。

［297］赵菁奇:《长三角科技创新共同体建设应着重提高五大能力》,《学习时报》2020 年 6 月 17 日。

［298］赵艳华、苏倩:《亚洲典型城市创新系统比较及其对天津的启示》,《特区经济》2013 年第 7 期。

［299］浙江省科技信息研究院、上海市科学学研究所、江苏省科技情报研究所、安徽省科技情报研究所:《2020 长三角区域协同创新指数》,2020 年

［300］郑柏远:《安徽省创业投资引导基金的发展建议》,《安徽科技》2019 年第 1 期。

［301］郑金武:《探索市场化的科技成果转化服务》,《中国科学报》2021 年第 1 期。

［302］郑英姿、周辉:《德国亥姆霍兹联合会协同研究方式及大学合作启示》,《科技管理研究》2013 年第 22 期。

［303］中国科学院:《科技强国建设之路:中国与世界》,科学出版社 2018 年版。

［304］中宏智库(北京)经济咨询中心:《对长三角地区科技创新中心建设的建议》,2021 年。

［305］仲东亭、常旭华:《典型国际大科学计划的过程管理体系分析》,《中国科技论坛》2019 年第 2 期。

［306］周岱、刘红玉、叶彩凤、黄继红:《美国国家实验室的管理体制和运行机制剖析》,《科研管理》2007 年第 6 期。

［307］周禹鹏、刘卫东、周建新:《上海高科技园区发展模式比较》,2010 年。

［308］周洲、赵宇刚:《大科学基础设施管理国际经验借鉴——以巴特尔纪念研究所为例》,《科学发展》2018 年第 4 期。

［309］朱贝尔:《为浦东贡献"万亿平台""千亿增量"的六大硬核产业引领支撑功能再显现》,东方网,2021 年 6 月 2 日。

［310］朱焕焕、陈志:《新时期引导企业参与基础研究的思考与建议》,《科技中国》2020 年第 7 期。

［311］朱瑞博、刘芸、刘志阳、陈远志、张海涛:《促进中小科技企业发明专利转化的扶持与服务措施研究》,《科学发展》2012 年第 5 期。

［312］朱瑞博:《上海培育成长性企业和细分行业小巨人企业的问题与对策》,《科学发展》2019 年第 10 期。

［313］朱文龙:《上海科技金融生态体系建设的进展、不足与完善思路》,《上海商业》2019 年第 5 期。

［314］朱相丽、李泽霞、姜言彬、刘细义:《美国强磁场国家实验室管理运行模式分析》,《全球科技经济瞭望》2019 年第 2 期。

［315］宗利成、李强:《美俄日三国国家科技创新政策比较研究》,《亚太经济》2021 年第 2 期。

［316］邹樵:《共性技术扩散机理与政府行为研究》,华中科技大学 2008 年博士学位论文。

[317] Battelle Memorial Institute,"The Impact of Genomics on the US Economy", www. unitedformedicalresearch. org/wp-content/uploads/2013/06/The-Impact-of-Genomics-on-the-US-Economy. pdf.

[318] Bush, Vannevar, 1945,"Science The Endless Frontier", www.nsf.gov/od/lpa/nsf50/vbush1945.htm.

[319] Guellec, Dominique and Caroline Paunov, 2018,"Innovation Policies in the Digital Age", OECD Science, Technology and Industry Policy Papers, No. 59。

[320] IODP, "History", www.iodp.org/about-iodp/history.

[321] OECD, 2015, "Frascati Manual", www. oecd. org/sti/inno/frascati-manual. htm.

[322] Tian, Xuan, and Tracy Yue Wang, 2014,"Tolerance for Failure and Corporate Innovation", *Review of Financial Studies*, 2, 211—255.

后　记

　　强化科技创新策源功能是中央对上海的殷切期望和战略要求,对于上海提升城市能级、转换发展动能、实现经济高质量发展具有重要意义。2021 年,上海市人民政府发展研究中心组织开展了"上海强化科技创新策源功能研究",在此基础上编撰成书。全书由 10 个章节构成,第 1 章论述了科技创新策源功能的内涵和特征;第 2 章分析了上海强化科技创新策源的国内外形势和具体要求;第 3 章梳理了强化科技创新策源功能的经验规律,并探讨了上海强化科技创新策源功能的愿景目标和总体思路;第 4—10 章分别从加强科学创新、加强技术创新、加强产业创新、加强区域创新、汇聚创新人才、营造创新文化、完善配套政策与措施等七个方面,对强化科技创新策源功能的具体路径和战略重点进行了深入论述。

　　本书由祁彦主任、周国平副主任、徐诤二级巡视员审稿;钱智、吴也白、朱咏、王斐然、宋琰、宋清统稿和核稿;钱智、吴也白、郭丽阁(第 1 章),黄光灿、钱智(第 2 章),付建军、吴也白(第 3 章),常旭华、李玲娟、王斐然(第 4 章),张宇、钱智(第 5 章),衣春波、叶丁菱、王斐然、吴也白(第 6 章),钱智、吴也白、朱咏、李汉、黄光灿、赵玮佳(第 7 章),谭新雨、吴也白(第 8 章),赵玮佳、陈蕾、吴也白、钱智(第 9 章),李远勤、刘春燕、王斐然、吴也白(第 10 章)分工执笔;李斯林负责图表后期制作。上海市人民政府发展研究中心经济发展处负责全书的统筹、组织、排版和校订。在此,向上述为本书统筹组织、资料收集整理、内容撰写、格式排版和校对等工作给予大量帮助和付出辛勤劳动的同志们表示衷心感谢!

本书的编辑出版得到了上海市人民政府发展研究中心信息处、格致出版社的大力支持和帮助，在此一并表示敬意和感谢！

上海市人民政府发展研究中心

2022 年 1 月

图书在版编目(CIP)数据

上海强化科技创新策源功能研究/上海市人民政府
发展研究中心著.—上海:格致出版社:上海人民出
版社,2022.2
（强化城市功能研究系列丛书）
ISBN 978 - 7 - 5432 - 3331 - 7

Ⅰ.①上… Ⅱ.①上… Ⅲ.①科技中心-建设-研究
-上海 Ⅳ.①G322.751

中国版本图书馆 CIP 数据核字(2022)第 006599 号

责任编辑 赵 杰 忻雁翔
装帧设计 人马艺术设计・储平

强化城市功能研究系列丛书
上海强化科技创新策源功能研究
上海市人民政府发展研究中心 著

出 版	格致出版社
	上海人民出版社
	（201101 上海市闵行区号景路 159 弄 C 座）
发 行	上海人民出版社发行中心
印 刷	上海商务联西印刷有限公司
开 本	787×1092 1/16
印 张	21.5
插 页	2
字 数	308,000
版 次	2022 年 2 月第 1 版
印 次	2022 年 2 月第 1 次印刷

ISBN 978 - 7 - 5432 - 3331 - 7/F・1430
定 价 95.00 元